玉论

穆朝娜 著

科学出版社

北京

内 容 简 介

玉文化是中国的传统特色文化，迄今至少已绵延八千年。本书作者以古代玉器作为研究方向，坚持实物与文献资料相结合的原则，从不同角度、不同层面阐释了自己对玉文化的见解。其中，既有对高古玉的专题性讨论，也有对某类玉器的个案分析；既有结合所从事的古代玉器系列展工作的心得体会，也有对馆藏品的梳理与把握；既有对玉器专题展览的回顾与思考，也有以文学性的语言描述玉器文化带来的内心感受，是作者多年在古代玉领域耕耘的收获。

本书适合历史、考古专业师生，以及文物爱好者参考、阅读。

图书在版编目（CIP）数据

玉论／穆朝娜著.—北京：科学出版社，2015.12

ISBN 978-7-03-045679-3

Ⅰ.①玉… Ⅱ.①穆… Ⅲ.①玉石－文化－中国 Ⅳ.①TS933.21

中国版本图书馆CIP数据核字（2015）第218639号

责任编辑：范雯静／责任校对：张凤琴
责任印制：肖 兴／书籍设计：北京美光制版有限公司

科 学 出 版 社 出版
北京东黄城根北街16号
邮政编码：100717
http://www.sciencep.com

北京华联印刷有限公司 印刷
科学出版社发行 各地新华书店经销

*

2016年1月第 一 版 开本：720×1000 1/16
2016年1月第一次印刷 印张：21
字数：420 000

定价：260.00元
（如有印装质量问题，我社负责调换）

玉论

吕昌申题

目 录

壹　古玉溯源

浅析《诗经》中的玉文化　　　　　　　　　　　　　　　　　　　　2

红山文化玉器四题　　　　　　　　　　　　　　　　　　　　　　10

红山文化玉器造型的关联性　　　　　　　　　　　　　　　　　　24

商代玉器与商代青铜礼器之关系　　　　　　　　　　　　　　　　32

商代玉器之管窥——"天地之灵——中国社会科学院考古研究所

　　发掘出土商与西周玉器精品展"展品概说之一　　　　　　　　43

西周玉器之管窥——"天地之灵——中国社会科学院考古研究所

　　发掘出土商与西周玉器精品展"展品概说之二　　　　　　　　62

汉代玉器审美的二元性　　　　　　　　　　　　　　　　　　　　80

古代玉器的解剖方式　　　　　　　　　　　　　　　　　　　　　92

贰　美玉逸趣

史前时期的玉蝉　　　　　　　　　　　　　　　　　　　　　　102

商代玉蝉　　　　　　　　　　　　　　　　　　　　　　　　　121

玉虎四题——虎年说玉虎　　　　　　　　　　　　　　　　　　131

玉兔五题——从凌家滩遗址出土玉兔谈起　　　　　　　　　　　144

明代玉带板装饰纹样综论　　　　　　　　　　　　　　　　　　151

明代胡人戏狮纹玉带板及相关问题的探讨　　　　　　　　　　　182

浅析双鹿松竹梅纹玉带板　　　　　　　　　　　　　　　　　　192

辽代玉带综论　　　　　　　　　　　　　　　　　　　　　　　198

一件青白玉龙首螭纹带钩的解析　　　　　　　　　　　　　　　210

叁　清玉雅赏

清代玉器二题——北京艺术博物馆藏玉饮食器和生活用器　220

诗情画意——北京艺术博物馆藏陈设玉器　233

闲情逸趣　文房雅品——北京艺术博物馆藏玉质文房用品　247

美玉饰身——北京艺术博物馆藏清代玉佩饰概观　256

清代玉带钩——以北京艺术博物馆藏品为中心　272

肆　古玉展览

"神圣与精致——良渚文化玉器展"的内容设计　282

"时空穿越——红山文化出土玉器精品展"的回顾与思考　286

"天地之灵——中国社会科学院考古研究所发掘出土商与
　西周玉器精品展"的回顾与思考　295

考古与博物馆展览三题　304

三个展览，三种维度　310

伍　散记随笔

红山玉器杂谈　318

良渚玉器杂谈　322

相约二〇一二年之春——"时空穿越——红山文化出土玉器
　精品展"散记　325

谦谦君子·温其如玉——记古玉研究学者邓淑苹先生　328

壹　古玉溯源

2011 年开始，"中华文明之旅——中国古代玉文化系列"开始亮相北京艺术博物馆。至今，已推出了良渚文化出土玉器展、红山文化出土玉器展、商周玉器展、汉代玉器展等。于大众，展览是传播文化的平台；于自己，展览是学习与交流的机会。在与展品的亲密接触中，对玉文化热爱得以释放，对玉文化的感悟得以提升。

"古玉溯源"就是在系列展的过程中所付出的热爱与所得到的感悟的结晶。

浅析《诗经》中的玉文化

　　玉文化是中国的特色文化，尽管在世界上其他国家和地区也发现了古玉，但都不像我们中国人那样重视玉器，并且赋予其丰富的精神内涵。玉器的发展史，是中国文化发展过程中的一个重要组成部分，这一点从古代文献中大量玉文化资料的存在即可证明。玉文化的研究大致可以从两个方面入手，即实物和文献资料。玉文献资料既可以印证实物资料，又可以作为重要的研究对象，探讨其反映的意识形态方面的内容。《诗经》是我国第一部诗歌总集，收入诗歌305篇，其中最早的诗歌雏形可能诞生于五帝时代，最晚的止于春秋时代[1]。它不仅仅是一部文学作品，具有很高的文学价值；更是中国古代文明的经典，具有重要的史料价值。《诗经》共有风、雅、颂三个部分，内容丰富。迄今为止，人们已从艺术、历史、民俗、动物、植物等多个角度对其进行了研究。本文旨在分类整理《诗经》中的玉文献资料，分析其反映的玉文化内涵，并归纳出几点相关认识。

一

　　在《诗经》中，与玉有关的资料近40处。根据其所反映内容的不同，我们把这些资料分成6类。

（一）玉是美化人之外表的饰物

　　从广义上说，玉属于一种美石，许慎《说文》中释玉为石之美者。旧石器时代晚期，人们在制作石器的过程中逐渐将玉与石区分开来。在我国，迄今为止年代最为古老的玉制品是在旧石器时代晚期的辽宁海城县小孤山发现的。在新石器时代早期的兴隆洼文化的一些遗址中，出土了一定数量的玉器，如玦、匕形器、珠管，以及蝉等动物形玉器，主要用于人们的佩戴。新石器时代中晚期的玉器带有更为浓郁的原始宗教色彩。在商代，玉器的地位受到青铜礼器的冲击而退居其次，玉更多地进入到装饰领域，例如，殷墟妇好墓出土了大量的头饰、发饰和颈饰。

《诗经》中提到的玉饰物主要是耳饰，即瑱或充耳。如《鄘风·君子偕老》中"玉之瑱也"。《卫风·淇奥》中"有匪君子，充耳琇莹，会弁如星"。《齐风·著》中"俟我于著乎，充耳以素乎而，尚之以琼华乎而。俟我于庭乎而，充耳以青乎而，尚之以琼莹乎而。俟我于堂乎而，充耳以黄乎而，尚之以琼英乎"。一般认为瑱与充耳是一回事，但对它们的形制和装饰耳朵的方法却有着不同的观点。有人认为瑱或充耳以美石来充当，即上文中提到的"琇莹""琼华""琼莹"和"琼英"，它们通过紞即彩带悬于耳边，而彩带则系于头上的发簪之上[2]。上文中提到的素、青和黄就是紞的不同颜色。也有人认为瑱或充耳系贯入耳垂之物，其形以圆棒状为主，两头大，中间略细，塞于耳孔后，下可附其他饰物[3]。但后一种观点无法解释《齐风·著》中的耳饰现象。佩戴瑱或充耳的既可以是男人，也可以是女人。如《鄘风·君子偕老》描写的主人公据说是卫宣公的夫人宣姜，是位女性，她佩戴着瑱。《齐风·著》描写的是一位接新娘的新郎官，他佩戴着充耳。《卫风·淇奥》描写的对象是一位女子心目中的白马王子。

（二）玉是祭祀用器

以玉为祭器，早在新石器时代中晚期就已经出现。周代祭祀自然神的玉器为"六器"，《周礼·春官·大宗伯》曰："以玉作六器，以礼天地四方，以苍璧礼天，以黄琮礼地，以青圭礼东方，以赤璋礼南方，以白琥礼西方，以玄璜礼北方"。《诗经》中提到了六器中的三器：圭、璧和璋。关于圭，曾有许多学者对其形状和种类进行过研究，所持的观点也不大一致。周南泉先生认为典型的圭是一种扁体，剖面长方形或近长方形，下部：底边与两条侧边垂直；上部：即首部，若等腰三角形，这个三角形的两腰与两侧边成大于 90 度的折角，即肩。他还指出考古发掘报告中称为圭的玉器虽五花八门，但典型意义上的圭并不多见，一般说来，体扁平，底部平直，上部尖锐或弧圆，剖面呈长方形或近长方形的便可称之为圭[4]。玉璧是一种中央有穿孔的扁平状圆形玉器。《尔雅·释器》载："肉（器体）倍好（穿孔）谓之璧，好倍肉谓之瑗，肉好若一谓之环。"但从近年考古出土的实物看，古人在制作玉器时，对于玉璧的孔径与器体的比例并没有严格的规定。因此，夏鼐先生建议把《尔雅》中璧、瑗和环总称为璧、环类，或简称为璧[5]。璧的功用在不同时期似有不同。史前时期的良渚文化一些墓葬中有大量玉璧随葬，或认为是财富的象征，或认为是祀神的礼器。关于玉璋，历来争议比较大。现在一般认为璋呈长条形，由柄、阑、身和双尖下弧刃组成，有的柄部或柄与身之间带穿。《说文》有"半圭为璋"之说，一般认为汉代人的说法没有根据，是不对的。但也有人认为半圭形的璋代表了璋演变过程最后阶段[6]，甚至还有人在陕西出土的西周玉器中识别出了半圭形的璋[7]。

《诗经》中没有提到圭、璧和璋的形制，但揭示了这三种玉器的某些功能，或者说是使用环境。如《大雅·棫朴》中"济济辟王，左右奉璋"，周文王兴师讨伐之前郊祭神灵，跟在身后一起祭祀的人手捧玉璋。从中可以看出，玉璋用在大战之前向神灵祈祷胜利的祭祀中。《大雅·云汉》中"圭璧既卒，宁莫我听"。周宣王时期，天下大旱，周王为了禳灾求雨，祭祀自然神祇和祖先，其中祭祀自然神祇是在郊外，使用的祭品中有玉圭和玉璧。祭祀之后，还把玉圭和玉璧等祭祀用品埋入了地下，即"自郊徂宫，上下奠瘗"。

此外，《诗经》中提到的祭器还有玉瓒、圭瓒。商周时期有一种重要的典礼—裸，即把酒洒在地上，来祭奠先王。瓒就是这样的仪式中的盛酒器。据考证瓒为玉柄铜勺之器，玉柄为圭状时称圭瓒，为璋形时称璋瓒[8]。《大雅·旱麓》中有"瑟彼玉瓒，黄流在中"。周王出行陕南之前，郊祭神灵，祭礼上盛黄酒的就是瓒。从中可以看出，在周代，玉瓒不仅在祖庙中用在祭祖的礼仪中，还用在祭祀神灵的禘祭中。《大雅·江汉》中有"釐尔圭瓒，秬鬯一卣"。这是周王用玉瓒盛黑黍香酒赐给召公，召公把酒洒在地上祭祀先王。

（三）玉是美好事物的代名词

玉所具有的基本属性，使人产生直观的美感，这是玉指代美好事物的原因之一。在《诗经》中，有以玉来形容容貌之美，如《召南·野有死麕》中"有女如玉"，是以玉来比喻美丽的少女。《魏风·汾沮洳》中"美如玉，殊异乎公族"，则是以玉来形容俊美的贵族男子。《小雅·白驹》中"生刍一束，其人如玉"，据说是赞美殷王之后箕子之词。此外，还有以玉的某一特点来形容美的，如《卫风·竹竿》中"巧笑之瑳，佩玉之傩"。瑳是指玉色鲜白。在这里，用玉色之美来形容洁白的牙齿。

实际上，以玉为祭器，其所具有的神秘色彩和奇异功能，也是古人用玉来形容美好事物的重要原因。比如，《卫风·淇奥》中"有匪君子，如金如锡，如圭如璧"。这是一位女子对男子的赞美，她用圭和璧来赞美心仪的君子。君子是高人一等的人，是通晓礼法的"士"。《大雅·卷阿》中"颙颙卬卬，如圭如璋，令闻令望"。据说，"卷阿"是召公奭赞美并劝勉周成王的诗，他用玉圭和玉璋来形容周成王美好的品质。这种文化现象一直留存到现在，人们对那些具有高尚品行的人称为"有圭璋之质"。

甚至玉的制作工艺也用来形容美。如《卫风·淇奥》中"有匪君子，如切如磋，如琢如磨"。琢和磨是玉石加工的不同工序。把玉石加工成想象的东西，叫琢。通过打磨使玉石发出绚丽的光彩，叫磨，是玉器制作中的最后一道工序。

玉不仅用来形容美，而且引申为达到某种美好状态的意思。《大雅·民劳》中，有"王欲玉女，是用大谏"。这里的玉当"成就"讲，虽是个动词，也是以玉代表美好事物的意义的引申。再如《小雅·白驹》中"毋金玉尔音，而有遐心"，就是说不要把你的音讯当成金当成玉，与我疏远了。在这里，玉为珍惜之意，是玉代表美好事物的引申。

（四）玉是身份和德行的象征

佩玉是周代贵族身份和德行的象征，是周礼的一个重要组成部分。周人的佩玉是"由多种形状的玉件按照一定组合规则穿缀而成的"[9]。佩玉的组件有珩、璜、冲牙、琚瑀等，珩处于整组玉佩的最上方，具有使佩玉保持平衡的功能，穿缀时凸面向上，凹面向下[10]。文献中记载其"似磬而小"，但尚需出土资料的证实。《小雅·采芑》中"服其命服，朱芾斯皇，有玱葱珩"，周宣王的大臣方叔佩玉中有青色的珩，这位统帅在南征途中仍然戴着佩玉。佩玉既体现等级和身份，等级越高的人佩玉越长，越繁复。则方叔的佩玉可想而知如何累赘，但他为了自己的身份，征途中仍不去佩玉。《郑风·有女同车》中"将翱将翔，佩玉琼琚"中的佩玉属于一位青年女子。从出土的实物资料来看，在西周至春秋早期，女性贵族的佩玉与男性贵族有所不同，主要表现在玉璜的数量上[11]。

佩玉的各组件在佩戴者行走时相互碰撞发出的声音也是体现身份的一个方面。《礼记·玉藻》曰："古之君子必佩玉，右徵角，左宫月。趋以《采齐》，行以《肆夏》，周还中规，折还中矩，进则揖之，退则扬之，然后玉锵鸣也"。这段话生动地描绘了佩玉者在不同的行动中玉组件相互撞击发出的声音，强调了所佩玉饰的安排要合于五音，从而体现身份等级关系。《诗经》对此颇有体现。《秦风·终南》中有"佩玉将将，寿考不忘"，赞美了秦襄公佩玉发出的声音。《郑风·有女同车》中"将翱将翔，佩玉将将"，在一个男子对一个女子的赞美中，特别提及她的佩玉的各组件相互碰撞发出的声音。

从西周开始，儒家便把玉在质、色、纹理、声音等方面的自然特性与社会道德规范结合起来，使玉成为谦谦君子的一种象征。《秦风·小戎》中有"言念君子，温其如玉"，是用玉质之温润来形容人敦厚的品质。

此外，某种玉器也是男性贵族身份的标志，比如玉璋。《小雅·斯干》中有"乃生男子，载寝之床，载衣之裳，载弄之璋"。是说要是生了男孩之后，就给玩弄玉璋。而生了女孩子呢？就给她玩陶瓦，"乃生女子，载寝之地，载衣之裼，载弄之瓦"。从这种对比中也可看出，小型玉璋是男性贵族身份的一种表示。

（五）玉用于社会交往

玉的社会功能随着历史的发展也在发生着变化。史前时期，玉器在原始宗教方面的功能尤显突出。商代，玉在宗教领域中的特殊地位被取代，装饰用玉器增多，并出现陈设玉。在商都玉器的来源中，有一部分可能是方国贡奉之物。周代，佩玉盛行。从《诗经》来看，佩玉还用于社会交往或男女之间表情达意。佩玉载德，以玉赠人，不仅是重礼，也是以己之德待人的一种表示。如《卫风·木瓜》中有"投我以木瓜，报之以琼琚"；"投我以木桃，报之以琼瑶"；"投我以木李，报之以琼玖"之句。《孔疏》："琼者，玉之美名，非玉名也"。据《说文》讲，琚、瑶和玖均为似玉之美石，色有不同。在周代的组佩中，把珩、璜、冲牙等玉件穿缀起来的是各种颜色的玉珠，这一点已为考古出土的周代佩玉所证实[12]。琚是其中的一种色红的珠子，瑶和玖也当是指这种功能的珠子。琼琚、琼瑶和琼玖是朋友之间的赠物，用以表达礼尚往来、以更好回报人好之意。再如，《郑风·女曰鸡鸣》中"知子之来之，杂佩以赠之。知子之顺之，杂佩以问之。知子之好之，杂佩以报之"。杂佩当指成组的玉佩，与上文中提到的佩玉是一个意思。这里的杂佩是夫妇之间表达感情的东西。《秦风·渭阳》中"何以赠之？琼瑰玉佩"。这里的佩玉是甥送别舅时的礼物。《王风·丘中有麻》中"彼留之子，贻我佩玖"。有人认为诗是女子等待情人而情人不来时所作。贻我佩玖也是其想象中的情景。如此，则可以看出玉佩在男女表达情意时的重要作用。

（六）玉为赏赐品

圭在玉制"六瑞"中排在第四位。《周礼·大宗伯》："以玉作六瑞以等邦国，王执镇圭，公执桓圭，侯执信圭，伯执躬圭，子执谷璧，男执蒲璧"。也就是说以玉圭和玉璧来区别贵族的等级和职务，朝见天子或者是贵族之间相见时，都要按手执这种玉礼器，以表明上下尊卑的等级关系。王的大圭可以赏赐于臣下，其中可能含有特别恩宠之意，目的是希望受圭者效忠天子，保一方平安。比如《大雅·嵩高》中有"锡尔介圭，以作尔宝"。介圭就是大圭。周宣王送自己的母舅申伯前往封地，赐了他很多东西，其中就包括大圭。《大雅·韩奕》中有"韩侯入觐，以其介圭，入觐于王"。按理王腰间插大圭，长三尺；或手执镇圭，长一尺二寸。诸侯执信圭，但因何韩侯朝见周宣王时，手执大圭呢？从《大雅·嵩高》可以看出，韩侯所执的大圭当为周宣王所赐。宣王中兴，不得不依靠诸侯的力量，以大圭赏赐，说明了周宣王对诸侯的笼络，也暗示了地方力量的强大。所以，以玉圭赏赐臣下的背后，有更为深刻的政治内涵。

二

《诗经》中的诗歌产生的时间跨度虽然长达两千年，但其编定始于周公，止于周平王迁都之后，几乎与整个周代的历史相始终[13]。从其玉器资料来看，所反映的玉文化也主要是周人的用玉观念。通过对《诗经》中玉文献资料及其反映的玉文化的分析，我们可以得出如下认识：

(1)《周礼》中关于祭祀用六器的记载，历来有一种反对意见，认为是儒家学者注经时望文生义或完全臆测的结果。《诗经》中关于周人郊祭时用到玉圭、玉璧和玉璋的记载，说明《周礼》中关于六器的记载并非子虚乌有，玉圭、玉璧和玉璋在当时具有祭祀自然神的功能。当然，这并非它们唯一的功能，《诗经》中对此有所体现，如小型玉璋还是男性贵族的一种象征，可随身佩戴；玉圭还可以作为一种赏赐品等。由此，面对发掘出土的圭、璋等玉器，当特别关注其出土环境及其与其他遗存的关系，力求推断出其特定的使用方式。

(2)有学者曾指出：中国玉文化的"礼玉文化"特色，当自周代滥觞。当时，"礼乐圣坛上不可无玉……祭祀神灵及典章制度亦不可无玉……"[14]《诗经》中的《颂》是贵族在家庙中祭祀鬼神、赞美治者功德的乐曲，在演奏时要配以舞蹈。又分为

《周颂》《鲁颂》和《商颂》。其中提到了祭祀用的牛羊、乐器，却没有涉及任何的玉器资料。这说明玉器作为礼器有其特定的使用环境，不能一概而论。玉器是祭祀自然神的用器，而在对祖先的祭祀中并不是必要的用器。这一点再次印证了祖先和神祇祭祀为两个信仰系统、使用不同礼器的观点[15]。

(3)《诗经》中玉用于赏赐和社会交往的文化功能，为我们在审视墓葬出土玉器时，提供了新的思考角度。例如，河南三门峡上村岭西周晚期的虢君、虢太子和虢夫人墓葬中，出土了大量商代晚期的玉器[16]。关于这些玉器，识别出其为前朝遗玉是研究的第一步，更重要的是推断这种现象背后的历史内涵。周灭商后，俘获了商王朝的大量玉器，这些玉器很可能是周王所赐，并得以代代相传。所以，某一地区的墓葬出土前朝或者同时代其他地区风格的玉器，可能有深刻的历史背景。我们不能仅就玉而谈玉，玉器本身所承载的历史内涵也是我们需要揭示的一个内容。

(4) 有学者认为"在玉的审美上，汉以前重视玉之质地美。在百家争鸣的学术民主时代里，玉的审美观也在慢慢地发生着不为人觉察的变化。玉色美渐为人们所重视"[17]。从《诗经》中的玉文献看，西周至春秋中期，人们已经开始注意到玉色之美。所谈到的玉的颜色有白色、青色等。

注释

[1] 本文所引用的《诗经》资料源于：公木、赵雨：《诗经全解》，长春出版社，2006年。周振甫：《诗经译注》，中华书局，2002年。

[2] 关善明：《传世玉耳饰名称考释》，《传世古玉辨伪与鉴考》，紫禁城出版社，2005年。

[3] 王政：《战国前考古学文化谱系与类型的艺术美学研究》，安徽大学出版社，2006年。

[4] 周南泉：《论中国古代的圭——中国古玉研究之三》，《故宫博物院院刊》1992年3期。

[5] 夏鼐：《商代玉器的分类、定名和用途》，《考古》1983 年 5 期。

[6] 涂白奎：《论璋之起源及其形制演变》，《文物春秋》1997 年 3 期。

[7] 刘云辉：《西周玉璋研究》，《周原玉器》，中华文物学会出版，1996 年。

[8] 王慎行：《瓒之形制与称名考》，《考古与文物》1986 年 3 期。

[9] [11] 孙华：《试论周人的玉佩——以北赵晋侯墓地出土玉佩为中心》，《玉魂国魂》，北京燕山出版社，2002 年。

[10] [12] 孙庆伟：《两周"佩玉"考》，《文物》2001 年 8 期。

[13] 公木、赵雨：《诗经全解》，长春出版社，2006 年。

[14] 尤仁德：《中国古玉通论》，紫禁城出版社，2004 年。

[15] 许倬云：《中国古代玉器和传统文化》，《玉魂国魂》，北京燕山出版社，2002 年。

[16] 刘云辉：《出土古玉中"传世品"的鉴定》，《传世古玉辨伪与鉴定》，紫禁城出版社，2005 年。

[17] 杨伯达：《关于玉学的理论框架及其观点的探讨》，《中国玉文化玉学论丛》，紫禁城出版社，2002 年。

（原载《文物春秋》2007 年 4 期）

红山文化玉器四题

  红山文化（距今 6500～5000 年）因内蒙古赤峰市红山后遗址而得名，是分布于辽宁西部、内蒙古东南部和河北北部的一支新石器时代的考古学文化。玉器是其重要的组成部分，与良渚文化玉器共同构成北南两大玉文化系统。

  红山文化玉器的用料以闪石玉为大宗，也使用少量的蛇纹石、绿松石、滑石等美石或矿物。闪石玉即人们通常所说的软玉、真玉，主要矿物成分为透闪石、阳起石。它的颜色多样，有黄绿色、黄白色、绿色、深绿色、墨绿色、灰绿色等，有些带有铁锈皮壳或白色石皮。与良渚玉器不同，红山玉器大多没有受沁，极少数有点状、雾状的白色沁，个别完全白化。

  2012 年 4 月至 6 月，由北京市文物局、辽宁省文物局和内蒙古自治区文物局主办，北京艺术博物馆、辽宁省文物考古研究所和赤峰市巴林右旗博物馆承办的"时空穿越——红山文化出土玉器精品展"在北京艺术博物馆展出，展品共计104 套（107 件），分别来自辽宁省文物考古研究所和巴林右旗博物馆。本着宣传展览的目的，以展品为出发点，以相关资料为落脚点，笔者就四个方面谈一谈红山文化玉器。

一、四大代表性器类

  红山文化玉器中有四类最具代表性，它们是斜口筒形玉器、玉龙、勾云形玉器和带齿兽面形玉器。有学者把勾云形玉器和带齿兽面形玉器看成一个器类，因而又有三大代表性玉器之说。

  龙是红山文化玉器最重要的题材。从造型看，有玦形玉龙和 C 形玉龙之分，在此仅谈一下展览涉及的玦形玉龙。迄今为止，出土和已确认的玦形玉龙近 30 件。它的形象大体一致，玦状外形，向上竖起的双耳，大而圆的眼睛外套横 8 字形眼圈，眼睛下方有一对鼻孔，嘴巴扁扁的，偶见有獠牙者。背部有一个穿孔，个别的有两个穿孔。玦形玉龙突出表现首部，与简朴光素的身体形成鲜明的对照。龙

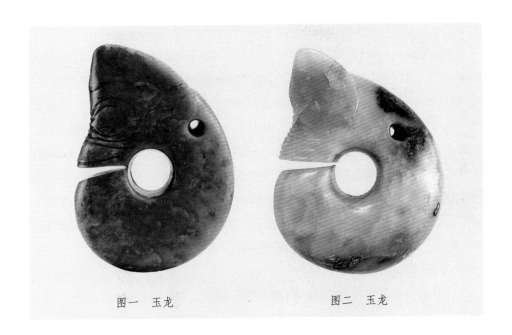

图一　玉龙　　　　　　　　　　图二　玉龙

首的表现技法有所不同，多数以阴线刻划，线条有粗细之分，粗者可以看到十分明显的反复搓磨和不甚连贯的痕迹，细者则给人以十分流畅的感觉；少数以减地阳起的技法表现凸起的双目。

不过，在基本形象一致的前提下，玦形玉龙也存在着细部的差异，据其差异可分为两型：其一，缺口切而未断，外缘口宽，内缘相连（图一）。这种形式的玉雕龙高度多在13～16厘米，也见个别高度在2厘米、3厘米和7厘米的；其二，缺口断开，缺口处多平齐，也有尾部变细形成明显尾尖的玉龙（图二）。这种形式的玉龙高度多不足10厘米，个别达10余厘米。

玦形玉龙的用料大多数较好，黄绿色或黄白色，少数背部带有鲜艳的铁锈色皮壳。除此以外，还有以白色玉石料制作者，有玉料表面微受白色沁者，也有完全受沁成鸡骨白者。因属于圆雕件，器壁较厚，所以玦形玉龙身体中部的大孔和背上的小孔均以双面管钻而成，孔内往往遗留有对钻不准而形成的台阶状痕迹或凸棱。

龙是红山人崇拜的对象，其创作原型有猪、熊之说。它的造型或可看作是玉玦加一个兽首，或可看作是兽首蛇身，这种认识上的不确定性源于玦形龙的较为抽象的造型。笔者更倾向于它是兽首玦身，在取材于自然界中动物的首部特征时，这种造型的龙显然融入了夸张的手法。

　　勾云形玉器呈横长方形板片状，中心镂空成卷勾状，其外侧实体部分随镂空之形打洼，呈浅浅的凹槽，即瓦沟纹；左右两侧各伸出一对外弯的勾角，勾角外缘打磨成钝刃状，勾角之上亦装饰瓦沟纹。勾云形玉器明显分正反面：有的正面装饰瓦沟纹，反面光素无纹；有的正反两面均装饰瓦沟纹，但反面纹饰较模糊、粗略。大多数勾云形玉器带有穿孔，穿孔的位置有两种情况：一种是在靠近器体上侧边缘的中部，贯通器体的正背面，数量多为两个，也有一个的；另一种是在器体背面有牛鼻形孔，共四个，均匀地分布在器体背面，有些器物上可以看到十分明显的定位痕迹。此外，这类玉器上还可见到修复孔，显然是在当时的使用过程中断掉了，为了修复完整，在断裂处打孔（图三）。修复孔是勾云形器上很特别的一个现象，值得深入研究。

　　目前见诸发表的勾云形玉器有20余件。根据主体部分等特征的差异，勾云形玉器可分为三型：单勾式、双勾式和变体式。单勾式勾云形器的特点是中心部位只有一个卷勾形镂空；双勾式则不然，器体中部有两个逆向旋转的卷勾；变体式勾云形玉器的中心部位淡化，外围勾角较多。在这三种不同特点的勾云形玉器中，单勾式数量最多，是此类玉器的典型造型。不过，虽同属单勾式勾云形玉器，具体器物之间又有细部的差别，比如勾角有的外弯明显，有的更为平直；勾角末端有的圆钝，有的尖部明显；主体部分的上下边缘有的不带凸齿，有的则琢出凸齿。

　　勾云形玉器的创作原型历来有不同的观点。如果从整个红山文化玉器群的特

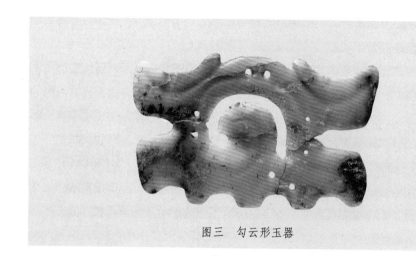

图三　勾云形玉器

点考虑，比如动物题材突出，同类题材常常采用圆雕与平面片雕两种手法进行表现，则所谓的勾云形玉器更可能是动物题材的平面化形式，而且从它身上能够看到它所模仿的动物的影子。红山文化动物形玉器的一个共性就是它们没有抽象到看不出创作原型，只是现在人想得太复杂。勾云形玉器很可能是龟鳖类四足动物的平面化表现。勾云形玉器主要出土于大型石棺墓，出土位置或在头部或在胸部，且常背面朝上，这些特征说明勾云形玉器是红山人十分重视的器类，它不是普通的佩饰，更可能是与其他某种已腐烂的物质相联结，具有某种礼仪性功能。

带齿兽面形玉器曾被认为与勾云形玉器同属一类器形，事实上，它们确有关键的不同。它具有圆角长方形的外轮廓，中部琢磨出一对圆眼，并镂孔成瞳孔之状；双目之上磨成月牙形，若眉，并局部镂空；双目之下琢出三、五或七组并齿，并齿下缘中部作倒 V 形缺刻；左右两侧呈对称的卷勾，上下卷勾之间镂空成横条状。带齿兽面形玉器的上部边缘一般桯钻一小孔，用于系结或穿缀。

带齿兽面形玉器用极薄的玉料制作而成，体现了红山人高超的切割技术。它的正面一般加工细致，随形打磨出浅浅的瓦沟纹，随着光线的明暗变化，瓦沟纹也是时而清晰时而模糊，呈现亦真亦幻的装饰效果。背面或光素，或简单饰纹。带齿兽面形玉器的横宽一般在 10 厘米以上，15 或 16 厘米以下，目前所见的最大的一见出土于辽宁牛河梁遗址第二地点一号冢 27 号墓，横宽 28.6 厘米，器壁最薄处不足 4 毫米，正面的瓦沟纹打磨十分细致（图四）。

这类玉器在出土和传世品都有见到，造型的繁简程度有所不同。繁复的造型

图四 带齿兽面形玉器

以上述最大的一件为代表，双目状和双眉状镂空、并齿、两侧卷勾均具备。简单的造型或镂空出双目和三组并齿，或仅琢磨出并齿，更有并齿简化成小尖突者。

带齿兽面形玉器源于动物题材是没有争议的，但它表现的是哪种动物却存在分歧。有的认为是两只鸟的侧面形象，有的认为是鸟与兽面的合体，还有的认为是原始饕餮纹。台湾学者黄翠梅把这类玉器与鹰俯冲时的形象作了比对，认为它模仿的应是飞翔的雄鹰。若从萨满教的文化背景和红山文化玉器造型的直观性考虑，此说很有道理。带齿兽面形玉器出土于头部或胸部附近，反面朝上，这种现象与勾云形玉器一致，反映了二者在使用方式上可能有相通之处。

斜口筒形玉器，也被称为玉箍形器、马蹄形器，是红山文化玉器中年代偏早的一类。它整体呈筒状，横截面椭圆形，一端平口，另一端斜口。平口端两侧常有左右对称的穿孔，也有不钻穿孔的，斜口边缘常常磨成刃状。长壁一侧的中部通常有一个向内微凹的弧度，但也有的做成笔直之状。斜口筒形玉器内壁往往可以看到加工痕迹，比如抛物线状的痕迹，个别的会遗有桯钻打孔的痕迹，从而为我们还原掏膛过程提供了有力的证据。

在形制呈现一致性的同时，斜口筒形玉器在体量上却各不相同。如果从高度上区分，大致可以归为四型：15～19厘米、10～15厘米、5～10厘米和5厘米以下。随着高度的降低，筒径并不成比例的发生变化。

一般来讲，斜口筒形玉器的用料颜色偏绿，绿色不纯，常有斑驳感，光泽度差，纵向的绺裂较多，局部有时会带白色沁。但也有少数用料精良，玉质细腻温润，颜色比较纯粹，比如1984年建平牛河梁遗址第二地点一号冢4号墓出土的斜口筒形玉器，使用的是绿中微泛黄的玉料，光泽度非常好（图五）。再比如，牛河梁遗址第十六地点10号墓出土的斜口筒形玉器，用料极佳，基本呈黄色，玉质纯净细腻（图六）。

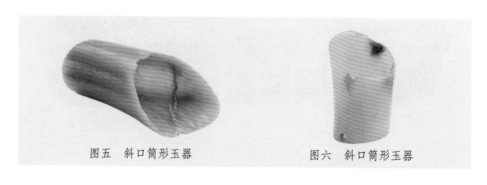

图五　斜口筒形玉器　　　　　　图六　斜口筒形玉器

斜口筒形玉器的出土与面世的传世品数量在 30 余件，它的出土状态与出土位置成为我们理解其用途的重要线索。遗憾的是，时至今日，这类玉器的用途也未达成共识。斜口筒形玉器出土时长面居上，短面居下，出土于头部附近的数量与腰部附近的数量基本平分秋色。早年有束发器说，依据的理由是斜口筒形器出土于头部附近，有的直接枕于头下，它两侧的穿孔恰可以让笄类之物穿过。后又有工具说、臂饰说等。新近有学者受安徽凌家滩遗址 23 号墓出土玉龟的启发，提出了斜口筒形玉器源于龟壳的说法。若此说成立，便解决了创作原型的问题，但使用方式还需要探讨。

二、迄今所见的出土孤品

红山文化出土玉器中有一些目前还属于孤品，比如玉人、玉凤、鸟兽纹玉饰、双鸮玉饰、双龙首玉璜等，它们虽在数量上无法与红山代表性玉器相比，但却因独特的造型、精良的玉料、精美的加工工艺和神秘的内涵让世人感叹不已。

玉人，立姿，高 18.5 厘米（图七）。用绿中微泛黄的子料琢磨而成，质地细密，油脂光泽，正面琢出细部特征，背面可见纵向的铁锈色皮色，脑后还遗有围岩的白色石皮。由上而下明显分成头部、胸腹、腿、足四个部分。它双目眯起，嘴巴紧闭，双耳内凹，两手抚胸，十指张开，双腿并拢，脚尖踮起，两眉之间内凹，小腹却外凸。它表情怪异，姿势庄重，看似安静，实则处于运气的状态，表现的是巫者作法的形象。红山文化晚期，原始宗教氛围异常浓重，此前的动物崇拜传统依然继续，人格化的神更以新的崇拜对象统领着红山人的精神世界。在这样的背景中，巫者架起人与神沟通的桥梁，他们备受尊重，成为神权的掌控者。出土玉人的墓葬共随葬 8 件玉器，其中包括玉凤，两件罕见的玉器共处于一座积石冢的中心大墓，足见墓主人地位之高，或认为其就是一位大巫。以玉制成巫的形象目的可能是为了传承其法力，有利于人与神的顺畅沟通。此外，这件玉人与安徽凌家滩文化出土的玉人在姿势、表情方面非常相似，也很值得玩味。

玉凤，也有人称之为玉鹰、玉鹄，长 20 余厘米，宽 12 余厘米（图八）。玉质绿中泛黄，略有斑驳之感，局部受沁。整体呈扁薄片状，正面中部略鼓，背面较平。凤呈卧姿回首之势，勾喙、圆睛、疣鼻，鼻部略打磨，呈微凹之状，翅羽三根向上，尾羽三根向下，翅羽和尾羽根部以浅而细的阴线刻出花瓣状阴纹，表

图七 玉人

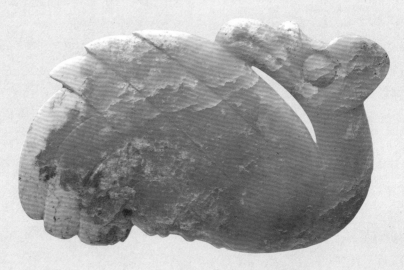

图八 玉凤

图九 鸟兽纹玉饰

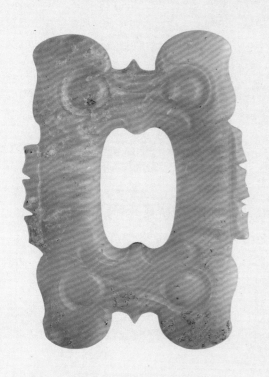

图十 双鹗形玉佩

示根部的覆羽。通过错落排列的阴刻线，板片状玉料雕琢的玉凤呈现出很强的立体感。背面光素无纹，钻有四组牛鼻孔，它们两上两下，横成行竖成列，可供系缀。从造型看，玉凤与同时期的其他文化没有太多的可比性，但它的凶猛之感很符合红山动物形玉器的风格。

鸟兽纹玉饰，也有称之为龙凤佩的，长10.3、宽7.8厘米（图九）。玉料黄白色，边缘有少许沁色。片雕，中心厚边缘略薄。整体呈鸟兽相依之形，正面琢磨出细部特征。鸟为勾喙、高冠、圆目，三齿状翎羽；兽之长吻前伸，圆睛圆鼻，有角一对。鸟兽之间有倒心形镂孔，鸟喙之上钻一小孔，另端镂一对圆孔。背面光素，有四组牛鼻孔，其中的两组穿孔彼此相通。与其他孤品相比，这件玉器的设计更显巧妙，它把不同的表现题材融于一器，虽不对称，却十分均衡，毫无牵强之感，正背贯通之孔与背面多组牛鼻孔的存在使其既可以悬挂，又可以缝缀。

双鸮形玉佩，黄绿色玉，高12.9、宽9.5厘米（图十）。整体呈板片状，纵长方形，上下、左右完全对称，体现出与鸟兽纹玉饰不同的审美情趣。鸮的大耳上竖，让人想起块形玉龙的一对大耳，两腮鼓起，双目大而圆，其上与其下均有一对近三角形的勾喙，喙上打洼出两个鼻孔。中心镂空成左右对称的孔，每一部分皆若拉长的C形。中孔两侧各减地成六道沟槽，呈现出凸凹相间的装饰效果。纵向边缘琢出扉棱，每侧三组。背面有三组牛鼻孔。此类玉器在文献中称为"并封"类器物，即双首共身的形象。类似风格的玉器在商周至春秋战国和汉代的玉器造型与纹饰中并不鲜见。值得注意的是它的扉棱装饰，以前认为这种特征已进入历史时期。

三、生动的动物造型

动物是红山玉器着力要表现的题材，一些表现得比较抽象，给人以神秘之感，如上文所述；另一些则更为写实，如玉鸟、玉龟、玉鳖、玉蚕、玉昆虫等。这类玉器大多体型较小，一般背面有穿孔，可以系缀。有人称之为助灵器，认为是辅助巫完成做法活动的用器。它们以洗练的刀工，通过简洁明快的线条，达到了既具其形，又达其神的目的。

玉鸟，高度为2～6厘米，以4、5厘米居多。鸟的腹面中部厚两侧渐薄，背面多平直，有一对或几对穿孔。双翅半张的形象更为多见。玉鸟的纹饰或繁或简，呈现出具象、较为具象和简约的不同风格。具象的玉鸟描绘了鸟儿攀附枝头双翅半张的样子，鸟儿或即将起飞，或是刚刚落下；较为具象的玉鸟则忽略了双爪和攀附物，仅表现出半张的双翅，翅膀上以减地阳纹或与沟纹象征双翅上的羽毛（图十一）；极简的玉鸟仅有鸟儿的大体轮廓，没有对细部特征的刻划，极简的玉鸟甚至没有对头、羽毛等细部的表现（图十二）。此外，还可见双翅完全张开的玉鸟，做飞翔之状。基于森林草原环境孕育的粗犷情怀，红山玉鸟多取像于鹰、鸮等猛禽。

玉龟、玉鳖，与玉鸟相比，这类玉器的数量要少一些。玉鳖的头多呈圆角三角形，或伸或缩，剔地阳起双目，阴线刻嘴巴，四腿蜷曲。背面光素，颈部多有一个牛鼻形穿孔；也有的没有穿孔，是握于手中之物，比如牛河梁遗址第五地点一号冢 1 号墓出土的一对玉鳖（图十三）。玉龟仅表现壳不表现四肢和头尾，阴线刻出甲纹，另一面呈凹坑之状。

玉蚕，也被称为蚕蛹。这类玉器的用料较杂，有的为温润的闪石，有的为白色的美石，有的是已经变成鸡骨白的某种玉料。蚕的典型造型很像斜口筒形玉器的小坯料或小芯料，一端平齐，另一端斜削，腹面常常以减地法饰阳纹，表示腹节，但也有饰阴线的。玉蚕有繁简两种造型：一种具面部特征，圆圆的双目，以减地法琢磨的一对触角和嘴巴，有纵穿左右的穿孔或三通式孔（图十四）；另一种不表现面部特征，仅表现轮廓和腹节，也没有穿孔（图十五）。

玉昆虫，昆虫题材的玉器有蝈蝈和蝗虫，以圆雕的手法琢磨而成（图十六、十七）。它们都采用了较好的玉料，黄绿色或黄白色，有的微受沁。玉蝗虫作振翅欲飞状，用减地沟槽琢磨出头、翅、腹三部分，阴线刻前腿和中腿，忽略了对强健有力的后腿的表现。头部呈长方形，用多道阴线将复眼与口器分开，胸部较短，腹部细长，用四道宽沟槽表现五道体节，前翅叠压着后翅，前翅狭窄，后翅较宽。颈部对穿一圆孔。玉蝈蝈仅勾勒出头、双翅和腹的轮廓，用阴线刻出双目和嘴巴。腹下对钻一孔。

四、别致的装饰用玉

在中国古代玉器的初始阶段，装饰用玉居于主导地位。红山文化继承了兴隆洼文化的用玉传统，形成了以动物题材的玉器为主流的玉文化。装饰用玉虽居于次要地位，但也是红山文化玉器群的一个组成部分。若从使用功能角度考虑，红

图十一　玉鸟

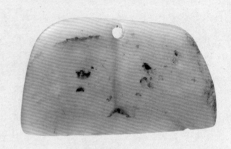

图十二　玉鸟

图十三　玉鳖（一对）

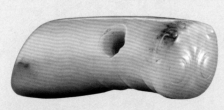

图十四　玉蚕

图十五　玉蚕

图十六　玉蝈蝈

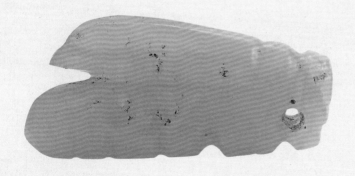

图十七　玉螳虫

山文化的装饰用玉包括耳饰、腕饰、佩饰等。红山玉器多有穿孔，均可系缀或穿缀于身，都有一定的装饰性，但动物题材的玉器更强调通神的功能，装饰性弱化。

环、镯类玉器：环、镯类玉器是红山文化常见的装饰用玉，外径一般为6～8.5厘米，孔径5～6.5厘米，个别的外径达到12厘米。单纯从造型看，它们没有什么不同，外廓正圆，肉窄孔大，肉部剖面一般呈三角形，孔的内壁垂直，外缘磨薄成钝刃状。出土时直接套在墓主人腕部的称为玉镯，出土于其他部位的就为玉环了。玉环之名体现出更大的包容性，它暗示当时人很可能佩环为饰。玉环的肉部多没有钻孔，但也有少数几件钻出很小的穿孔，更进一步说明这类环状玉器具有佩挂的功能。

玉镯有单只使用的，也有成对佩戴于腕部的。玉环的使用也是如此，或单只使用，或成对使用。

环、镯类玉器看似简单，实则费料。它们需要两次管钻成形，然后细细打磨而成，多数磨工非常好，看不出加工痕迹，个别在孔之内壁遗有凸棱。成对出土的环、镯类玉器表明，红山人先加工成环形，然后切割为二，制成对环或对镯，因而它们在玉料的特征上完全相同（图十八）。环、镯类玉器的用料一般精良，黄绿、淡青、深绿的颜色都可以见到，但前两种颜色较为纯净，更有带铁锈红皮色的子料，玉质就更为出色了。

耳饰或颈饰：与环、镯类玉器相比，耳部或颈部的装饰品要少得多，造型上没有形成统一的规范，反而给人一种个性化较强的印象。有的为一对半圆形绿松石坠，扁平片状，上缘钻一穿孔，可供以绳为媒介系于耳部（图十九）；有的为鱼形，眼部穿孔，绿松石质；有的为梯形绿松石坠，上缘穿孔；还有的为一对亚腰形玉珠，中部穿孔。

这类玉器的体量一般很小，绿松石质的饰物偏多，一面呈鲜艳的蓝绿色，另一面保持着黝黑的石皮。也有以黄白色玉料制作的，玉质细腻，颜色纯净，油性很好，非常适合装饰品所要达到的美感要求。

上文从四个方面对红山文化玉器做了梳理，内容并不仅限于出土玉器，也囊括了可以确认的传世品资料。事实上，红山文化玉器的品种并不限于本文提及的这些。玉器主要出现于红山文化晚期（距今5500～5000年），那时正值史前社会发生重大变化，玉器扮演了主流意识形态载体的角色，它们不仅是通神的用具，而且是区别身份和地位的标志。因此，红山玉器既赏心悦目，可观可赏，又蕴含

图十八　玉环（一对）

图十九　绿松石坠（一对）

着丰富的文化内涵，有很多问题还需要深入研究。

（本文所用图片均源于《时空穿越——红山文化出土玉器精品展》一书，该书于 2012 年由北京出版集团公司北京美术摄影出版社出版）

（原载《收藏家》2012 年 7 期）

红山文化
玉器造型的关联性

红山文化玉器基本可归纳为两种类型，一类为动物题材的玉器，另一类为几何造型的玉器。红山文化玉器包含着原始宗教信仰，服务于通神的功能，这一点已基本达成共识。因此，红山文化玉器的造型会尽力围绕红山人的信仰进行，而不会凭空臆造。换言之，玉器的造型首先体现了基于信仰的元素及元素的组合。

不过，红山文化玉器既是原始宗教的产物，也是一种艺术创作活动。前者是后者的动因，而后者又为更好地服务于前者而积极发挥着能动性。所以，对红山文化玉器造型的审视，既需要把观念信仰与创作活动有机地结合起来，又不能单纯进行玉器与现实生活中的动物的机械比附。红山文化玉器中的某些玉器源于生活但又高于生活。

此外，对红山文化玉器造型的思考不能孤立考虑某一种玉器，而应放在玉器群中去考虑，在彼此的关系中探讨造型的理念。同时，还应参考经济生活与文化传统的大背景。只有这样，才不会只见树木，不见森林。

在前人的研究中，既有红山文化玉器的综合论述，也有对单体玉器的个案研究，还会零星提及两种玉器的关系，但尚缺乏对玉器造型之间关联性的专题讨论，而这正是本文的关注重点。

一、同一母题的不同表达方式

对同一母题采用不同的表现方式集中体现在玦形玉龙和玉鸮上。它们或通过立雕以较为具象的方式表现出来，或以平面雕刻的方式进行抽象变形，充满神秘色彩。

立雕的玦形玉龙由兽首与玦形的躯体构成，兽首的原形或认为是猪，或认为是熊，无论在琢磨手法上存在着怎样的差异，兽面的形象却具有很强的一致性：

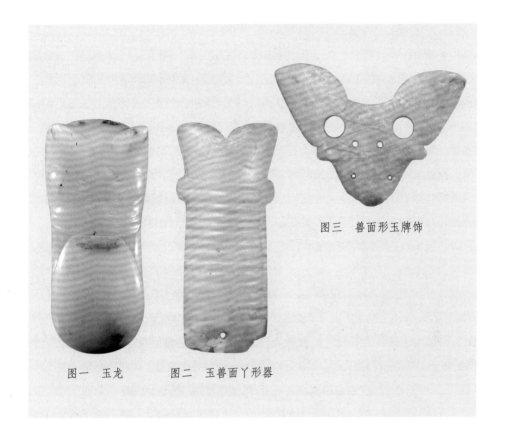

図三　兽面形玉牌饰

图一　玉龙　　　图二　玉兽面丫形器

双耳向上突起，大眼圆睁，双目外侧做出呈横 8 字形轮廓，一对鼻孔，扁嘴，近口部有褶皱（图一）。龙的躯体或呈典型的块状，或缺而未断，或已琢磨出圆浑的尾巴。与简洁的躯体相比较，兽面显得更为注重细部的表现，因而兽面是玉龙要突出表现的内容，是玉龙的特征要素。它像符号一样，可以与其他造型的局部相组合，但承载的应是红山人所共识的观念。

平面雕的玉龙体现了重视头部表现的思想意识。一种是被称为兽面丫形器的玉器（图二），在此，双耳、双目和扁平的嘴巴被放在一个平面上，以阴刻线的形式加以表现。它仿佛是玉玦形龙兽首的展开图，另外加了一个长条状的、装饰有瓦沟纹的柄状部分，柄端钻出一孔，可与其他材质的东西相互固定，从而可以高高举起。另一种是被称为兽面形牌饰的玉器（图三），它整体呈三角形，大耳向侧上方张起，双圆目和双鼻孔镂空而成，下出榫，上面镂出两个小孔，榫部可以与其他材质的部分结合起来使用。

鸮是红山文化玉器的一个重要母题，有繁复和简单两种造型。通过纹饰繁复的玉鸮，我们可以看到此类玉器的全貌：鸮的两耳向上竖起，减地的圆目向上隐隐突起，双翅向两侧半张，或以阳线或以瓦沟纹表示羽毛，双爪附于三角形代表的支撑物上（图四）。双鸮形玉器是这一母题的平面化形式，整体若长方形，中部镂空，上下两端琢磨出鸮面的平面展开图，鸮圆目大睁，双耳夸张向上竖起，尖喙，鸮面之间以瓦沟纹装饰，边缘琢出扉齿（图五）。这件玉器上下左右均对称，造型极具个性。

把立体的动物平面化，无疑增强了表现对象的神秘感，这应该是具有特殊智慧的人的杰作。正如同我们的现实，也存在着具有不同想象力的艺术家，他们以不同的方式表达着同样的题材。

二、同一母题的几何变形

与玉龙不同，玉龟属于写实性题材的玉器，直接提取自然界中存在的动物形象，以比较简洁的手法表现出来。立雕的玉龟有两种造型，一种可以称之为缩头龟，仅表现龟壳，不见头尾和四肢，背甲上用阴线刻划出六角形的盾片，腹面内凹，这样的龟仅在牛河梁出土 1 件（图六）。另一种造型是完整的龟的样式，由四肢、头部和身体组成，龟壳光素无纹，不见盾片的刻划，有人称这类形象为鳖（图七）。后一种造型的龟强调对壳体部分和四肢的表现，头与尾部同其他部分比较起来显得较小。

勾云形玉器以中部的卷勾状镂空和两侧上下平行左右对称的卷角为特征，曾是热议的对象。关于它的原形有多种说法：其一为动物说，或认为它是龙体与蛙、龟的蹼足的结合；或认为它是龙的抽象；或认为它是龟的抽象，并兼有云的信仰。其二为云气说。其三为玫瑰花说。其四，龟与云气结合说。基于红山文化玉器以动物形玉器为主的特点，以及红山人较为直接的思维方式，我们认为勾云形玉器更可能是取像于龟，是龟形玉器几何化的造型。

勾云形玉器存在着单勾式、双勾式和变体式等不同造型，但它的主体造型为单勾形，整体呈横长方或近方形，中心部位镂空成卷云状，左右两侧各伸出一对勾角，器体随形打磨出瓦沟纹。因勾角的形态与上下边缘齿突的不同特征，勾云形玉器又分为不同的造型：其一，两侧的勾角圆钝，相背外弯，弧度较大；上

图四 玉鸮

图五 双鸮形玉佩

图六 玉龟壳

图七 玉鳖

下边缘没有齿突，有对钻或横向的穿孔。其二，两侧的勾角虽圆钝、相背外弯，但弧度很小，几乎是平直向两侧伸展；上下边缘带有圆弧状的齿突，略超过器体边缘。其三，两侧的勾角出明显的尖部，上下边缘都有十分明显的齿突。这些不同形式的单勾式勾云形玉器强调对龟之背甲和四肢的抽象模仿，但为什么又要在中部做出一个卷勾状的镂空呢？这与龟又有何关系呢？或认为是云的象征。但也有可能代表的是龟生存的水环境，是龟在水中游时激起的波纹或形成的水涡的模仿。

三、不同母题的组合造型

红山文化三孔形玉器体现了几何造型与动物题材的组合。它的整体呈横向排列的长条形，一条长边较直，相对一侧呈连弧形，三连大孔居中，直边一侧钻有2～4个大孔，两端各立雕一猪首（或熊首）、人首或蛇首。三孔形玉器的主体部分与巴林右旗那斯台遗址出土的三连璧十分相似（图八）。双人首三孔形玉器的器身横列三个直径1.5厘米的大圆孔，两端各雕一个人首，头戴冠或裹巾，脸部狭长，眉额略高，高鼻梁，长下颌。双猪首（熊首）三孔形玉器的器身镂成三个直径1.9厘米的大圆孔，两端分别雕一猪首（或熊首），大耳、吻部前突而上翘。双蛇首三孔形玉器的器身镂雕成三个直径1.4厘米的大圆孔，器两端各外凸一弯尖角，似蛇首。

带齿兽面形玉器是红山文化玉器中争议较大的玉器。从整个的文化环境及其自身的造型来看，它更可能是兽与鸟的特征组合，一方面，红山文化具有对兽与鸟的崇拜与信仰，另一方面，红山文化玉器的动物造型还是较为直观的。这种玉器的主体部分是一个兽面，镂空的弯眉与圆目，奇数出现的并齿，而两侧则是对称的羽翅。把两种动物的特征组合在一种器物身上，充满了神秘色彩。

四、同一母题的分解衍生

有的红山文化玉器似乎存在着整体与局部的关系，即由一种器形的局部构成另一种器形，比如带齿兽面形玉器（图九）与玉钩形器（图十）。带齿兽面形玉器有繁简两种形式，繁复的形式更为真实地体现了这种玉器根本的造型，它极似一个动物形象的平面展开图，以器体的纵向中线为轴，图案左右对称。居中的为

图八 玉三连璧

图九 带齿兽面形玉器

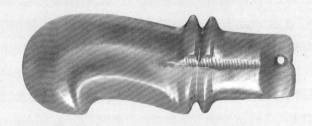

图十 玉钩形器

一双眼睛，以镂孔示瞳孔，弧形镂空为双眉，上部边缘一般有一个穿孔，下部边缘琢出三、五、七对并齿，两侧上下平行左右对称出卷勾，每侧的上下卷勾之间侧出两个齿尖。带齿兽面形玉器明显具有上下和正背面的区别。关于这种玉器的原形虽说法不同，但基本上认为它源于动物的母题。

玉钩形器之名源于其形状，它往往被归入几何形玉器，又有造型仿自工具之说，但也有学者将其与纳入勾云形玉器（广义的说法，包括带齿兽面形玉器），把它看成是从勾云形玉器分离出来的。我们认为它是带齿兽面形玉器的局部，而与那种中部镂空成卷勾状的勾云形玉器无关。玉钩形器由援、柄，以及援和柄之间的阑组成，其中援即带齿兽面形玉器的一个卷勾的放大形式，阑部则相当于带齿兽面形玉器一侧两个卷勾之间的双齿，而柄部则是为了实际的需要后加上去的，柄端有穿孔，可与其他材质相互结合起来。如果打个不太恰当的比喻，带齿兽面形玉器与玉钩形器的关系就如同钉在十字架上的耶稣与人们颈部佩戴的小十字架，以一个微小的局部展示着一种信仰，象征着一种神力。

五、玉器造型中使用某些共同的元素

在红山文化玉器的造型中，可以发现某些装饰元素的普遍使用，不同造型的玉器从而呈现出一些共性特征。比如圆圆的眼睛，这是动物造型的玉器在表达面部特征时常用的一个装饰元素。玦形玉龙的眼睛大而圆，有的以阴刻线表示，有的减地阳起呈浮雕之状，其外常做出横 8 字形眼睑，使眼睛的轮廓更为突出。在鸟形玉器上，眼睛也是面部最鲜明的表达要素，常以减地之法雕出圆目，其外再以同样的手法琢出眼睑。玉蚕也通过对圆目的刻划使面部生动活泼（图十一），这类玉器多为立雕，一端平齐，另一端呈斜坡状，平齐的一端雕琢出蚕的面部，以减地法雕出圆圆的眼睛，其外再以同样的手法琢出眼睑，两只圆眼左右对称，颇为突出，与之相比，蚕的触角和嘴巴就显得有些轻描淡写。带齿兽面形玉器的圆目比其他玉器琢磨得更为细腻，不仅以内外减地法琢出圆形线条，而且镂出小孔表示兽目的瞳孔，使眼睛更富穿透力。在迄今为止的几件孤品类玉器上，我们也可以看到圆眼的运用。比如，出土于牛河梁遗址第十六地点 4 号墓的玉凤，以减地法表示目光犀利的圆眼，外以阳线表示眼睑的轮廓。尽管不同的动物造型所装饰的眼睛大小不同，但它们所取之形相同，体现了鲜明的审美取向。

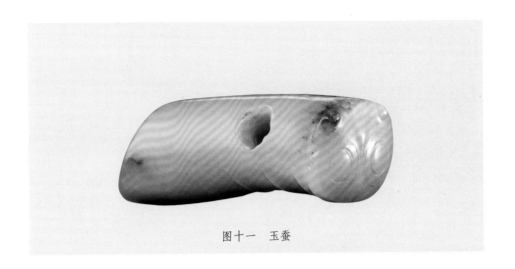

图十一　玉蚕

　　瓦沟纹也是红山文化玉器具有较普遍意义的装饰元素。瓦沟纹的技术手段是减地，通过减地形成一道道上宽下窄的凹槽，凹槽之间则若凸起，从而呈现出凸凹相间的装饰效果。这种纹饰见于兽面丫形玉器、双鸮形玉佩、玉鸟、带齿兽面形玉器、勾云形玉器、玉臂饰等，因器形的不同，瓦沟纹也呈出现不同的特点，体现出对同一装饰元素的灵活运用。兽面丫形玉器上的瓦沟纹呈平行排列之式，线条相对柔和，秩序中蕴含着节奏。双鸮形玉佩上的瓦沟纹装饰于器体中部镂空的两侧，呈现出柔中带刚的装饰效果。而带齿兽面形玉器和勾云形玉器上的瓦沟纹则随形而走，宛转流畅。

　　从上面论及的五个方面，我们可以看出红山文化玉器在形制上存在着相当清楚的内在联系，这种关联性是否具有年代学上的意义尚需要地层学资料的支撑，但是，这种关联性的确蕴含着精神层面的东西，由于对龙、龟、鸟等动物的崇拜，红山人努力以不同的技术手段通过不同的角度表达着内心炽热的宗教情感。同时，基础于信仰基础上的艺术创作，也挡不住人类天性中对美的追求，红山人把美的共同元素运用于不同的题材，使玉器在发挥着精神力量的同时，也表现出一定的规范性。

　　（原载《时空穿越——红山文化出土玉器精品展》，北京出版集团公司北京美术摄影出版社，2012年。本文所用图片均源于该书）

商代玉器
与商代青铜礼器之关系

　　商代玉器虽有早晚之分，但学界对商代玉器的研究主要集中于商代晚期，其原因在于商代早期玉器的出土较少，器物类型和制作工艺都比较简单。商代晚期玉器以河南殷墟出土为代表，特别是1976年妇好墓的发掘，使我们获得了一批极具学术价值和欣赏价值的商代晚期玉器标本。商代玉器的研究是伴随着商代玉器的发现开始的，但针对商代玉器的专题性研究始自20世纪70年代后期，自80年代直至今天，相关研究获得很大发展。概而言之，商代玉器的研究主要涉及分期与分类等综合性研究、特定区域或特定地点出土玉器的讨论、特定器类的研究、纹饰研究，以及玉材与琢制工艺的探讨。其中，特定器类的研究成果尤为丰富，研究对象涉及几何形玉器、动物形玉器和人形玉器等诸多方面。在以前的研究中，关于商代玉器与商代青铜礼器的关系也有所提及，但尚无专论。本文拟就这个问题详细剖析，梳理它们之间相通性的具体表现，并尝试探讨这种相通性背后的原因。

一、玉器与青铜礼器造型上的相似性

　　商代玉器中有一些器类在造型上与青铜礼器极其相似，有的甚至完全相同。这一点在玉器皿上表现最为突出，其对青铜礼器造型的明显借鉴为商代玉器特色的形成起了一定作用，也是商代玉工在制玉工艺上努力求索的重要动因。

　　玉器皿与青铜礼器方面的相似性主要表现在簋、盘、觯等器类方面。

　　簋是商代青铜器和陶器的重要器形，用于盛放黍稷稻粱等食物。以玉制簋并不多见。河南安阳殷墟妇好墓出土2件玉簋，它们形制基本相同，皆侈口、圆唇、束颈，下腹微鼓，平底，圈足直矮。它们均以双勾阴线之法饰纹，但装饰母题有别。其中一件玉簋的口沿下饰三角形纹，腹饰三组兽面纹和连续的棱形纹，圈足上装饰着简单的云纹和目纹（图一）；另一件玉簋则装饰着横向的折线纹。商代青铜簋的造型较为多样，其中一种形体较小，高度多在 13 厘米左右，与妇好墓出土的 2 件玉簋的大小很相像。其造型也为侈口、束颈、鼓腹、圈足，纹饰布局与玉簋一样，自上而下分为颈部、腹部和足部三段，装饰元素涵盖了兽面纹、菱形纹、三角形纹等（图二）。玉簋与青铜簋的比较可以帮助我们更深入地理解玉簋上的纹饰，比如玉簋颈部的三角形纹饰极可能是蝉纹的简化，因为青铜簋的颈部装饰多为三角形蝉纹，蝉纹表现得非常细腻，商代玉工在制作玉簋时，显然把青铜簋上的纹饰简化了，追求意达，而不追求纹样的绝对相似。

盘在商代的用途并不唯一，有的为水器，有的为食器。妇好墓出土 1 件玉盘，方沿圆唇，浅腹平底，腹部减地阳起作较宽的弦纹带，圈足较高，上面装饰着六个十字形镂空。商代青铜盘也多以方唇、较平的宽折沿、浅腹和圈足为特征，圈足上有时带方形或十字镂空。玉盘在口沿特征、纹饰处理和圈足镂空等方面都在追求青铜盘呈现的外观效果。

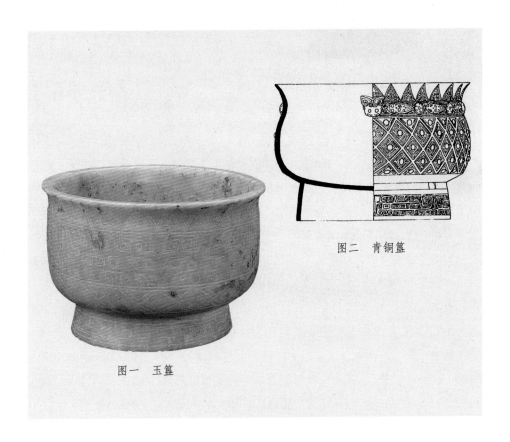

图二　青铜簋

图一　玉簋

图三　带盖觯　　　　　　　　　　　　图四　青铜觯

　　觯是商代的酒器之一。与其他器皿一样，以玉制成的觯很少见。妇好墓出土的带盖觯由白色细粒大理岩制成，盖面已被铜器染成蓝色或绿色（图三）。觯呈椭圆形，口沿外侈，束颈，鼓腹，圈足直矮，底近平。口沿下饰变形蝉纹，颈饰卷云纹，腹饰兽面纹两组。盖面隆起，中部有菌形涡纹组，两侧饰兽面纹。商代的青铜觯有圆形和椭圆形两种造型，椭圆形的青铜觯与这件大理岩制作的带盖觯十分相似（图四），尤其值得一提的是觯盖，盖钮也呈菌状，上面装饰着同样的涡纹。细节上的惊人相似，再次表明大理岩制作的带盖觯对青铜觯的极力追摹。

　　事实上，除了玉器皿，商代玉兵器与青铜兵器的共性更大，诸如戈、钺、戚、刀之类的兵器，无论是玉的还是青铜的，在形制上也是如出一辙。比如玉戈的制作，俨然就是青铜戈的翻版，援之刃部打磨得极薄，援之中部出棱，棱两侧亦打磨出凹槽，象征着血槽。所有这些细部的处理都源自对青铜戈的模仿。玉刀也是如此，其造型、边缘的扉棱装饰和双勾阴线的几何纹样都可以在青铜刀上找到共同点。

二、玉器题材与青铜礼器纹饰的相通性

动物题材的玉器是商代玉器的一个重要组成部分，较为常见的有龙、虎、鸟、蝉、鱼等，此外还可以见到对兔、鹿、狗、熊、鹤、鹅等的雕琢与表现。青铜礼器的纹饰中，动物纹也是重要的一个类型，与几何纹共同构成青铜礼器纹饰的两大种类，其中较为常见的有兽面纹、夔纹、鸟纹和蝉纹等，此外还可以见到龙纹、虎纹、鱼纹、龟纹、象纹等。动物题材的玉器与青铜礼器纹饰的相通性不仅表现在装饰对象选择的共同性，还表现在同样的题材在形象方面的一致性上，比如与鸟、夔、虎、蝉、象等相关的题材，其中鸟类题材尤为突出。

商代玉鸟有长尾鸟、短尾鸟与鹦鹉鸟等题材。其中，长尾鸟的尾部又有垂尾、尖尾、歧尾和曲折尾等区别；短尾鸟有站立式、大鸟负小鸟式、俯冲式和鹦鹉题材的玉鸟。

鸟纹也是商代青铜礼器上较为常见的纹饰之一，有长尾鸟与鸮鸟题材之别，以长尾鸟为主，长尾鸟尾部又有下垂、分叉、转折等不同，足部的变化远没有尾部大，有的为鹰爪式足，有的为樽状足，鸟首或光秃，或有瓶状、火焰状、穗状角或绶带式冠羽。

尾部下垂的长尾玉鸟多为尖喙或钩喙，头后部或有长冠，圆眼减地阳起，翅尖上翘，翅膀上以单阴线刻羽纹，胸部刻卷云纹，鸟足伏卧于身下，尾部很长，约占身体的二分之一，尾巴先平伸向后，再下垂，上面以阴线刻羽纹（图五）。这种长尾玉鸟不仅见于商代晚期，西周早期也可以见到，是一种流行时间比较长的表现题材。类似的鸟纹也是商代青铜礼器的重要母题。在青铜礼器上，这种鸟纹有的为硬折感很强的钩喙，有的为上缘带弧度的尖喙，翅尖上扬，胸部也装饰有卷云纹，尾部刻长阴线或鳞片状纹饰，长尾先平伸向后然后下垂于地，尾尖或平齐或分叉，个别的长尾鸟直接下垂，并不向后做平伸，尾尖也开叉（图六）。

尾部平直且分叉（即歧尾）的长尾玉鸟不太多见，其喙部尖突，圆目突起，翅尖上扬，尾部长，向后平伸，末端分叉，鸟翅与鸟尾上以阴线刻纹，表示羽毛，鸟腿卧于鸟身之下，上以阴线刻鸟爪（图七）。歧尾鸟纹在商代青铜礼器上数量也不多，鸟喙张开若剪刀之状，头部无羽冠饰，翅尖微上翘，足爪前伸似站立状。分叉的尾巴较垂尾的长尾鸟更为图案化，其上部出钩，下部卷如云纹（图八）。

图五　玉鸟

图六　青铜器上的长尾鸟纹

　　短尾玉鸟与长尾玉鸟有很大不同，它的足部呈楔形榫状，胸部挺起若弧，小巧的钩喙，头上有长冠，翅膀上扬，尾部向下向内回卷（图九）。短尾鸟纹在青铜礼器上偶见，但其无冠，尖喙，翅膀较大，极力上卷，尾巴短小，微下垂，腿足较高，一趾上举（图十）。玉器与青铜礼器的站立式短尾鸟充满灵秀之风，与商代器用装饰相对刻板的风格有所不同。

　　除了长尾鸟和短尾鸟外，还有一种卷尾鸟也是玉器和青铜器上共有的题材。玉卷尾鸟为钩喙，喙部有一穿孔，翅尖上扬，尾部向后平伸然后向下向内回卷，腿足卧于腹下。鸟翅和鸟尾以单阴线刻纹，表示长长的羽毛。青铜礼器上的卷尾鸟纹仅见于殷墟妇好墓的一件分体甗上，其上部的甑口装饰一周卷尾鸟纹。这种鸟纹大眼长冠尖喙，身体较长，尾部向后平伸，然后向下向内回卷，鸟身饰卷云纹。卷尾鸟在玉与青铜两种不同材质上的形象略有所差别，但整体的造型走势与

图七　玉鸟　　　　　　　　图八　青铜器上的鸟纹

图九　玉鸟　　　　　　　　图十　青铜器上的鸟纹

转折硬朗的感觉却非常相近。

　　商代玉器中的玉兽面有两种形式，第一种（图十一）属于抽象风格，形象上看不出源于何种动物。兽面呈弧形，臣字眼，圆鼻孔，头上长横向两角，两侧刻出扉棱。第二种为比较写实的风格，整体若牛首形，一对牛角十分突出，额间有一菱形图案。兽面纹是商代青铜礼器上的典型纹饰，不过，虽也叫兽面纹，实际上除了兽之脸孔外，还有对躯体的表现，躯体皆分置于脸孔两侧，其或与兽面相连，或与之分开。玉兽面与青铜礼器上所谓的兽面纹脸孔十分相像，特别是那种独立兽面纹（图十二）。牛首形的兽面纹在青铜礼器上少见，但在山东滕州前掌大商代晚期的213号墓中出土了青铜泡（图十三）与牛首形的玉兽面十分相似。

　　玉夔龙的造型与玉龙有所不同。玉夔龙的形象似虎，但角与虎不同，典型特征是只有一足。殷墟妇好墓出土的玉夔龙呈站立之状，口大张，露出牙齿，臣字

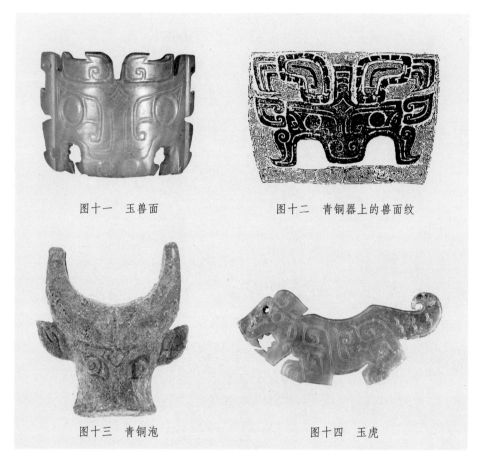

图十一　玉兽面　　　　　　　图十二　青铜器上的兽面纹

图十三　青铜泡　　　　　　　图十四　玉虎

眼，叶形小耳，头上有独角竖起，背部微下凹，垂尾回卷，一足前屈。身上以双勾阴线之法饰鳞片纹和随形云纹。青铜礼器上的夔纹形式多样，其中之一为"带颚张口折躯夔纹"，这是夔纹中数量最多的一种。据研究，这种夔纹有的首部向下，有的口部向前，角的形式有瓶状、T形、卷云形等，躯体或下折或平伸，尾端或上卷或下卷或平伸。其中，与玉夔龙相似的是那种瓶状角、尾下卷的一类。

虎题材也是玉器与青铜礼器上相似度极高的一种纹饰。商代玉虎的造型一般作行走状。张口露齿，臣字眼，双腿前屈，足雕四爪，尾巴上翘，尾尖回卷。身上以双勾阴线饰卷云纹，尾部饰虎斑纹（图十四）。青铜器上虎纹较少见，风格或写实，或抽象。写实性较强的虎纹与玉虎的形象极似，身体矫健，神态恐怖吓人，其与殷墟甲骨文所见的虎字的象形写法特征相近。

三、玉器与青铜礼器在装饰元素上的相似性

商代玉器以几何形线条纹饰作为主要的装饰题材，其中最为典型的是卷云纹，也有人称之为羽纹、羽茎纹等。它或繁复或简约，或完整或残缺，随玉器所需装饰纹样的面积而定，也与玉器的等级有关。这种纹样的基本构成单元若汉字"刀"字，但从纹饰附着的玉器的方向性来看，更像是倒着的"刀"字，即"刀"的竖钩为头儿，而横笔则为尾部（图十五）。卷云纹变化多端，有时多个纹样单元套在一起构成更为繁复的纹饰，有时卷云纹的尾部生出多条分支，有时受装饰空间的限制仅表现单体的卷云纹。玉器上的卷云纹与青铜礼器上的云雷纹有很密切的关系，特别是那种呈三角形布局的斜角目雷纹（图十六）。云雷纹是商代青铜礼器上很流行的辅助纹饰，有的作为地纹使用，有的夹杂于主体纹饰之间。但在商代玉器上，与之类似的纹饰却变成了主体纹样，通过不同形式的变化来增强表现力。

商代玉器上的禽鸟类玉器在构成上有一个非常显著的特点，即足部做成榫状。比如，安阳殷墟妇好墓出土的玉鹦鹉（图十七），它的腿足呈直立状，末端似榫，上面钻一穿孔。类似的情况还出现在商代玉鸟、玉鹅、玉鹤等的腿足造型上，但有的带穿孔，有的不带穿孔。商代玉器上的这个特点是极富时代感的，就形式而言，榫状的足部显然便于插嵌于某物之中，然后借助穿孔以某种销子加以固定，这样，玉器所表现的对象在使用时是正向的，符合重视器物纹饰方向感的商代人的思维。但是，也不能排除另外一种可能性，即玉禽鸟的榫状足部上的穿孔是供系缀用的，因为妇好墓出土的玉鹿的穿孔在臀部，它系缀时是头部朝下的。商代青铜礼器除用线条进行装饰以外，还以浮雕或圆雕的兽首进行装饰，这些兽首有些末端带榫，可插进器体形成装饰，又可随意取下。或许，商代玉工在对青铜器的追摹中也获得了灵感，也把一些玉雕动物插嵌于其他物品上增强装饰效果，从而把一些玉动物的足根部制成榫状。

商代玉器还有一个很奇怪的特点就是扉棱装饰，扉棱之形有些像抽出钥匙的老式铜锁。玉料温润的特点原本更适合柔和的线条，棱角分明的扉棱总是让人觉得有些怪异。装饰扉棱的玉器主要有块形玉龙、玉鹦鹉，此外还有玉刀、玉戚、玉鱼等。扉棱也是商代青铜礼器上的一个重要装饰元素，只是与玉器上的扉棱造型有所不同。除了装饰性，扉棱还承载着区分青铜器等级的社会功能，比如，妇

图十五　玉玦上的卷云纹　　　　　　　　图十六　青铜器上的斜角目雷纹

图十七　玉鹦鹉　　　　　　　　　　　图十八　玉龙

好墓出土的青铜器，大多有扉棱装饰，或整体密密麻麻的装饰扉棱，或局部装饰扉棱，而其他商代墓葬出土的青铜器大多少见这个特点。商代玉器上的扉棱装饰也有类似的象征意义，比如，妇好墓出土的玉器中装饰扉棱的比例更大，而且扉棱也多局限于龙、鹦鹉及玉质仪仗类等重要玉器类型。

瓶状角，有人也称之为且状角，是商代玉器与青铜器上的动物纹样中比较常见的装饰元素。玉龙的头上往往长着一对瓶状角，玉夔龙的头上长着一只瓶状角。比如，妇好墓出土的一件玉龙身体卷曲如玦，张口露齿，身体饰三角形纹、菱形纹，头上一对瓶状角随身体后伸，角形如束颈之瓶，上面以双勾阴线之法饰卷云纹和人字形纹（图十八）。青铜器上，瓶状角并不仅仅限于龙纹、夔龙纹，鸟纹上也可以看到这种角形。比如，殷墟出土的青铜盘底上装饰的龙纹即有这种瓶状角；而殷墟青铜器上的垂尾鸟纹头上也有相同的角，但装饰于鸟头之上总让人觉得有些怪异，其符号特征非常明显。

从上文可以看出，玉器与青铜器在造型、表现题材与装饰纹样等方面有诸多相似性，这种相似性不只是时代审美问题，还包含着诸多社会意义。

首先，它体现了玉器对青铜礼器的模仿。纵观工艺美术的发展史，我们会发现一个时代的手工艺品存在着彼此之间的模仿与借鉴现象，而且这种交流也不是完全对等的。一般情况下，低级的、廉价的材料会在造型与纹饰等方面模仿高级的、贵重的材料，比如唐宋之时瓷器对于金银器的模仿。但商代玉器对商代青铜礼器的模仿与此不同，因为玉料的得来也不是轻而易举的。商代玉器对商代青铜礼器的模仿应该是源于后者的社会地位及其承载的礼制。

青铜礼器是商代礼乐制度的物化形式，而礼乐制度规定着当时社会不同阶层的社会地位和道德规范。青铜礼器是商代社会的精神核心，人们在祭祀时用它，宗教活动时用它，纪念重大活动时用它，是商代上层社会意识形态的重要依托。

有学者认为，商代青铜礼器基本上是陶礼器的进一步发展，陶礼器体现的祖先信仰为商代人所继承，并将之纳入青铜礼器这种新材料制成的符号体系之中。而史前的玉礼器所体现的神祇信仰并没有被商代人继承，换言之，商代人继承了史前玉文化，却没有继承它所承载的信仰体系。因此，商代玉器在青铜礼器主导的社会中已失去了浓重的礼制色彩，在造型与纹饰上呈现出追摹青铜礼器的倾向。

其次，玉器与青铜器在装饰题材与装饰元素方面的相似性蕴含着商代社会主流的审美风尚。

商代玉器中，装饰品的数量最多，其中又以动物形玉器为最。商代玉器与青铜礼器具有共性的表现或装饰题材包括兽面、龙、虎、鸟、蝉、象、鱼等，它们显然是那个时代具有普遍审美意义的表现对象。为什么这些题材会成为流行的元素呢？究其原因，是因为它们与商代人的意识形态有关，是商代人信仰体系的组成部分。商代人信鬼，这些或怪异或具有特别能力的动物充当着他们与死去祖先沟通的媒介，因而成为他们着力要表现的对象。

最后，青铜礼器群内部存在的等级现象，也暗示了玉器群的内部也存在等级差别。商代青铜器群中，装饰龙纹、象纹、虎纹等图案的青铜器等级更高一些，此外，扉棱也是区分青铜器等级的一个重要元素。据此，我们也可以把玉器区分成不同的等级，比如，玉龙、玉象、玉虎等题材的玉器较其他玉器等级更高，带扉棱的玉器等级更高一些。当然，在玉器等级的判断上，我们还会参考玉器出土墓葬的规模。

（本文图片来源：图一、三、十一、十四、十五、十七、十八源于中国社会科学院考古研究所的展品图片；图二、四、六、八、十、十二、十六源于岳洪彬《商代青铜礼器研究》，中国社会科学出版社，2006年；图五、七、九源于中国社会科学院考古研究所编著：《安阳殷墟出土玉器》，科学出版社，2005年；图十三源于中国社会科学院考古研究所：《滕州前掌大墓地（下）》，中国社会科学出版社，2006年）

参考书目与论文

[1] 岳洪彬：《商代青铜礼器研究》，中国社会科学出版社，2006年。

[2] 中国社会科学院考古研究所：《安阳殷墟出土玉器》，科学出版社，2005年。

[3] 中国社会科学院考古研究所：《滕州前掌大墓地（上、下）》，中国社会科学出版社，2006年。

[4] 黄翠梅：《中原商代墓葬出土玉器之分类与相关问题》，《玉魂国魄》，北京燕山出版社，2002年。

（原载《天地之灵——中国社会科学院考古研究所发掘出土商与西周玉器精品展》，北京出版集团公司北京美术摄影出版社，2013年）

商代玉器之管窥

——"天地之灵——中国社会科学院考古研究所发掘出土商与西周玉器精品展"展品概说之一

2013 年 4 月 26 日，由中国社会科学院考古研究所、北京艺术博物馆共同主办的"天地之灵——中国社会科学院考古研究所发掘出土商与西周玉器精品展"在北京艺术博物馆开幕。这次展览的展品来自河南安阳殷墟妇好墓、陕西张家坡西周墓地和山东滕州前掌大墓地，它们在很大程度上体现了商与西周玉器的特点，反映了中国古代玉器文化在这两个时代形成的风格。本文拟围绕出土于妇好墓的玉器展品进行概述，以期管中窥豹，对商代玉器的特点有所体现与剖析。

本次展览展出妇好墓出土玉器 89 件，按功能分为四类：礼器、兵器、装饰品和艺术品，其中以装饰品居多。当然，我们界定其为装饰品和艺术品时，并不排斥玉器所具有的宗教或其他精神层面的功能。

一、玉 之 礼 器

玉礼器有狭义和广义之别。狭义的玉礼器指《周礼》记载的璧、琮、圭、璋、琥、璜六器，《周礼·春官·大宗伯》曰："以玉作六器，以礼天地四方，以苍璧礼天，以黄琮礼地，以青圭礼东方，以赤璋礼南方，以白琥礼西方，以玄璜礼北方……"广义的玉礼器泛指在礼仪活动中所用的玉器。

妇好墓出土的玉器中，被称为礼器的玉器除璧、琮、圭等器物之外，还有玉柄形器、玉簋、玉盘等。本次展出了玉琮 4 件，玉璧 2 件，玉璜 4 件，玉圭 2 件，玉柄形器 2 件，玉器皿 3 件（套）。

玉琮最早见于新石器时代的良渚文化，或认为它由镯形玉器发展演变而来，在良渚文化中经历了由矮而高的发展过程。良渚文化的玉琮影响深远，山东龙山文化、西北地区的齐家文化都有玉琮发现，特别是齐家文化，琮是一个重要器类，有的制作得相当精致。妇好墓出土的玉琮都是单节琮，体量较小，高

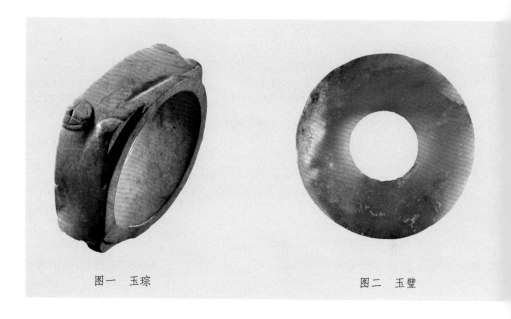

图一　玉琮　　　　　　　　　　　　图二　玉璧

度在三四厘米，射径在五六厘米，通过四角浮雕的凸块或蝉纹来体现外方的特点（图一）。

　　妇好墓出土的玉璧既包括普通意义的玉璧，即圆形扁平状带中孔的玉器，也包括有领玉璧或称凸缘璧，即内孔带凸缘的玉璧。展出的玉璧中有1件普通意义上的璧和1件凸缘璧。这件普通意义上的圆形璧尺寸不大，直径为7厘米，孔径2.6～3厘米，边厚0.3厘米。玉料绿中泛黄，边缘有黄斑，整体形状不甚规整，两面都可以看到片锯切割留下的痕迹。管钻而成的中孔一面大一面小（图二）。有人认为这是早期的遗留物，笔者倒不这样认为。凸缘璧的玉料颜色斑驳，以黄色调为主，玉料原初的颜色当为绿色。这件凸缘璧孔周两面突起有领，肉部素面无纹，抛光平整有光泽（图三）。

　　与凸缘璧相似的玉器有凸缘瑗和凸缘环。《尔雅·释器》记载："肉倍好谓之璧，好倍肉谓之瑗，肉好若一谓之环"。有学者认为应统称璧环类玉器，也有人认为中孔与边缘确实存在差别，命名上虽不必像文献那么拘泥，但还是应该加以区分。展出的凸缘瑗2件，黄褐色或灰白色，孔大肉窄，表面抛光很好，素面无纹（图四）。凸缘环2件，黄绿色或灰褐色，两面均以中孔为圆心饰细阴线，一件两面饰纹，另一件一面饰纹，细阴线明显分成两组，每组有阴线三四道，因阴线之间

图三　凸缘璧　　　　　　　　图四　凸缘瑗

间距很小，故产生两阴线夹一阳线的感觉。两组阴线之间间距较大，并做减地处理，形成凹槽的效果，更突出了成组细阴线的装饰效果（图五）。

玉圭最早出现于商代早期的二里头遗址。圭之形，一般认为有两种，一种是尖首圭，另一种是圜首圭。妇好墓出土的 2 件玉圭，一为尖首圭，一为圜首圭，用料石性较强，但都两面抛光平整。尖首圭以青灰色料制作而成。尖首平底，两面中部起脊，脊两侧打洼成凹槽状，边缘磨出薄刃，中部有圆孔，近底端也有一小穿（图六）。但也有人认为这不是圭，而是无内的戈。关于圭戈之关系，有一种说法是圭由戈发展而来，那么，它们之间形制上的相似性也就可以理解了。笔者认为这件玉器还是应该称为玉圭，其原因主要是因为它没有戈所具有的内部，两个穿孔中，一个位于器身中部，另一个靠近底端，与妇好墓出土的其他直内玉戈差别很大。圜首圭以灰白色料制成，整体呈扁平长条形，首部略宽于底端，首部磨薄成弧刃，近底端处有一穿孔（图七）。

玉璜早在 7000 年前的河姆渡文化时期就已出现，之后的马家浜文化、崧泽文化直至良渚文化，玉璜的造型更趋多样。妇好墓出土玉璜 73 件，本次展出玉璜 4 件，其中 3 件为圆形的三分之一，另一件为圆形的三分之二。除一件略作鱼形外，其他三件都是龙形璜，璜之边缘雕琢出扉棱（图八）。从玉器上残留的痕

图五　凸缘环

图六　尖首玉圭

图七　圜首玉圭

图八 龙形玉璜

图九 玉柄形器   图十 玉柄形器

图十一　玉簋　　　　　　　　　　　　　图十二　带盖觯

迹看，有的玉璜为旧器改制而成，原器残留的加工痕迹依然可见。

　　玉柄形器是对一种类似器柄的玉器的定名。妇好墓出土此类玉器33件，有两种不同的造型，一种作扁平长条形，另一种为方柱形。它们长短薄厚不一，下端常常收束变薄成榫状，榫上有孔，可以套在或绑在其他东西上。玉柄形器并非商代新出现的器类，早在夏代二里头文化的墓葬就有出土。本次展出了2件玉柄形器，分别体现了商代此类器物的不同造型。其一，以淡黄色玉料制成，顶端似鱼尾，另一端出榫（图九）；其二，以淡绿色玉料制成，一侧染有朱砂，器体呈方柱状，一端出榫，榫上钻有一孔，整体装饰花瓣纹六组，各组以两条减地阳线分隔开来（图十）。

　　妇好墓还出土了几件玉器皿，它们在造型与纹饰上极力追摹商代青铜器。青、白玉簋各1件。白玉簋，口径16.8、高10.8厘米，0.6厘米厚的器壁可以透过光线，反映了当时高超的掏膛技艺。玉簋侈口圆唇，下腹微鼓，圈足。腹部两道较粗的阴线将纹饰分割成三部分。口沿之下装饰阴线刻三角形纹饰带，其下为以双勾阴线之法装饰的主体纹饰，即三组兽面纹，再下为单阴线刻划的菱形纹带。圈足饰云纹和圆角长方形目纹（图十一）。带盖觯1件，白色大理岩制作而成。觯呈椭圆形，口沿外侈，束颈，圈足，底近平。以双勾阴线之法饰纹，口沿下饰三角形蝉纹，颈部和圈足饰卷云纹，腹饰兽面纹。盖有涡纹组，两侧各饰一大眼大耳的兽面纹（图十二）。展品中还有器盖1件，用灰白色的大理岩制成。盖为椭圆形，立雕龙形组，龙身与盖缘周围以单阴线刻菱形纹，盖内雕夔纹一对，夔张口，身、尾极短。

二、玉之兵器

兵器本为实用之器，但以玉制成的兵器，并不适合征战或杀戮，一般被认为是具有象征意义的仪仗器。妇好墓出土的玉兵有戈、戚、刀、矛等，它们在造型上与青铜兵器如出一辙，俨然是青铜兵器的翻版。本次展出玉戈5件、玉戚2件、玉刀2件。

玉戈均为直内，内部窄于援部，多自然出阑，个别的阑部再刻意加工一下，明显宽于援部，锋部一般为三角形，尖部略下倾。从尺寸来看，这些玉戈通长多在20～30厘米，也有1件通长只有15厘米。援长与援宽的比例体现出这些玉戈有窄长型、宽短型和介乎这两者之间的类型，窄长型玉戈的援长与援宽之比为3.3，宽短型为1.7，而介于这两者之间的玉戈，其援长与援宽之比为2.5左右。玉戈的援部中间出明显的脊线，脊线两侧打洼成凹槽状，上下刃部两面磨薄，有的比较锋利。玉戈多素面无纹，但也有一件玉戈的内端刻以细细的阴线，并在内之一角上钻有一个小孔（图十三）。这些玉戈的用料石性比较强，不透明，颜色较杂，有灰白、淡绿、深绿和颜色斑驳等多种，体现了这类玉器在选料上关注重量感和稳重感的特点。

玉戚的体量都不大。一件长9厘米，宽3.6～7.3厘米，厚0.5厘米，用绿中泛黄的玉料制作而成，表面有灰白色的片状沁。整体呈明显的梯形，两侧边缘各琢出三组扉棱，玉戚的一角有两面对钻而成的小孔（图十四）。特别有意义的是这件玉戚两面都留有连续的弧线，系开料或成型过程中留下的痕迹，对研究商代玉器的制作工艺非常有意义。另一件玉戚为墨绿色，但颜色斑驳。整体近长方形，唯刃部略宽一些，两侧各有四个扉棱，较前一件玉戚的扉棱短些（图十五）。

玉刀的形制和尺寸有所不同。一件刀身更为细长一些，残长18厘米，平直的背部雕琢扉棱，刃近直，双面磨成，从残留痕迹看，似经过使用。柄直，较长。刀身前端有一小圆孔，不知做何使用。扉棱之下有一条纹饰带，系以单阴线刻划的三角形刀雷纹，间以圆角长方形的几何纹样（图十六）。另一件背部略凹，双面磨成刃部微弧，但没有使用痕迹。翘尖短柄，背出扉棱。刀身以阴线双勾之法刻斜向变形的S形纹饰（图十七）。这两件玉刀既具有共性，又具有个性，共性诸如都具有扉棱、刀柄等，个性在于刀的尺寸、纹饰有别。

图十三　玉戈

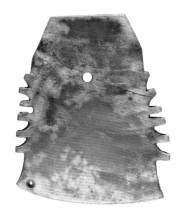

图十四　玉戚

图十五　玉戚

图十六　玉刀

图十七　玉刀

三、玉之装饰

在妇好墓的出土玉器中，装饰用玉占有很大的比重，也是最引人注目的一类。从造型上看，这类玉器可以分成两种，一种是几何形玉饰，另一种是肖生玉饰。

（一）几何形玉饰

几何形玉饰包括玉玦、玉笄、玉箍形器、玉镯形器、玉串饰等，造型上表现出强烈的传承性，有的玉器本身制作于史前时期，沿用至商代。

玉玦是最早出现的具有特定用途甚至是特殊含义的装饰品。虽都是环而不周的造型，但展出的 2 件玉玦在细节上有所不同。一件玉玦的肉部打磨的比较圆浑，剖面近似六棱形，中孔系两面管钻而成（图十八）；另一件玉玦的肉部为梯形，棱角感更为强烈些，中孔系一面管钻而成。两件玉玦都用黄绿色闪石玉制作，与红山文化玉器的用材近似。妇好墓出土的 18 块玉玦，或为素面抛光，或刻有龙纹；前者为耳饰玦，后者有一细孔，当为佩饰。商代遗址出土的玉玦有的为早期遗留，有的则为商代玉工制作。

玉笄是固发之器，早在新石器时代就出现了石笄、骨笄、玉笄。自此直至明清，笄作为首饰一直长盛不衰。商代男女都使用玉笄来固定发髻。展出的 4 件玉笄形制相近，为一端略尖一端较粗的长锥状，但有素面和饰纹两种，所饰纹样自笄尾至笄首间隔排列于柱状笄身，靠近笄尾处为一圈阴刻线，其下为减地阳纹一周，再下为减地阳纹两周（图十九）。此外，笄尾也存在平齐、弧形与榫状之别，榫状笄尾当与其他质地的笄帽相插嵌，构成更为美观的首饰。玉笄的用料精良，不仅颜色纯净，而且质地细腻、温润，它们淡白或淡绿的颜色飘逸着别样的风情。

除了玉笄，本次展览还展出了 1 件玉笄首。其用淡黄色玉料制成，长 8.5 厘米，最大径 1.5 厘米。整体略呈圆锥体。器体近三分之二的部分以减地阳纹的技法表现一只呈站立之状的鹰的形象。鹰首表现抽象，鹰翅表现得较为详细，修长的翅羽收合，两翅交叠有秩。腹面以简约的风格琢磨出腿足和鹰爪（图二十）。器体的另外三分之一部分连续收束呈圆柱体和圆锥状，圆柱状部分有一单面钻成的圆孔。类似造型的玉器最早见于石家河文化，所以有学者认为妇好墓出土的玉笄首制作于新石器时代末期，沿用至商代晚期。

图十八　玉玦

图十九　玉笄

图二十　玉笄首

图二十一　玉箍形器

图二十二　玉箍形器

图二十三　玉镯形器

图二十四　玉镯形器

除笄以外，有资料表明环形或筒形有中孔的器物也可能用来固定发髻。此种形制的玉器被称为玉箍形器。玉箍形器的直径一般为五六厘米，高多为二三厘米，也有更高的。其形制皆为圆筒状，两端平齐，内壁直而光滑，有的在一端钻有两个穿孔。但玉箍形器外壁的纹饰有所不同，大致可分成两种情况：其一，以线条进行装饰。有的是两组凸弦纹，弦纹之间是一道更为凸起的弦纹；有的是自上而下多道弦纹，使外壁呈现出凸凹相间的效果；有的为多组细细的阳线，中间的两组阳线横向断开，上下的两组阳线绕箍形器一周，其中上下缘阳线以减地突起的卷云纹间隔开，使线纹更富于变化（图二十一）。其二，以高浮雕的突起作为装饰。这种突起的制作需要把地子全部磨掉，十分费工（图二十二）。从用料来看，当为绿中泛黄的闪石玉，表面有灰白色、黄褐色或黑褐色的沁。

玉镯形器之称源于我们对其功能的不确定性。形如镯，但功能是否为腕饰则不可确知。事实上，同被称为镯形器的两件玉器宽度相同，但在形制与装饰上存在一些区别。一件壁厚，达 2.3 厘米，镯面以减地法饰阳纹，阳纹成组，多横向，也有纵向的，间以卷云纹，表面有斑驳的黄褐色或黑色沁（图二十三）；另一件壁薄，为 0.7 厘米，表面的中间部位饰一道凸弦纹（图二十四）。这两件玉器在装饰风格一繁一简，造型上一厚一薄，基本代表了此类器形的两种特点。

除了单体玉饰外，几何形玉饰中还有组合式玉饰，即玉串饰。其由 17 件色彩有别、大小不一的玉管组成，玉管呈圆柱状或两端略小的圆柱状，中钻圆孔，彼此相互串联在一起，形成组合式玉饰。

（二）肖生玉饰

肖生玉饰的题材广泛，有人、龙、虎、鹿、兔、狗、禽鸟、蝉、鱼、兽面等。这类玉饰多为双面片雕，少数为半圆雕。

玉人表现的都是侧身蹲踞、双臂屈曲于胸前的人的形象，一端有榫，用于插嵌，但细部特征有所不同。展出的 2 件玉人，一件头戴高冠，冠部边缘琢扉棱，臣字眼，尖鼻凸唇，身体以双勾阴线之法琢卷云纹，臀部雕十字形符号，并钻有一孔（图二十五）。另一件头戴冠帽，帽后部下凹，宽额、高鼻、尖下巴，以阴线刻出手指（图二十六）。比较起来，前一件玉人更显神秘，因其头上的高冠与鹦鹉头上的高冠相类，让人不禁要问，是人戴上了鹦鹉的高冠，还是这件玉器表现的是人与鸟的合体？

图二十五　玉人　　　　　　　　　　图二十六　玉人

　　龙形玉器在史前时期的玉文化中就已出现，它也是妇好墓出土玉器的一个重要组成部分。展出的 6 件玉龙有三种不同的造型：其一，玦形。龙身卷曲如环而不周的玦。龙角多为瓶状，也有叶形和短柱状角，或随形伏于脑后，或略倾斜向上；龙眼多以阴线双勾之法表现为臣字形，也有减地凸雕成圆形的，或仅把眼珠部分凸雕成圆形；龙的上吻长下吻短，口部以桯钻之法多次钻孔，形成边缘参差的大张的嘴巴；龙之尾尖多内勾，也有外勾的；龙的背脊多以阴线刻成三角形纹或虎斑纹，个别雕琢成扉棱，更显奢华；龙身两面以双勾阴线之法刻卷云纹、三角形纹或菱形纹，装饰风格繁满（图二十七）。其二，爬行状。这种造型的龙被称为夔龙。龙口向下，制作方法与玦形龙相似，单足呈卧状，尾巴内卷回勾，头上瓶状角，叶形小耳，龙身以阴线双勾之法饰随形的卷云纹、鳞纹等（图二十八）。其三，卷尾伏卧形龙。仅 1 件，用淡绿色的玉料随形制作。近圆雕。头大，近方形，减阳阳起的瓶状双角，阴线刻兼以减地阳起的臣字目，身体卷曲，尾尖内勾，龙身以双勾阴线之法饰鳞片纹，颌下有上下对钻的孔（图二十九）。在这三种玉龙中，玦形龙与红山文化的玉龙有传承关系。红山文化的玦形龙也是身体卷曲似环，面部若猪或熊之形，但身体光素无纹；发展到了商代，龙身满饰卷云纹，对龙的表现，也由早期的强调面部特征发展为突出整体表现，风格变得比较华美。

　　玉禽鸟也是妇好墓出土玉器的一个主要类型，特别是玉鸟。鸟与商代社会有着千丝万缕的联系，《诗经·商颂·玄鸟》中有"天命玄鸟，降而生商"之句。鸟是商族的图腾。本次展出了片雕玉鸟 4 件。玉鸟的创作题材之一是所谓的鹦鹉，其制作风格庄重大方，有一种威严之感。玉鹦鹉长着钉头似的钩喙，头上有冠，

图二十七　玉玦形龙

图二十八　玉龙

图二十九　玉卷尾龙

一般翅尖上翘，尾巴内卷，鸟身以阴线双勾之法饰卷云纹，或间以虎斑纹，足端或呈锥状，可以插嵌于他物，也有的钻孔，可以系缀。鸟眼睛有圆形和臣字形两种，冠部琢成扁棱、叶形或火焰之状（图三十）。除了玉鸟，妇好墓出土的玉器中还有玉鹅、玉鹤等造型。鹅、鹤虽属于不同的表现题材，但它们在玉器造型上有颇多相似之处，整体皆若S形，足根呈榫状，身体以双勾阴线之法饰繁复变形的卷云纹，颈部以同样的手法饰鳞纹，有的还钻有一孔，只是玉鹤背部雕一小翅，若拍动之状，使宁静中蕴含着几分动感（图三十一）。

玉鸟中有一类造型较为特殊，即尾巴末端带一刻刀，故有玉鸟形刻刀之称。这种造型的玉器具有一器多功能的作用，既可以用作工具，钻有穿孔还可以当成佩饰，可以说融实用性和艺术性于一身。

除玉鸟外，玉鱼也是数量较多的一种玉器。玉鱼的造型有直条与弧形之分，直条鱼身体笔直，圆眼，歧尾，主体部分以短而粗的横向与竖向阴线刻成格子状，表示鱼鳞，鱼背上琢出扁棱状鱼鳍（图三十二）。弧形鱼也有明显的头、身、尾三部分，以单阴线刻圆眼，也有不刻眼睛的，背鳍、腹鳍皆以很短的连续阴线表示，两端一般各钻有一穿孔，用于系缀，俨然是鱼形玉璜。玉鱼的制作较早，良渚文化的玉工就已经用玉料制作玉鱼了。

此外，还有虎、兔、鹿、狗、熊、蝉等题材的玉饰件。在这些玉器中，我们可以看到玉鹅和玉鹤那样的造型现象，即题材不同，但整体外观却具有相似性。比如，玉虎与玉兔，均做伏卧待发之状，头前尾后，双腿弯曲，以阴线刻出爪部。但细部特征的处理有所差别：玉兔以双阴线刻圆目，耳朵向后上方伸，做警觉之状，前足双面对钻有一小孔；玉虎为臣字目，全身以双勾阴线之法刻卷云纹，颈部刻鳞纹，尾部刻虎斑纹，虎口与玉夔龙的口部特征相同，额上钻有一小孔（图三十三）。玉鹿与玉狗做伏卧回首之状，但玉鹿做得精细，玉狗略显粗糙。它们皆前肢伏卧，后肢直立，翘臀垂尾，鹿尾短，狗尾长，鹿耳小，狗尾大，颈部皆以双勾阴线之法刻鳞纹，鹿身上饰繁复的卷云纹，狗身上饰简单的卷云纹，鹿的臀部钻有一小孔，狗鼻与前肢上各钻一小孔（图三十四）。玉熊呈抚膝蹲坐状。前视，头微抬，臣字形目，小耳，耳尖微向前，近耳处钻有一小孔。两面以阴线双勾之法饰随行云纹，并以单阴线刻四爪（图三十五）。玉蝉的造型有单独的蝉形和蝉蛙合体两种：单独的玉蝉强调对蝉之背面的表现，圆目减地阳起，蝉背刻三道阴线，一对蝉翼上各饰两道阴刻线，更短小的阴线刻于尾尖，从头至尾贯通一穿孔；蝉蛙合体的玉器用绿松石制成，一面为蝉形，圆目与双翼减地凸起，翼

图三十　玉鸟

图三十一　玉鹅

图三十二　玉鱼

图三十三（1） 玉虎

图三十三（2） 玉兔

图三十四（1） 玉鹿

图三十四（2） 玉狗

图三十五 玉熊

图三十六 玉兽面

图三十七 玉兽面

上以阴线饰纹，另一面为蛙形，前肢略外伸，后肢卷曲，作伏状，蝉头与蛙头方向一致，但蛙身较蝉身短，蛙臀之下露出上下钻通的穿孔。蝉属于昆虫，以玉料表现昆虫题材早在红山文化晚期就已出现，比如玉蝗虫、玉蚕等，史前时期玉蝉制作最为发达的是石家河文化，其制作的动因应该是人们的某种信仰观念。

　　兽面纹是商代青铜器上最重要最流行的纹饰，商代玉器对此也有一定体现。玉兽面的横剖面为圆顶三角形，这种造型可能与其使用方式有关。玉兽面一般会有两种形式，其一，较为抽象，其二，较为具象。较为抽象的兽面纹有着眼线拉长的臣字目，管钻的圆睛，"儿"形鼻，圆鼻孔，阴线刻两根须，须两侧各一边缘参差的孔，头上长一对横置的角，额中部饰菱形纹（图三十六）；较为具象的兽面似牛头，枣核形的眼睛，头上长一对牛角，额心以单阴线刻菱形纹，嘴下出榫，榫上钻一穿孔（图三十七）。

四、玉之艺术

　　在妇好墓出土的玉器中，有一些圆雕作品，这类作品一般被归入艺术品或赏玩类玉器，涉及的题材有人物和动物。与片雕的动物形玉器相比，圆雕动物多了几分生动，少了一些刻板，更加接近生活的真实。而圆雕人像，除了供人们从玉器角度欣赏以外，还透露出那个时代在服饰、行为姿势等方面的信息。

　　圆雕人物皆跪坐，双手抚膝，面向前，以短粗的阴线刻出手足，整个形象呈静态之状。其中一件为孔雀石质，圆脸，大鼻，嘴巴略露微笑，两耳突出，脑后梳鸟喙状发髻，髻上雕半圆形"发饰"，发髻中间有上下相通的小孔（图三十八）。另一件为石质，白色，面部特征清晰，瘦长脸，尖下巴，高颧骨，粗眉大眼，蒜头鼻，大嘴微张，双耳较大。发向后梳，贴垂后脑，在右耳后侧拧成辫，往上盘至头顶，绕至左耳后侧，再至右耳后，辫梢塞在辫根下。头上戴一较宽的圆箍状"頍"用以束发，腹束带，中部垂下一长条形蔽膝，即"韠"（图三十九）。

　　与片雕的题材一样，玉鸟也是圆雕玉器中数量较多的一类，这类玉器的题材包括两种，一类是想象出来的鸟，有怪鸟、虎头怪鸟，另一类是表现自然界中真实存在的鸟，比如鹰、鸮之类。玉怪鸟是长着双角的鸟。尖尖的喙，并拢的双翼，尾巴较宽，向下垂并略内卷，两足前屈呈卧伏之状。玉虎头怪鸟的造型更加奇特，它是虎头鸟身呈站立之状的一种动物。虎头部分是张口露齿，阴线双勾臣字目，两耳上竖；鸟身部分则双翼并拢，尾尖内卷，双足竖起，足与翼构成支撑

图三十八　玉人

图三十九　石人

图四十一　玉熊

图四十　玉虎头怪鸟

图四十二　玉牛

玉論

点。鸟身以双勾阴线之法饰卷云纹、虎斑纹。双足之间有槽。头后有一小隧孔（图四十）。玉鹰长着大而内弯的钩喙，圆目突起，胸、腹外凸，短翅并拢。双翼以阴线双勾之法饰卷云纹。头尾之间贯通一圆孔，孔之两侧各有一椭圆形的小内凹。这件玉鹰可能是插在漆器上的饰物。玉鸮由带褐斑的绿色玉料制成，作站立状。钩喙，圆眼微凸，两耳竖起，双翼并拢，短尾下垂，两肢粗短。右侧翅上有纹饰，系半成品。有上下钻通的孔。

圆雕玉器中还有一些四足动物，比如熊、虎、象、牛等。玉熊的造型类似玉虎头怪鸟、玉鸮等，由一块圆柱状玉料雕琢而成。熊呈蹲坐状，上肢抱膝，头微抬，耳上竖，张口露舌，背饰云纹。脑后有一个小隧孔，臀部有一条三角形短尾（图四十一）。玉虎用带褐斑的深绿色玉料制作而成。呈蓄势待发之状。虎张口露齿，近臣字目，双耳竖起，背隆起，尾下垂，尾尖略上卷。身饰云纹。其整体造型与片雕的玉兔很像，唯细部特征有别。玉象作站立状。长鼻上伸，鼻尖内卷。枣核形眼，上有一对细眉，大耳下垂，体肥硕，四肢粗短，尾下垂。身、足饰云纹，背、尾饰节状纹。玉牛的造型与纹饰与玉鹿、玉狗相似，但它所用玉料要厚一些，为半圆雕。作伏卧回首状。张口翘鼻，目字形眼，双角后伏，前肢前屈，后肢屈于腹下，尾下垂。颈饰鳞纹，背饰节状纹，身饰云纹。前、后肢下部正中分别刻有小槽，可镶嵌（图四十二）。

圆雕动物中，除了对动物题材的整体表现外，还有仅限于动物局部的雕琢，比如玉羊头，这类玉器特别强调那一对弯曲的羊角，上下有一钻通穿孔，可用于插嵌。

以上我们从四个方面概述了"天地之灵——中国社会科学院考古研究所发掘出土商与西周玉器精品展"中妇好墓出土的部分玉器，与该墓出土的 755 件玉器总数相比，陈列展览的玉器不过是冰山一角。但由于在展品选择时社科院考古所的专家们考虑到了玉器的代表性，所以，通过有限的展品，我们还是可以对妇好墓出土玉器乃至中原商代玉器有一个较为笼统的认识。与史前时期的玉器相比，商代玉器强化了装饰性，淡化了作为沟通人神媒介的功能，从而为西周时期装饰用玉服务于世俗社会的礼制奠定了基础。

（注：本文图片全部源于中国社会科学院考古研究所、北京艺术博物馆编：《天地之灵——中国社会科学院考古研究所发掘出土商与西周玉器精品展》，北京出版集团公司北京美术摄影出版社，2013 年）

西周玉器之管窥

——"天地之灵——中国社会科学院考古研究所发掘出土商与西周玉器精品展"展品概说之二

在《商代玉器之管窥——"天地之灵——中国社会科学院考古研究所发掘出土商与西周玉器精品展"展品概说之一》中，我们对 2013 年的此次展览涉及的商代玉器做了概述。本文，我们将对展览涉及的张家坡墓地出土玉器进行剖析，总结其特点及其对西周玉器风格的折射。

陕西省长安县沣河西岸一带相传是周文王的都城遗址。《诗·大雅·文王有声》："既伐于崇，作邑于丰"。丰京亦称丰邑，周文王伐崇侯虎后自岐迁此，面积约 8 ～ 10 平方千米。现已发现西周大型夯土基址，被认为是西周王室的宫殿及宗庙区。

张家坡墓地位于丰京西北部，是目前发现的西周早期以后丰京内最大的一处墓地。从 20 世纪 50 年代开始，中国科学院考古研究所就在张家坡墓地进行长期的钻探和发掘工作，现已发现西周墓葬 3000 余座。20 世纪 80 年代的发掘是张家坡西周墓地迄今最重要的一次工作，发掘墓葬 390 座，其中包括西周中期朝廷重臣井叔家族墓。特别是保存众多的玉器，年代跨度自西周早期至西周晚期，呈现出西周玉器发展的粗略脉略，也为研究西周时期的用玉制度提供了极为宝贵的资料。展览涉及的展品主要源自 20 世纪 80 年代的这批资料，即为下文讨论的对象。

一、礼兵遗韵

传统意义上，玉礼器包括璧、琮、圭等类器物，玉兵器有钺、戚、戈等。张家坡墓地出土的玉礼器数量较少，展览也仅展出了少数几件。与玉礼器相比，玉兵的数量较多，但它们大多已失去此前的仪仗功能，变成了仅具象征意义的明器，甚至是装饰品。

玉璧只有 1 件，由带云纹斑的阳起石制成，器形呈方圆形，并非标准意义上的圆形，中孔比较大，单面钻成，两面都有片切割的痕迹（图一）。

玉琮有圆孔和方孔两种，单节，素面无纹。圆孔者高 9 厘米，用灰色透闪石制成，器形较大（图二，左）；方孔者高 6.8 厘米，利蛇纹石加方解石质，玉料呈黄色，夹杂着黑斑，一端直径较另一端稍大些（图二，右）。它们的外形相同，射口四周均不做加工，直接与琮体相连，但内孔有异，内孔圆形是琮的传统形式，而方形内孔的玉琮则是西周玉器的一个创新。

玉圭均为透闪石质的长条形尖首圭。一件长 8.5、宽 0.8、厚 0.3 厘米，由柄形器纵剖改制而成，柄形器的弦纹和线纹遗留于圭体（图三，下）。另一件长 9.6、宽 0.7、厚 0.2 厘米，后端平齐，中部有一个小穿孔。器身两面阴刻多条纵向线纹（图三，上）。

玉戈的数量较多，共 12 件。20 世纪 80 年代发掘的张家坡墓地 390 座墓中，共出土玉戈 68 件，这 12 件玉戈基本代表了该墓地出土的玉戈形制。

玉戈的用料以透闪石为主，但颜色有青白、灰白、灰绿、绿色等差别，个别的石性很强。根据援与内的特点，12 件玉戈可分成三种型式：其一，直援直内戈，6 件，长六七厘米。但发掘出土的此类玉戈中，也有长 20 厘米或 30 厘米的。直援直内是在戈的传统主流型式基础上的进一步简化。援与内皆平直，援长内短，援与内交界处没有上下阑，内部有一穿（图四，1）。一般光素无纹。只有 1 件特殊，在援与内交界处阴刻两道线纹，两线之间纵向刻菱形纹，内部边缘自上而下有三个小缺口，对应缺口阴刻两道横线（图四，2）。其二，直内曲援戈，有内，或援、内区分不明显，援的弧曲程度有大有小，援中部起脊，两侧边刃磨薄，脊与刃之间打磨内凹，内部一圆形穿孔（图四，3）。这类玉戈展品 5 件，尺寸有大有小，有的长 7 厘米有余，有的不足 4 厘米。其三，长内短援戈，1 件。这件玉戈由灰绿色透闪石制成，内后端有褐斑。器身一面平一面略内弧，直援短而窄，内部相对更长、更宽一些，内的尾端有一穿孔，援与内之间有一周刻纹（图四，4）。

玉戈最早见于新石器时代的凌家滩文化。夏代至商代的殷墟二期，玉戈与青铜戈的演进大致同步，主要是作为仪仗用器。之后，玉戈的象征性功能减退，主要是作为装饰品或明器使用。有人认为，张家坡墓地的玉戈中，有孔的是装饰品，无孔的是明器。此说并不太确切。在此次展出的玉戈中，就有两件出土于同一墓葬，系一块玉料对剖而成，随葬时放在一件玉钺的两侧，可见仍然具有象征意义，当为明器，而非装饰品。所以，有无穿孔并不能作为判定其是否为装饰品的依据。

图二　玉琮

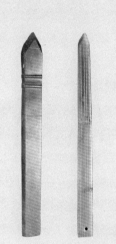

图一　玉璧

图三　玉圭

1

2

3

4

图四　玉戈

1、2.直援直内戈　3.直内曲援戈　4.长内短援戈

图五　玉戚

只能说，带穿孔的玉戈有些为明器，有些则为装饰品，穿孔只不过是保留了戈的原初造型的特征。

　　戚是带扉齿的钺。展品中有玉戚 3 件，都以绿色调的透闪石制作而成，有浅绿色和青绿色之别。以造型而论，有两种型式，一种是器身中央带很大的孔，扉齿外突明显。这样的玉戚只有 1 件，长 9.6、宽 8.8、厚 0.5 厘米，孔径 5.6 厘米。扁平长方形，顶端平直，圆弧刃，刃角微向上翘，两侧中部各有一组扉牙装饰，器身中央一个大圆孔，孔由单面管钻而成，另一面有一条纵向解玉痕迹（图五，左）；另一种器身不带穿孔，扉齿不像前一种形式的玉戚那样明显。这样的玉戚 2 件，一件器形极小，长 3、宽 2.4、厚 0.3 厘米，与刃相对的另一端平齐，中央有一两面桯钻而成的小穿孔，圆弧刃，两侧各有四个扉牙装饰（图五，中）；另一件器长 6.4、顶宽 3.9、刃宽 4.9、厚 0.35 厘米，不仅在一端有穿孔，还在两侧靠近扉齿处各有一单面钻的穿孔，一侧穿孔大另一侧穿孔小，穿孔位置也不在一条水平线上，估计是用来镶嵌绿松石或其他玉石的地方（图五，右）。与玉戈一样，这些玉戚也不再具备太多的礼仪功能，它们更像是具有象征意义的明器，甚至退化成为装饰品。

　　玉柄形器 6 件，根据有无纹饰和造型的特点，可分为四种类型：其一，素面无纹，器身不分节。1 件，由绿色调的透闪石制作而成，正面微鼓，背面平滑，柄首平顶，束颈，颈部上下各有一道弦纹，中腰有两周平行凸弦纹。末端出一短榫，榫上有一穿孔（图六，4）。其二，节状柄形器，即器身呈节状。1 件，长 14.5、宽 1.8、厚 1.4 厘米。以青白色透闪石制成。截面呈扁方柱形，柄首作盝顶状，束颈，颈部有两道凸起的阳线，器身又以凸弦纹为界分为四节，每节四面分别以阴线刻背对背的卷云纹一对，末端收缩成斗状短榫（图六，1）。其三，扁平片状柄形器，圆弧顶上装饰一对扉牙，两侧有相互对称的扉牙，末端呈斜弧状或尖圆状，若榫，器身两面以西周时期典型的一面坡刀法装饰纹样。2件。一件长9.9、宽3.1、厚0.3厘米，以白中泛褐的透闪石制作而成，一鸟二龙纹。鸟纹在上，圆眼、钩喙、高冠，长尾向上向下回卷至头前，胸下有钩爪。下为一对龙纹，龙眼带长眼线，卷鼻张口，上面的龙纹只有龙首，下面的龙纹有头又有身，身体自下而上（图六，3）。另一件长9.7、宽3.5、厚0.3厘米，器身两面装饰一鸟一龙纹，鸟在上龙在下。圆睛、钩喙、高冠，长尾向上再向下回卷胸前，胸下有硕大的鸟爪。龙纹在下，张口、卷鼻，龙身长而曲折（图六，5）。其四，素面扁平片状。1件。长7.1、宽3.2、厚0.3厘米。以湖绿色透闪石制成。顶部平齐，装饰一对扉牙，尾端尖圆。一侧边光素，另一侧边饰两对扉牙。顶端与尾端各有一穿孔，镶嵌着绿松石（图六，2）。

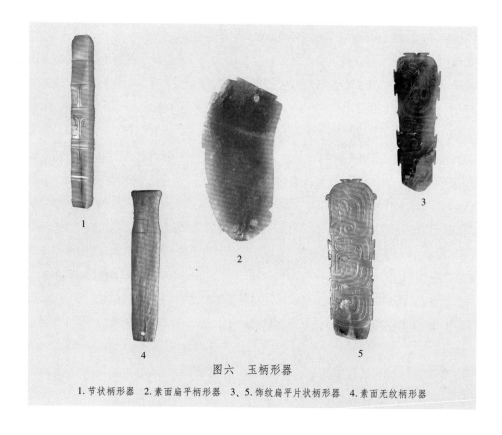

图六　玉柄形器

1.节状柄形器　2.素面扁平柄形器　3、5.饰纹扁平片状柄形器　4.素面无纹柄形器

二、饰玉繁多

张家坡墓地出土的装饰用玉中，有些可以确定装饰的部位，有些只能笼统地界定为玉佩饰。以此而论，此次展出的饰玉有耳饰、发饰、项饰、胸腹饰和各种人物或动物造型的玉器。虽然说是饰玉，但有些玉器除了具有装饰效果外，还具有体现佩戴者身份、地位的礼仪功能。

耳饰有玉玦。玦形耳饰最早见于史前时期的兴隆洼文化，距今六七千年。商代依然延续，但数量不多。张家坡墓出土的玉耳饰由黄色大理岩制成，继承了扁平圆形有缺口的传统形制，器身两面周边磨薄，呈现一条硬折的棱线。这样的玉玦2件，由一块玉料对剖制作而成，大小相同，直径3.1、孔径1.1、肉宽1.1、厚0.6厘米（图七）。

发饰有玉笄、玉鸟形笄帽等。笄乃束发之物，史前时期多以动物骨骼制笄，以玉制笄十分珍贵。玉笄长9.7、顶端径0.8厘米，白色透闪石质，整体呈圆柱形，顶端略精以阴线刻纹两周，其下渐细，末端收作尖锥状。笄帽是笄之一端的饰物，有的为圆球状，有的做成动物形状，比如鸟形（图八）。这件玉鸟形笄帽长2.3、宽1.2、高1.9厘米，用黄褐色透闪石制成，圆雕成一只小鸟，鸟儿圆睛、尖喙、双翅收合于鸟身两侧，以阴线刻翅羽和背部羽毛，双爪前伸，两爪之间有一小穿孔，底部有一圆口，以备纳笄榫，并由穿孔以销固定（图九）。

项饰作为颈部的饰物，早在史前时期就已出现，有骨制的、玉制的等。张家坡墓地出土的玉项饰长约40厘米，由1件椭圆形穿孔玉饰、15件玉蚕、1件三棱形玉饰、38件红色和淡黄色玉髓珠管，以及30件浅蓝色料管组成（图十）。椭圆形穿孔玉饰长2.4厘米，由白色透闪石制成，隆起的一面以阴线刻圆睛、尖喙、翘尾的鸟纹，扁平的一面纹饰已磨蚀不清，仅见周边的圆圈纹。蚕形饰长2～3厘米，其中9件为白色透闪石，6件为受沁成灰白色的大理岩，蚕身以单阴线分出体节，头部有穿孔和阴线刻圆眼。三棱形玉饰长2.6厘米，为青白色透闪石，带穿孔。除料管为双行穿缀外，其他质地的饰件都以单行穿缀。这件项饰出土时围成两圈套在墓主人的颈部，由此可见其使用时的方式。

胸腹饰是西周时期贵族阶层的佩玉，一般称为玉组佩，或组玉佩。它自颈部垂下，直至胸腹部位。除了满足装饰功能，玉组佩还具有强烈的礼仪性质，体现

图七 玉玦

图九 玉鸟形笄帽

图八 玉笄

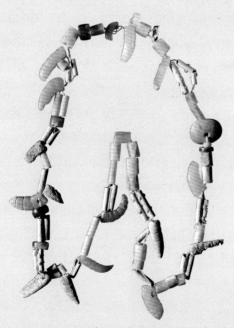

图十 玉串饰

图十一 玉组佩

着佩戴者的身份与地位。西周时期的玉组佩主要有两种形式，一种以梯形牌饰为主体构件，其下穿缀多条珠管流苏状饰物，仅出土于女性墓，有学者认为它是冠两侧的饰物；另一种以玉璜为主要构件，再辅以珠管等饰件，男性与女性墓中均出土，玉璜的数量与墓主人的身份等级有一定关系。张家坡墓出土的 3 璜玉组佩在复原时似有所误。复原后的玉组佩由 3 件玉璜、4 件玉管和 148 颗玛瑙珠、玉管等组成，但 4 件玉管很可能是玉握之类的葬玉，而非佩饰（图十一）。作为玉组佩主体构件的 3 件玉璜均为透闪石质，可分为三种形制：三分之一玉环型，长 9.5、宽 1.8、厚 0.8 厘米，玉料受沁后半白半绿，绿为其本色，两面以一面坡的刀法刻三角形龙纹，龙尾斜向交叠；二分之一玉环型，长 10、宽 2.1、厚 0.5 厘米，两面刻双龙纹，龙头向外，龙尾斜向相叠；超过二分之一玉璧之型，长 12.5、宽 3.3、厚 0.3 厘米，两面都刻双龙纹，龙头向外，张口卷鼻，双尾相缠。这三件玉璜自上而下由小而大排列，璜两端有穿孔，上下璜的穿孔之间连缀红色玉髓珠和已受沁变色变松的细长玉管。佩戴时，最上端的玉璜放于颈后，其内凹的弧度恰与颈后吻合，其他部分拖垂于胸腹。

动物形玉器中，有些可能是玉组佩的构件，有些可能是器物或其他物体上的饰物。以题材而论，动物形玉器有想象出的龙、兽面等；会游的鱼、龟，会飞的鸟之类；会跑的四足动物玉兔、玉鹿、玉牛，以及昆虫类动物蝉、蚕等。

玉龙早在红山文化时期就已出现，以后一直沿袭制作，只是龙的形象在不断变化。张家坡墓地出土的玉龙中，多为西周时期的，但也有商代遗物，其与妇好墓出土的玉龙如出一辙。西周的玉龙数量较多，据其造型特点，大致可以分为四种类型：其一，菌状角的块形龙。以黄绿色透闪石制成。龙体卷曲，尾尖内钩，头上有瓶状角，张口露齿，眼线很长，龙体上用大斜刀手法刻出卷云纹（图十二，1）。这种造型的玉龙与商代玉龙具有明显的继承关系，兼具商与西周两个时代的特点。其二，长下颚的玉龙。以褐色透闪石制成。龙体弯曲，首尾相接成正圆形。龙首卷鼻，头顶有角，中有凸棱，这种形状的龙首轮廓是西周中期以后最流行的式样。张口，长舌卷曲，形成内圈，龙身刻弧线纹。龙尾平齐。背面无纹（图十二，2）。其三，璜形玉龙。整体呈璜形，臣字目或眼睛的眼线很长，菌状角，前胸下有一足或无足，龙身装饰卷云纹（图十二，3）。其四，半环形玉龙。整体呈半环形，以深青色透闪石制成。龙身弯曲成多半环形，器横断面为椭圆形。器的一端用浅浮雕刻出龙头，有双角、双圆睛，阔鼻，断面上刻出锯齿

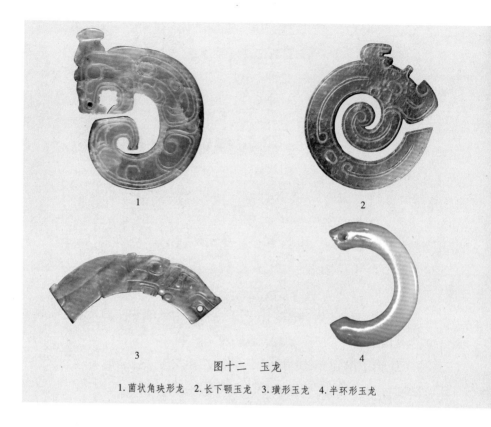

图十二　玉龙

1.菌状角玦形龙　2.长下颚玉龙　3.璜形玉龙　4.半环形玉龙

形牙，龙身无刻纹，另一端为尖尾。嘴部穿一孔（图十二，4）。

　　玉鱼早在新石器时代晚期的红山文化中就已出现，该文化有以绿松石制作的仅具轮廓的玉鱼，良渚文化则出现比较具象的玉鱼造型。商代，鱼成为玉器制作的一个重要题材。张家坡西周墓地出土的玉鱼以造型而论，大致可以分为两类，一类是有脚玉鱼，另一类是无脚玉鱼。它们主要以片雕的形式表现，厚度在0.3～0.4厘米，均以透闪石制成，但色彩并不统一。

　　有脚玉鱼的特点是在嘴巴下面雕出一手爪状物，但在具体的造型上，又可分为有脚直条形玉鱼、有脚垂尾玉鱼和有脚璜形玉鱼。有脚直条形玉鱼，长6、7厘米，宽3厘米左右，身体呈直条形，丁字形嘴，阴线刻圆眼，以两道阴线刻腮线，以短阴线刻背鳍和腹鳍，尾部斜向，中以缺口分为上下，嘴巴下端有一穿孔（图十三，左）。有脚垂尾玉鱼，长4～6、宽3厘米，嘴巴没有直条形玉鱼那么夸张，多以单阴线刻腮线、拱背、垂尾、圆睛，短阴线刻一背鳍一腹鳍或两腹鳍，嘴部有一小穿孔（图十三，中）。有脚璜形玉鱼，这样的展品2件，属于一对，以乳

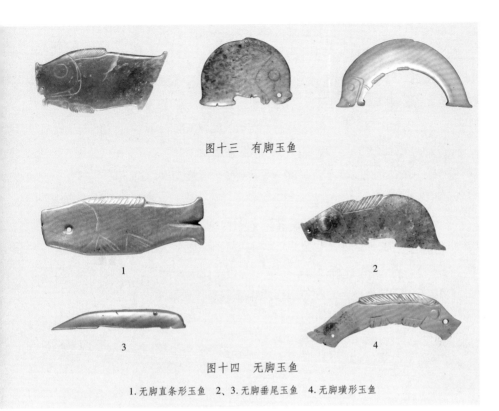

图十三　有脚玉鱼

1　　　　　　　　　　　　　　　　2

3

4

图十四　无脚玉鱼
1.无脚直条形玉鱼　2、3.无脚垂尾玉鱼　4.无脚璜形玉鱼

白色透闪石制成，尖头垂尾，鱼身弯曲如弓，两面刻出圆眼、背鳍一、腹鳍二，嘴部有一小穿孔（图十三，右）。

　　无脚玉鱼的特点是嘴巴下面未雕刻出手爪样的脚，整体形象若鱼静止时的样子。在具体的造型上，无脚玉鱼又可分为无脚直条形玉鱼、无脚垂尾玉鱼和无脚璜形玉鱼。无脚直条形玉鱼的数量较多，长度3～7厘米，宽1～2厘米，厚0.3厘米左右，均以透闪石制成。背部以短阴线刻一背鳍和两腹鳍，阔嘴、歧尾，尾巴尖向上下分开（图十四，1）。无脚垂尾玉鱼长7～9厘米，宽不足3厘米，以灰白色或青绿色透闪石制成。阔嘴、拱背，以短阴线刻一背鳍一腹鳍，嘴上有一穿孔。有的玉鱼雕刻精细些（图十四，2），有的则雕琢得比较简单，仅具鱼的轮廓（图十四，3）。无脚璜形玉鱼长5～7厘米，宽1厘米有余，以淡绿色、黄褐色或黄色透闪石制成，器身作条状弧形，似璜，阔嘴、弧背、分尾。两面均用阴线刻出圆眼、腮线、一背鳍和二腹鳍。嘴部有一小穿孔，尾部也有一小穿孔（图十四，4）。

新石时代的红山文化玉器群中，就有龟、鳖类的动物出现。张家坡西周墓中的 152 号墓出土一组共 3 件玉龟，此次展览展出了 2 件，大小形制完全相同。它们长 2.48、宽 2.04、厚 0.88 厘米，灰白色透闪石质。整体呈椭圆形，背部隆起，腹平无纹，以双阴线刻菱形纹，首尾两端有圆孔贯通（图十五）。

早在新石器时代的红山文化和良渚文化中，就已经出现半圆雕的玉鸟，红山文化的玉鸟多双翅半开半合，做站立枝头的静止之状，良渚文化的玉鸟多双翅展开，做俯冲之式，充满动感。商代，鸟依然是一个重要的表现题材，有立鸟、伏卧状鸟等多种造型。西周时期的玉鸟在继承了商代玉鸟造型的基本上，也有所创新有所发展。张家坡墓地出土的玉鸟对此有所反映。本次展览展出的玉鸟，大体可分为伏卧状鸟、俯冲状鸟和立鸟三种造型，每类玉鸟又包括不同的形式。玉料均为透闪石，只是颜色有灰白色、淡绿色、青白色等的区别。

伏卧状玉鸟又有宽喙宽尾、尖喙垂尾和尖喙长尾等样式，宽喙宽尾鸟有的长 6～7 厘米，有的长 3 厘米有余，宽 2～3 厘米，均以透闪石制成。鸟首前视或微上扬，两面以单阴线刻出细节，圆睛，头后飘绶，长翅上翘，胸前有伏爪，腹下有鱼鳍状装饰，尾宽而下垂，胸前有一小穿孔，个别在翅上有穿孔以镶嵌绿松石等物，宽尾下垂或平直后伸（图十六，上）。尖喙垂尾 1 件，淡绿色透闪石质，尖喙，坑点眼，尖翅上扬，宽尾下垂，胸前有一小穿孔。以一道粗阴线分别出鸟身与鸟足、鸟尾（图十六，中）。尖喙长尾鸟似喜鹊之形，展品中有 1 对，均以浅绿色透闪石制成，形状、大小相同。长 7.9、宽 1.9、厚 0.6 厘米，尖喙、圆睛、扬翅、长尾，以单阴两面刻纹，胸前有一小穿孔（图十六，下）。

俯冲状玉鸟长、宽均在 3 厘米左右，厚 0.3 厘米左右。整体呈三角形，尖喙、圆睛，双翼展开，尾部圆弧状或分叉，一面刻纹或两面刻纹，有的以阴线刻出翅膀与鸟身的分界线，有的未刻出，仅具翅尾的轮廓，尖喙上有穿孔（图十七）。

立鸟均呈站立之状，3 件立鸟造型各不相同。其一，相背立鸟。高 2.5 厘米，浅绿色透闪石质。鸟头互相作尾，一鸟巨喙、圆睛，另一鸟尖喙、圆睛，头上有花冠突起，脑后有飘绶，鸟身刻以卷云纹。两面花纹相同。腹下有长方形凸榫，榫两侧有刻槽（图十八，左）。其二，高 3.2、宽 1.6、厚 0.2 厘米，透闪石，青白色。鸟作站立状，尖喙，眼部钻一圆孔，象征圆睛，背部有一扉牙，以示羽翅，通体无刻纹。下部有一便条形短榫，榫上有小穿孔（图十八，中）。其三，高 4.9、宽 2.8、厚 0.5 厘米，透闪石，浅绿色。两面刻纹相同，鸟作站立状，钩喙，圆睛，

图十五　玉龟

图十六　伏卧状玉鸟

1

2

图十七　俯冲状玉鸟

1.正面　2.背面

图十八　立鸟

头顶有长尖突，头后有角，颈部线纹刻出羽毛，扬翅，尾翼下垂（图十八，右）。

四足动物造型的玉器有玉兔、玉鹿和玉牛等，各1件，玉兔和玉鹿均用灰白色透闪石制成，玉牛为灰褐色透闪石质地。这三种造型的玉器在商代就已出现。玉兔长4.9、高2.4、厚0.2厘米，做蹲伏状，耳朵向后伸，嘴部有一穿孔，两面素面无纹（图十九）。玉鹿长4.4、高2.9、厚0.4厘米，梭形眼，回首伏卧，七叉鹿角，仅以阴线勾出前后肢与腹部的分界（图二十）。玉牛长、高2.6、厚0.5厘米，立姿，圆眼、张口、大耳、双角、短尾，牛腹中部有一穿孔（图二十一）。

昆虫类动物蝉、蚕等造型在新石器时代也早已出现，比如石家河文化的玉蝉是其玉器群的一个主体造型，蚕在红山文化中也不罕见。此次展出张家坡出土玉

图十九　玉兔

图二十一　玉牛

图二十　玉鹿

蝉5件，可分为四种型式：其一，近圆雕，碧绿色透闪石质。蝉背平，以阴线刻出圆睛、双翼和背部；蝉腹圆鼓，以阴线刻纹，头端刻槽像嘴，上有一穿孔（图二十二，1）。其二，单面雕，具象型。2件玉蝉为一对，大小与形制完全相同。长2、宽1.5、厚0.4厘米，灰白色透闪石质。蝉背微凹，蝉腹鼓起，以阴线刻头端圆睛、横弦纹和双翼宽大，头端有穿孔（图二十二，2）。其三，片雕，线刻，较抽象。长3.3、宽1.8、厚0.3厘米，青色透闪石质，系一扁平玉片两面刻出蝉形。蝉头较大，尖吻、圆睛，身出双翼。尖吻的两侧缘穿透一小孔（图二十二，3）。其四，很抽象的造型。长7.7、宽2.3、厚0.6厘米，碧绿色透闪石质。一端为蝉头，尖吻，方眼，器身较长，两侧有扉棱，另一端出榫，榫上有一穿孔。器身两面均阴刻弦纹两道（图二十二，4）。

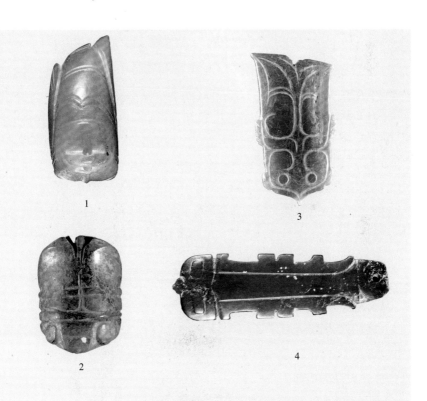

图二十二　玉蝉

1.圆雕　2.单面雕　3.片雕　4.抽象造型

三、葬玉特色

秉持"事死如事生"的原则，西周形成了自己独特的丧葬礼俗，以玉随葬便是一个重要特征。周代的葬玉源于保护和强健死者魂魄的思想观念，认为玉有足够的灵性可以提供魂魄所需要的物精[1]。反过来，源于此种观念而制作的玉器便是葬玉。张家坡西周墓葬中出土的葬玉包括玉面幕、玉握、玉琀、玉棺饰等。葬玉在张家坡出土的玉器中占到2.3%，虽数量不多，但为战国至汉代葬玉之发达奠定了基础。

玉面幕用于覆盖死者的面部，由多件玉石缝缀在丝织物上组成五官的形状。这些小件玉器有些是专门制作的，有些则由其他形状的玉器改制。它们的正面有纹饰，侧面和背面钻有小孔以供缝缀。玉面幕是西周玉器中新出现的一种器类，迄今最早的玉面幕出土于张家坡157号井叔墓（相当于共王时期）。西周中晚期是玉面幕的繁荣期，春秋晚期是玉面幕的重要发展阶段。到战国末期，一些高等级墓葬可能已使用玉衣，玉面幕即被玉衣的头罩替代。

张家坡西周墓地303号墓出土一组面幕组玉，由青色或青白色蛇纹石制成。正面刻纹，背面无纹，针孔均由侧面向背面穿透。其中，角形器1对，左右对称，内端为顾首龙纹，龙尾延伸外角。近中部透雕，针孔在两端；眉形器1对，左右对称，内端作卷云状，眉尖下垂。针孔在上下两角处；眼形器1对，椭圆形，刻同心圆三圈，中为眼珠。针孔在两侧；鼻梁形器1件，中腰有三道横束，其上下作花瓣状，上下两端各有一针孔；鼻形器1件，上端像鼻梁，下端像鼻翅，刻卷云纹，上下两端都有针孔；齿形器7件，三角形，正倒相间像上下齿。上下两端各有一针孔（图二十三）。

握，也称握手，是指墓主双手所握之物。握有丝质的，有玉质的，后者即称玉握或握玉。玉握之形表现出相当的随意性，有玉管、玉鱼和玉片等，这些玉器器体细长，比较容易置于死者手中，无特定的等级意义。

张家坡西周墓地219号墓出土一对玉握，长7.8、直径2、孔径0.6厘米。白色大理岩制成，外涂朱红。为圆柱形管状，中有穿孔，两端穿透。这对玉握分别握于左右手（图二十四）。

棺饰用玉是棺饰荒帷上的用玉。西周的棺外罩有木质框架，四面谓墙，顶盖

图二十三 面幕组玉

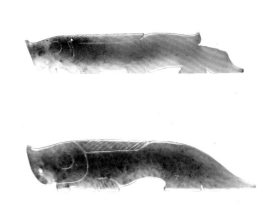

图二十四　玉握　　　　　　　　　　图二十五　玉鱼形棺饰

称柳，架外再围以布帛，称荒帷，它是对死者生前居室中帷幄类设施的模仿。据《礼记·丧大记》记载，只有君、大夫和士等贵族阶层才能使用荒帷。荒帷上缝缀玉石鱼、贝、串珠等，是为棺饰用玉。张家坡墓地对棺饰用玉表现得极为显著，比如170号墓外棺的东南角和西南角分别发现16件作为棺饰的玉鱼。此文择三例：其一，长9.1、宽2.1、厚0.3厘米。浅褐色透闪石质。阔嘴，尖吻上翘，直身，分尾下垂，背末端出一尖尾。两面刻出头部、圆睛、背鳍一、腹鳍二，腹前有伏爪。背鳍上有一穿孔（图二十五，上）。其二，长9.8、宽1.8、厚0.3厘米。浅褐色透闪石质，背部前端有褐斑。阔嘴，尖吻上翘，直背，分尾下垂，背后端有短尖尾。两面刻出头部、圆睛、背鳍一、腹鳍二，腹前有短爪，背鳍上有一穿孔（图二十五，中）。其三，长7.2、宽1.6、厚0.2厘米。透绿色闪石质。阔嘴，尖吻上翘，直身，分尾下垂。两面刻出头部、圆睛、背鳍一、腹鳍一，腹前有伏爪。嘴部有一小穿孔（图二十五，下）。

上述三类玉器，我们可以从两个层面上加以分析：一个层面，是玉器文化层面，即玉器特征。另一个层面，是社会层面，即这些玉器反映了怎样的社会状况。

从玉器特征层面上，可以看出张家坡墓地出土玉器有这样几个特点：第一，玉料多采用绿色调的透闪石，也使用蛇纹石、大理石、玛瑙、水晶、绿松石等。第二，绝大多数玉器为片雕，沿袭了商代玉器剪影似的造型方式，追求整体轮廓与现实之物的相似性。第三，素面玉器占的比重较大，饰纹玉器走向两个极端，或者是简单的阴线（直线或曲线）装饰，或者是精致的龙纹、凤纹或人纹的组合图案，充满了神秘色彩。第四，上述玉器中有些带有明显的加工痕迹，比如片切割痕，为研究当时的加工工艺提供了很好的实物资料。

从玉器功能看，张家坡西周墓地出土玉器包括礼玉、装饰用玉和葬玉，它们基本反映了西周玉器群的主要构成。装饰用玉成为西周玉器的主流，这是史前用玉类型经过商代的嬗变后的又一次重大变化。但与商代不同的是，葬玉得到更多的重视，葬玉开始走上系统化的道路。这两类用玉的突出与传统礼玉的衰落是西周崇尚规范人与人之间关系的礼制的反映。

（注：本文所用图片全部源于中国社会科学院考古研究所、北京艺术博物馆编：《天地之灵——中国社会科学院考古研究所发掘出土商与西周玉品精品展》，北京出版集团公司北京美术摄影出版社，2013年）

注释

[1] 孙庆伟：《周代用玉制度研究》，上海古籍出版社，2008年。

（原载《收藏家》2016年1期）

汉代玉器审美的二元性

中国古代玉器具有丰富的文化内涵，但不同时期的玉器，文化内涵的侧重点不同，体现了上层建筑需要借助玉器反映的意识形态发生着变化，不同时代的精神需求也存在差异。对于古代玉器的研究，文化层面的关注似乎更重要一些。但这并不等于说，我们只能从一个角度去研究玉器。

事实上，古代玉器的研究一直是多维度的，包括造型与纹饰研究、玉器功能分析、加工工艺复原、玉文化的传承与发展和艺术风格讨论等多个方面。玉器的审美研究属于艺术风格探讨的范畴，玉器的审美取向一方面与时代审美趣味密切相关，另一方面也受到玉器功能的影响。因此，对一个时代玉器审美的研究与剖析，一方面需要了解一个时代的审美观念，另一方面也要以把握一个时代的玉器功能为前提。反过来，古代玉器的审美研究，在一定程度上也可以帮助我们去理解一个时代的审美需求。

前人对汉代玉器的艺术风格已有过一些探讨，比如《从两汉诸侯王墓出土玉器看汉玉艺术风格》（石荣传《文物春秋》2004 年 1 期）、《玉德·玉符·汉玉风格》（卢兆荫《文物》1996 年 4 期）、《浅谈汉代玉器的艺术特色》（严茅《艺术教育》2007 年 8 期）和《汉代玉器的艺术风格》（徐琳《南京大学学报》2006 年 6 期）等。本人拟在前人研究的基础上，对汉代玉器的审美进行剖析，揭示其审美的二元性，并就审美二元性的形成原因做出简单分析。

一

汉代玉器的装饰纹样有简约与繁复两种风格。佩玉的装饰以简约为主；礼玉的装饰以繁复为多。此外，有些玉器的装饰同时呈现出简约与繁复两种风格。

佩玉的简约风格主要通过简练的线条表现出来。比较常见的线条是一条或几条长曲线，线条两侧或线条之间错落穿插几组稀疏的短线，其形若"二"，或直或弧，看似随意而为，却关注了各组线之间空间分布的合理性。玉觿上常以此种线条进行装饰。比如，青白玉凤鸟形玉觿，造型若回首的凤鸟，角形的觿身中部阴刻长长的细线一根，随觿身的弧度而行，细线一侧有"二"形短线两组，近尾处短线极短，远尾处短线弧曲略长些，细线的另一侧也有"二"形短线两组，但刻画得更显随意（图一）。简练的线条便于随玉器的轮廓进行变化。在环形玉佩上，便可以看到这类线条的另外一种形式。比如，白玉透雕环形佩，环的肉部边缘随形刻出两条细阴线，两线之间饰以成组短线，打破了玉环肉部的单调感；环孔中部透雕的螭纹也装饰着同样特征的细线，长线贯穿螭身，长线两侧错落成组短线，体现了线条的灵活运用（图二）。不过，长线与短线的组合也不是绝对固定的，有时候，也会因物造形，呈现出新的变化。比如，白玉凤鸟形饰，透雕成昂首屈身的凤鸟，鸟尾琢磨出宽阴线象征长长的羽毛，羽毛之间刻短阴线（图三）。相对其他玉器来说，这件玉器上的短阴线数量更多些，但由于宽阴线的制作，省略了通常所见的纤细的长阴线。不仅短阴线会成组使用，长阴线偶尔也会如此。比如，白玉凤鸟饰，整体透雕成翘尾勾喙的凤鸟，鸟身随形阴刻长长的细线两根，两线之间距离非常近，宛若成组短阴线的极度延长，这组长线两侧阴刻"二"字形短线数组，与其他玉器不同的是，短线并非错落排列，而是左右对齐，弧曲方向相同（图四）。

除了比较常见的长线、短线相互组合的线条，汉代玉佩上还经常会出现一种连弧状纹样。这种纹样应该是战国时期勾连云纹的极简形式，简单的一般仅剩下了两个或三个彼此相连的弧线，有时，其中的一条弧线会极度夸张，呈现出斧头样儿的形状。比如，白玉韘形佩，修长的椭圆形器身上装饰着三道连弧纹，线条流畅，形式疏朗，这件玉器上连弧纹仍保留了战国时期勾连云纹的很多味道（图五）。与之相比，青玉双龙首珩上的纹样更显出汉代独到的风格，卷曲的弧线更趋随意，弧线彼此相连之处更为松散，勾卷的意思更加模糊（图六）。在玉舞人的长裙上，可以看到更为简省的线条，即一端略略卷曲的长曲线，一长一短，自腰带垂下，象征着裙上的衣纹（图七）。

简约的风格还表现在葬玉的装饰线条上。运用汉八刀技法表现的玉蝉，以极其简练的雕琢工艺传达出了汉代玉器的造型特征。寥寥数刀，一只双目突出，双翼收合，静静而伏的蝉便表现得淋漓尽致（图八）。猪形玉握也运用了与玉蝉类似的表现手法，刀工至简，仅在关键部位施刀，比如头部、四肢等处，玉工追求的是形似与神韵，与注重写意的中国画的追求趋同（图九）。

图一　青白玉凤鸟形觿

图二　白玉透雕环形佩

图三　白玉凤鸟形饰

图四　白玉凤鸟形饰

玉论

图五　白玉鞣形佩

图六　青玉双龙首珩

图七　玉舞人

图八　玉蝉

图九　玉猪

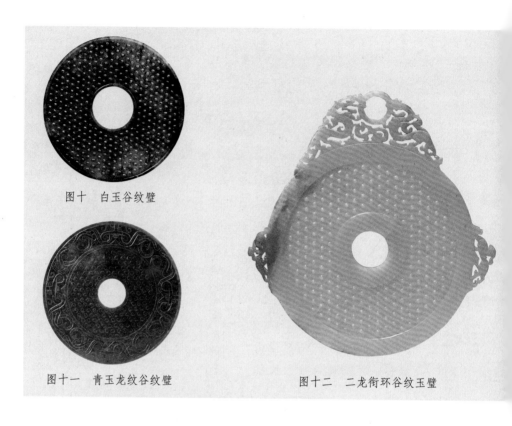

图十　白玉谷纹璧

图十一　青玉龙纹谷纹璧

图十二　二龙衔环谷纹玉璧

　　与上述佩玉、葬玉不同，汉代礼仪用玉的装饰纹样走的是繁复路线，特别是玉璧，把繁复之风发扬到极致。以布局而论，玉璧上的纹饰大致可分为肉部单一纹饰玉璧、肉部复合纹饰玉璧、出郭玉璧、孔部镂空玉璧与肉部镂空玉璧。无论纹饰采用何种布局和表现技法，都呈现出追求繁复、华美的艺术风格。肉部单一纹饰玉璧或装饰阴线刻涡纹，或装饰浅浮雕谷纹、蒲纹、乳丁纹，或装饰薄格谷纹，单元纹样很小，以排列紧密有序取胜（图十）。肉部复合纹饰玉璧往往以细线构成的绚纹为界把肉部分为内外两个纹饰区，外区一般装饰几组一首双身的龙纹，也有的为龙凤纹，内区往往装饰排列密集的几何纹，两种不同主题的纹饰组合在一起，再加上密集的线条，风格更显繁复、细碎（图十一）。出郭玉璧表现出来的繁复与上述两种玉璧不同。除了保留着传统的肉部满饰纹样外，出郭玉璧还在边缘一侧或两侧甚至是三侧镂雕纹饰，或是背对背的龙纹，或是凤鸟纹，或是一组龙纹、一组凤鸟纹，或是一螭一龙纹，以此来提升玉璧的华美感（图十二）。孔部镂空玉璧和肉部镂空玉璧虽以镂空取胜，但所镂之纹依然走了一条繁满的道

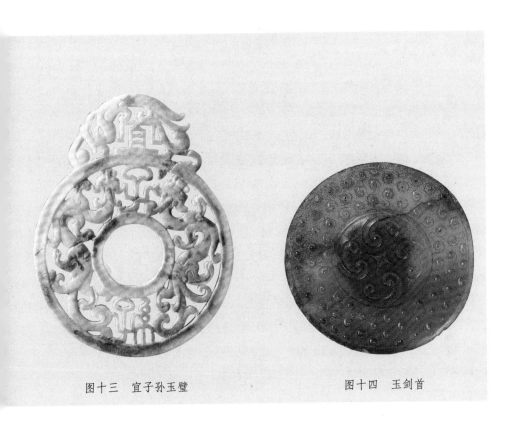

图十三 宜子孙玉璧　　　　　　　图十四 玉剑首

路，如东汉时期的"宜子孙"玉璧，是一件肉部带镂空且具有出郭特征的玉器，肉部透雕一对螭纹，双螭自头至尾扭曲成多个弯度，双螭之间夹带纵向排列的"子孙"二字，出郭部分透雕成拱身回首的凤鸟形，其腹下添一"宜"字，动物纹与汉字的结合，使装饰风格更显多变与繁满（图十三）。

　　简约与繁复作为彼此相悖的两种装饰风格，有时也同时出现在一件玉器上。看似矛盾的两种审美取向，经玉工的巧手，琢磨于一体，有了主与次的分别，形成了紧凑与舒缓的节奏，别有一番趣味。这一点在玉剑首上表现得十分突出。玉剑首呈圆形，正面中部突起，装饰三朵或四朵卷云纹、柿蒂纹等，卷云纹之外，留白较多，即便是几乎占据整个凸起表面的柿蒂纹，也因纹样本身不做任何细部处理，而表现出简洁直率的艺术风格；中部凸起之外的圆周上，或阴刻排列密集的涡纹，或浅浮雕谷纹，或高浮雕双螭纹，都呈现追求繁满的艺术特点（图十四）。中部凸起的简约装饰，圆形周边的繁复纹样，和谐地共处一器，给人一种张弛有度之感，表现出玉工灵活自如的艺术表现力。

二

人们习惯用动感十足来形容汉代玉器。的确，汉代玉器中的动物形玉器和动物纹饰给人一种动态的感觉，但这并不是汉代玉器的唯一主题。动物形玉器和动物纹饰也有宁静感十足的。

汉代玉器的动物纹样中，螭纹最具特色。这种纹饰虽发源于新石器时代，但直至汉代，才进入一个成熟发展期。螭纹在汉代极为盛行，其造型一般是昂首挺胸、翻腾飞跃，充满一往无前的气势和生动活泼、矫健豪迈的神韵[1]。据前辈研究，汉代玉器上的螭纹有虎形螭、独角螭、歧角螭、有羽螭、穿云螭、子母螭等[2]，无论何种造型，螭纹都充满了动感，展现出一种勃勃生气。虎形螭是汉代玉器上螭纹的主流，常常以高浮雕的手法装饰在剑饰上，还有的装饰于玉印上作为印钮。虎形螭的形象若四足兽，肌肉感极强，身体往往扭成 S 形，双目圆睁做回首状。它扭着头，浑身攒足力量，似乎要一下子跳出去。比如，西汉中期的一件玉剑璏，以浮雕的手法装饰着螭纹，螭大眼圆睁，头扭向一侧，前肢的两足一前一后，后肢的两足也是如此，似乎在一边用力爬，一边用力蹬，一边还在用力注视着什么（图十五）。再比如一件螭纹玉印，印钮是一只高浮雕螭，螭扭头翘臀，威武而立，浑身迸发着力量，它似乎要大吼一声，一跃而出（图十六）。穿云螭是在独立螭纹基础上加了情境，即翻腾的云海，表现的是螭嬉戏于云中的景象，云气缭绕，五只螭或隐或现于其中，画面热闹，生气勃勃（图十七）。子母螭表现的是母螭与子螭对望的情景，小螭回首，看着母螭，母螭也看着小螭，似乎在轻声细语地给予教诲（图十八）。

与螭纹一样，汉代玉器上的龙纹、凤鸟纹也在着力追求着动感。比如，西汉中期的玉透雕双龙谷纹璧，璧上端饰背对背的双龙，龙张口、挺胸，曲身而立，独角扭动着向上，几欲大叫着跃起，那种豪迈的气势和飞扬的神采，充盈着纹饰的每一个细节（图十九）。西汉时期的玉双凤饰系璧也恰到好处地展示了汉代凤鸟纹的特征。这件玉璧的造型是大玉璧套小玉璧式，大玉璧的两侧边缘透雕凤鸟纹，凤鸟弓着身，张大嘴巴，扭头鸣叫，那种身姿，似乎马上就要鸣叫着飞走（图二十）。

螭纹、龙纹和凤鸟纹是汉代玉器上动物纹中的主流纹样，所以可以说追求动

图十五　玉剑璏

图十六　玉印

图十七　玉剑珌

图十八　玉剑璏

图十九　玉透雕双龙谷纹璧

图二十　玉双凤饰系璧

图二十一　蒲纹玉璧

感和对力量的表达是汉代玉器的重要特征，但并不是唯一特征。因为，汉代玉器的装饰纹样中，与动物纹相匹敌的还有另一种纹样，即几何纹，几何纹呈现给我们的是井然秩序中的宁静感。汉代玉器的几何纹中，比较典型的有蒲纹、涡纹、谷纹、乳丁纹等。蒲纹是一种仿席纹的装饰纹样，由三种不同方向的平行线交叉组织，用浅而宽的横线或斜线把玉器表面分割成近乎蜂房排列的六角形，有时，六角形内还以阴线刻出谷纹，构成蒲格谷纹。蒲纹排列紧密，整齐划一，具有很强的秩序感（图二十一）。涡纹与谷纹的样子接近，一般把阴线刻的逗点状纹样叫涡纹，把浅浮雕的逗点状纹样叫谷纹。无论是涡纹还是谷纹，排列时都是横成行、竖成列，基本保持了严谨的布局风格，但较蒲纹略显随意。乳丁纹是减地浮雕的颗粒状纹样，排列布局上比谷纹、涡纹更为整齐，甚至呈现出几分拘谨。

动感与宁静这一对相互对立的审美不仅表现在玉雕纹饰中，还表现在圆雕或半圆雕的玉器中。一方面，有些题材着力追求一种动态感，比如，玉仙人奔马、玉辟邪、玉鹰、玉熊等，都以不同的方式表现了运动的瞬间。玉仙人奔马作仙人骑马状，马张口露齿，两耳竖起，四腿弯曲，正在飞奔，仙人双手扶着马颈，正坐在马背上游于太空，身上穿的短衣向后飘动（图二十二）。玉辟邪张口露牙，似传出吼声，它前腿用力撑，后腿用力蹬，正欲左摇右晃地爬行（图二十三）。玉鹰钩喙短尾，双翼半开半合，或是刚刚落下，或是正要起飞，形象十分生动（图二十四）。玉熊作缓慢行走状，它笨拙的体态，警惕的双眼，雕琢得活灵活现（图二十五）。总结起来，这些圆雕动物的动态感主要是通过捕捉动物活动的瞬间来达到的，给人一种十分鲜活的感觉。另一方面，有些作品也给人一种十分安静的感觉。比如玉蝉，表现的是蝉静静趴伏的一种状态，很适合其作为葬玉的性质；而玉猪则是通过极简的技法描绘了猪趴在地上安静等待的情景。还有一些其他造型的玉动物，也带给人一种祥和宁静的感觉。例如，玉獬豸，其昂首挺胸，头顶直立一尖角，双耳竖立，圆目长嘴短尾，它静静而卧，默默地注视着远方，神情平静（图二十六）。

以上我们从两个方面讨论了汉代玉器的审美特征，即简约与繁复共存、动感与宁静同在。这种审美二元性的形成，究其原因是汉代玉器继承与创新的结果。汉代玉器与战国玉器一脉相承，继承性非常明显。比如，汉代礼仪用玉中装饰繁复的璧与战国时期的玉璧有着极强的传承性，无论是纹饰布局，还是装饰题材，都十分相似，有时候甚至到了难分彼此的程度。但风格简约的汉代佩玉与葬玉，

图二十二　玉仙人奔马

图二十三　玉辟邪

图二十四　玉鹰

图二十五　玉熊

图二十六　玉獬豸

在很大程度上得益于汉代玉工的创新。战国时期那种装饰着密集几何纹的佩玉，比如龙形佩，在汉代基本不再使用。佩玉所体现的是汉代人对简约线条的钟情，他们把更多的精力放在了镂空上，通过镂空来增强玉器的装饰性，从而淡化了对密集线条的使用。镂空带来的是玲珑剔透的感觉，与繁复并不相干。汉代玉器上装饰纹样所体现出来的动感是在沿袭战国时期玉器风格的基础上进一步发挥的结果。战国时期动物形玉器（比如，龙形佩）的动感往往通过 S 形的身体造型表达，多个弯度中蕴含着十足的张力，汉代玉器上螭纹的造型显然是继承了这一特点，并通过浮雕的手法将动感表达得更为鲜明。汉代玉器上的龙纹、凤纹也是如此，继承了战国时期同类纹饰张口、扭曲身体的造型特征，但摒弃了繁复的装饰纹样，通过塑造肌肉感来达到对力量和勃勃生机的表达。宁静安详的葬玉是汉代玉器一个重要组成部分，也是这个时代的一个突出特征。对于宁静的追求，显然与葬玉所要承担的功能十分适合，与喧嚣的尘世相对的冥界里，玉器静静地陪伴着墓主人死而复生的幻想。圆雕作品在汉代无论是数量还是艺术水平，都远远超过前代。它们之中，既有动感十足的，也有安详宁静的，恰到好处地体现了汉代玉器风格的二元性。

　　（本文图片主要源自杨伯达主编：《中国玉器全集（中）》，河北美术出版社，2005 年；个别源自《灵动飞扬——汉代玉器掠影》，北京出版集团公司北京美术摄影出版社，2014 年）

注释

[1]　[2] 常素霞：《古玉鉴定与辨伪》，中国社会出版社，2006 年。

　　（原载《灵动飞扬——汉代玉器掠影》，北京出版集团公司北京美术摄影出版社，2014 年）

古代玉器的解剖方式

玉器领域有一句话，叫"远看形，近看玉，拿起看刀工"，这句话基本概括了观察玉器的三个方面：料、形、工。事实上，要比较全面地揭示一件古代玉器携带的信息，仅仅了解这三个方面是不够的，还要看纹饰，考察相关的文化背景，揭示文化内涵等。本文就单体玉器的认识途径简要概括为以下五个方面。

一、认 玉 料

玉的概念有广义和狭义之分。广义的玉为"美石"，即所有质地细腻、色泽光润美丽的石头都可归入玉的范围。我国古代人就是这种玉的概念。狭义的玉是现代矿物学的观点，仅包括和田玉和翡翠。为了区别，广义的玉一般称为玉石。

关于一件古代玉器的用料，大致会涉及这样的问题：确认是什么料，观察玉料上的次生特征。此外，我们还经常会对玉料有一个简单的评价。

首先，确认是什么料。在我国古代，被称为玉的美石包括翡翠、和田玉、岫岩老玉、岫岩蛇纹石玉、绿松石、孔雀石、青金石、水晶、玛瑙、密玉、祁连玉等。从现代矿物学角度看，它们有些属于岩石，有些属于矿物。这些看起来纷繁杂乱的玉料，若从化学成分上去分析，基本上可以归纳为这样几类：闪石玉（和田玉、岫岩老玉等）、蛇纹石（岫玉，祁连玉有一部分属于此类）、矿物（水晶、玛瑙、芙蓉石等为隐晶质石英）和硬玉（翡翠），其他像绿松石、孔雀石、青金石等的特征十分鲜明。要认识它们，首先需熟悉它们的特征（包括颜色、质地、光泽、硬度，特别是结构），其次，就是要对历代使用玉材的倾向性有全面的了解，掌握一些规律性的东西。比如，史前时期的人们制作玉器一般就地取材，玉材呈现出鲜明的地域特征：东北的兴隆洼文化和红山文化玉器用料主要来自辽宁岫岩，其中大多为岫岩老玉（闪石玉），也有的为蛇纹石，良渚文化的用材一般认为源自天目山小梅岭，也是一种闪石玉料。夏商周以后，产在新疆的和田玉使用率逐渐增高，逐渐成为中国玉材的主流，但仍使用一些其他产地的玉材和类玉的美石，比如绿松石。西周时期多见一种白色或灰白色的玉料，硬度比较低，玉器表面常常带有划痕，油脂感差一些。春秋战国时期常见的是绿色闪石玉，水晶、玛瑙（特别是天然红玛瑙）、玉髓也用得较多。自汉代开始，和田玉一统天下。但即便是和田玉，在不同的历史时期也呈现不同的特点，比如，西周时期玉器所用的和田玉透明度高，很灵；元代青花料出现的比较多；明代玉质发干，多绺裂和杂质；而清代的和田玉质色纯正，颇有大家之气。

其次，观察玉料上的次生特征（包括沁色和人工染色）。古玉由于长期埋于地下，受土壤中酸碱性物质和其他地质条件的影响，有时会呈现出白、褐、红、绿等各种深浅不同的次生颜色，即自然沁色。沁色是出土古玉的重要特征。从古玉受沁情况来看，最多见的现象就是白化。自明代晚期开始，伪古玉也常常人工做色，以仿出土之沁色。清代更有人工染出皮色，以仿子料之色皮。

从研究古代玉器的角度去评价和田玉与从地质学角度去评价肯定是不同的，不同之处在于后者会更细致，更关注玉料的物理特征。从古代玉器的角度看，玉料只是器物的一个载体，能够参考地质学的成果，把质地、颜色、光泽、净度交代得比较科学就可以了。和田玉的颜色有白、青白、青、黄、墨几种，碧玉产于玛纳斯，有些专家并不把它纳入和田玉，而是放在新疆玉的范畴里面。和田玉的质地以细腻为上，油性光泽为佳，净度方面当然是以杂质少、绺裂少为好。汉代以前，人们对待和田玉的态度是首德次符，德是指玉的温润感，包含了质地和光泽两方面的内容，颜色的地位居其次。从汉代开始，和田玉更重视颜色，白为上。不过，玉料的好坏还是把各方面综合起来考虑为好。

二、识 造 型

对于古代玉器造型的认识分为两个层面，一个层面是定名，并用专业术语描述造型特征，这是最基本的一个层面。比如北京艺术博物馆藏玉器中的艺16002（图一），原始账上一直称之为玉铲。查阅各种出土的石铲和玉铲就会发现，文物界把那种与斧形制相似但厚度较薄的器物才称为铲，而这种形似斧但两侧缘带扉棱的器物称为戚。戚是一个源于文献的名称，青铜器中就有自名为戚的器形，属于广义的钺的范畴。一件器物名称的界定，有时会影响到对其功用的暗示。比如，艺16002若定为铲，在很大程度上就暗示它是一件工具；若定为戚，则不言而喻

图一　玉戚

它是一件礼器。以专业术语描述玉器特征与定名是相辅相成的，知道怎样定名是因为了解器物的形制特征，而了解器物的形制特征后也就知道了如何命名。器物分很多类，不同的器物类型包含不同的组成部分，而不同的部分需要以科学的语言加以描述，否则就会出现误差。就这件玉戚而言，各部分的术语包括：背、刃、侧缘和扉齿。这些专业的语言来源于平时的积累，不只是看一些权威性的古代玉器书籍，还包括对相关器物领域的了解，比如陶器、青铜器、瓷器等，这些领域内的器物描述将帮助我们对玉器领域相似器类的专业把握。

认识古代玉器造型的另一个层面就是知道同样造型的玉器的源与流，在大多数情况下，器物会有一个发生、发展的过程，就像一棵草，要经历萌生、发展、成熟与衰落的过程。当然，也会存在一些例外，比如，某类器物仅仅见于某一个时代。为什么要了解一件器物的前世今生？其目的就是捕捉玉器身上的关键点，知道描述时重点要强调的部位，并把它置于一个相对合理的时间框架之中。比如古代玉器史上常见的玉童子，自宋代开始出现，金代也有出土，元明清时期均不罕见。如果知道历代童子的变化特征主要集中在眼、鼻、发型、衣着的式样和所执莲花的位置，我们就会有意识地观察这些部分，并在文字中将其充分体现出来。如果不了解造型的一些时代特征，很可能就会忽略掉一些重要观察点，或者说不知哪些是看点。再比如玉带钩，最早见于良渚文化，战国汉代盛行，元明清时期再度出现，且数量较多，特别是明清时期的带钩。玉带钩形制的变化点就是钩纽的由高而矮，钩纽由早期的靠近尾部变得向钩腹中部靠近，钩首由早期的高昂向晚期的颈部夹紧，钩首与钩腹部高浮雕或透雕纹样的距离越到晚期越近，在清代已靠得非常近了。了解了这些变化，我们在观察、描述一件古代玉带钩时会特别关注一些体现时代特征的点，这些点使此件带钩与彼件带钩区分开来，成为一些特征性指标。

三、知 纹 饰

对于古代玉器纹饰的认识可以解剖成两个层面，一个层面是题材，也就是纹饰内容的界定；另一个层面是纹饰的含义。当然还有纹饰的加工工艺，下面会单独提到。

纹饰题材的认识比较简单。古代玉器上的纹饰题材基本可以分为这样几大类：几何纹、植物纹、动物纹，以及场景类纹饰。自新石器时代至魏晋时期，玉器纹饰主要是几何纹和动物纹。几何纹中可见新石器时代晚期红山文化的瓦沟纹、凸弦纹、凹弦纹，商代的卷云纹、菱形纹，战国时期的云谷相杂纹、谷纹，汉代的乳丁纹。动物纹带有比较强的神秘色彩，比如新石器时代晚期良渚文化的神人兽面纹、商代的鸟纹、春秋时期的蟠虺纹、战国时期的螭纹等。自唐代开始，玉器纹饰走向写实，出现了大量以自然界的动植物和现实生活的环境、活动为题材的装饰纹样，辨认和描述起来较为容易。此外，自宋代开始出现的仿古玉器，其装饰纹样的造型虽然与早期有所不同，但轮廓和主要构成要素还在，所以还是比较容易辨识的。

在大多数情况下，纹饰不仅仅是一种装饰图案，更反映了玉器制作时代的思想观念和审美意识。因此，纹饰的含义可以解剖为表达了怎样的观念，体现了怎样的审美追求。比如良渚文化或繁或简的神人兽面纹，一般认为神人为巫的形象，而兽则象征巫的脚力，巫师借助脚力上天入地与神灵沟通。商代玉器上的鸟纹，则与这个社会以鸟为图腾的思想有关。春秋时期纹饰最大的特点就是繁缛，虺纹错综缠绕，与纷争的社会状况不无关系。辽金时期的春水玉和秋山玉，就是少数民族春捺钵、秋捺钵习俗的体现。而明清时期的纹饰多具有吉祥寓意，比如，莲花寓意"连生贵子"，莲花和鱼在一起寓意"连年有余"，蝙蝠与圆钱在一起寓意"福在眼前"，又有一些"马上封侯""连升三级"之类的纹饰，反映了审美情趣向功利性、低俗化的方向发展。

四、解 工 艺

　　玉器加工工艺是玉工使用工具把玉材加工成器的整个过程，包括开料、成型、上花、掏膛、钻孔、抛光等各个环节。我们面对不同时期的玉器，对工艺各个环节的重视程度并不相同。比如，史前时期的玉器研究中，加工工艺的复原研究会占相当大的比重。但是，就目前来说，商周至战汉时期的玉器工艺更关注工艺体现出来的特征，特别是纹饰制作和抛光工序等方面表现出来的特点。唐代以后的玉器也是如此。

　　对于玉器加工工艺的把握基本要经历三个过程：

　　首先，需要了解现代机械制玉以前手工制玉的工艺流程。我们对古代玉器制作工艺的基本概念最初大都来自明末宋应星所著的《天工开物》，这本书里有两幅精心绘制的"琢玉图"，表现的是玉工坐在脚踏砣机上制玉的情景。清末李澄渊的《玉作图说》把玉作分了包括捣砂、研浆等在内的13道工序，对照现代制工艺，除缺少玉料选择和设计打样的环节外，已较完备地包罗了解玉砂制作、开玉解料、磋切成坯、钻孔打眼、琢纹刻花、研磨抛光等工序。脚踏砣机发明始于何时，现大有两种意见，一种认为始于唐代，另一种认为早到六朝时期。脚踏砣机发明以前，制玉工具虽有不同，但制玉程序却不会差别太大。我们对脚踏砣机发明之前的制玉工艺的认识主要基于玉器本身的痕迹研究，因为我们知道，中国古代文以载道、重器用轻工艺的观念使得先秦两汉文献中对制玉情况的记载虽有很多，但制玉工艺的真实细节却常常含糊其辞，让人不明所以。换言之，对高古玉的观察要特别注意和描述体现工艺流程的那些细节。比如前面提到的玉戚，我们一定要注意到它的器身很薄，薄体意味着开料技术很进步，是龙山文化至夏代的典型工艺特征。再比如春秋战国玉器上的高玻璃光，是铁器时代特有的制玉特征。

　　其次，要了解玉器工艺的一些概念及具体表现特征，这样，我们在看到一件古代玉器时，才能够赋予相应的工艺描述。比如片具、线具、阴线双勾、一面坡工艺、汉八刀、游丝毛雕，以及人们更为熟悉的圆雕、浅浮雕、高浮雕、透雕等工艺，弄清每个概念的内涵并能够与实物对应，才能做到对加工工艺的识别。

　　最后，要了解玉器加工工艺史。比如，元代玉器的加工工艺特点是多层透雕，

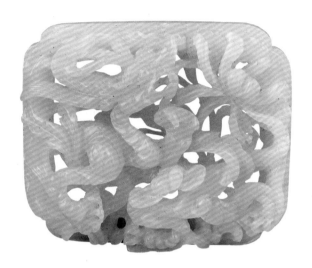

图二 玉龙纹带板

图三 玉杯

有密不透风之感，并善于施重刀。知道了这个特点，我们在观察元代玉器的时候就会有很强的针对性，比如北京艺术博物馆藏元代龙纹带板（图二），仔细看，会发现龙的颈部、腿关节处琢痕较深较重，从侧面看，会发现纹饰高出边框。如果不知道玉器工艺，我们可能会错过这些特点的交代，体会不到其隐含的时代风格。再比如，明代彭泽墓出土的花鸟纹带板，花瓣采用了叠挖的工艺，以突显花瓣的层次感，这种特点显然是元代玉器风格的一种延续。如果不了解玉器加工史，我们的理解只能停留在就物说物的层次，而无法给它一个源流的衔接。还有乳丁纹的例子，这种纹饰见于不同时期，不同时期的乳丁纹加工工艺不同，战汉时期的乳丁纹是通过一点点去地子打磨出来的，地子呈玻璃光泽，很亮，但明代的乳丁纹多是管钻出来，北京艺术博物的藏品中有一件耳杯（图三），就装饰着乳丁纹，但如果仅仅将其纹饰描述为乳丁纹显然不合适，需加上"管钻"二字，才能达到准确表达的目的。

五、探讨文化意义

所谓文化意义的探讨，是指超越就玉器而论玉器的层面，使玉器的认识不仅仅停留在物化的表面上，而是探讨它更高层面的内容，这一点是非常重要的，也是古代玉器的生命所在。史前时期的用玉富于浓重的宗教色彩，周代玉器经历了玉以比德的兴盛与衰败，汉代玉器浸润着道教的观念，唐代以后，虽玉器更为世俗，但与中国古代绘画、民族文化和摹古思潮相依相随。

通过举例，我们可以多少体会出探讨文化意义的重要性。良渚文化玉器多学科的参与、高科技观测技术的应用、实验考古学的介入，使得良渚文化玉器制琢工艺层面的研究跃上新台阶，而对玉器制琢者身份、玉器占有及分配方式等问题的探讨，更使良渚文化玉器的研究超越了工艺学的层面，成为探索当时社会性状的一扇窗口。良渚文化的玉璧在由早期向晚期的发展过程中，经历了一个工艺由粗而精的过程，这与玉钺、玉琮等由精而粗的发展过程正好相反，这种工艺特征的表现并不仅仅具有技术含义，更隐含着良渚人理念的变化。再比如，北京艺术博物馆藏的玉璜（图四），若把它放回到特定的历史背景中，我们会发现它不是一件简单的佩饰，它是组佩中的一个构件，体现了对儒家尚玉观念的一种支持和认同，从某种程度上说，它的佩戴是一种政治表态，因为整个社会的上层都在

壹　古玉溯源
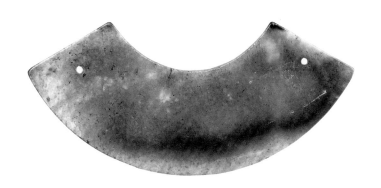

图四　玉璜

追求"君子无故玉不除身"的道德规范。还有自宋代开始出现的玉童子，产生的原因是佛教故事与中国人对子嗣重视的奇妙结合。凡此种种，都是超越物态实物进行探讨的一种有益尝试。

以上从五个方面简单总结了个人对单体玉器的解剖方式，是玉器认识的微观切入。事实上，我们不仅要关注一件件单体玉器的存在，也要关注不同玉件之间的关联性，只有这样，才能既懂得点，又懂得面，既了解一个点的变化，也了解一个玉器群的全貌，更能把握它对一段历史的反映。

[原载《北京艺术博物馆论丛（第1辑）》，北京燕山出版社，2012年]

贰　美玉逸趣

　　宏观与微观的视角，是构成古代玉器研究的两个重要方向。宏观给予轮廓，微观展示细节。肖生玉器是古代玉器的重要一类，很多题材自史前至明清，经久不衰，既是此种题材魅力的体现，也是不同时期审美趣味和工艺水平的标尺。小至盈握于手的玉蝉，大到环腰而系的玉带，都值得在梳理最原始的资料中获得自己的认知。

　　"美玉逸趣"就是在原始资料搜集与实地考察中呈现的专题性研究思路与结论。

史前时期的玉蝉

蝉是玉器中一个比较习见的题材，从史前时期到明清时代均有不同程度的制作，学界对其也有一定的关注。1995 年，周南泉先生在《玉蝉》一文中，就历代玉蝉的特征做了概述，其中涉及当时所见的几件史前时期的玉蝉，包括红山文化的两件和石家河文化的四件玉蝉[1]。1998 年，有人著文就玉蝉的分类与时代风格进行了概要性总结[2]。此外，还有人从民俗学的角度对玉蝉进行了讨论[3]。在一些综述性文章中，也可见到对玉蝉的一般提及[4]。但是，迄今为止，尚缺乏建立在科学的出土资料基础上的系统研究，再加上近些年来新的考古资料的积累，使我们有必要对玉蝉这一文化现象进行归纳与概括。本文就所能收集的材料，对我国史前时期的玉蝉类型、时空分布及其使用等方面略陈管见（本文所谈之玉是广义的玉的概念）。

一、玉蝉的分类

玉蝉是古人模拟蝉这种昆虫而制作的一种玉器。在各发掘简报或报告中，对玉蝉的描述五花八门，不够准确，比如，玉蝉的额部一般描述成吻部（在古人的概念中是额还是吻我们无法确知，但从背面观时看到的是额部）；胸部描述成背部；X 形隆起描述成一种装饰纹饰；等等。因此，我们有必要参考生物学对蝉的形态结构的描述，对玉蝉身体各部位的称谓加以统一。作为一种昆虫，蝉体由头部、胸部和腹部组成：头部两侧为一对复眼；头部前方向前隆起为额，头顶后方中央为呈三角形排列的 3 个单眼。胸部分为前胸、中胸和后胸。中胸背板发达，多呈半球形，后缘中央为 X 形隆起。腹部由腹节和尾节组成[5]。腹面观时可看到雄蝉的音盖。关于蝉的背面观和腹面观见图一[6]。

在笔者收集的相关资料中，有明确出土单位或出土地点的玉蝉 50 件（见文后附史前玉蝉出土一览表）。内蒙古巴林右旗他拉宝力格遗址[7]和安徽凌家滩遗址均出土玉蝉[8]，但数量不明，也未见报道相关的文字和图片资料，故不计在内。

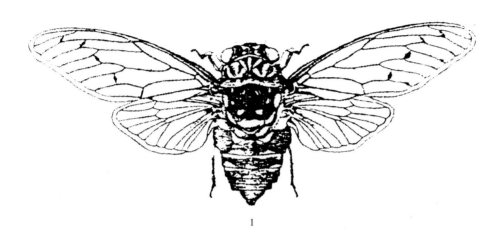

1

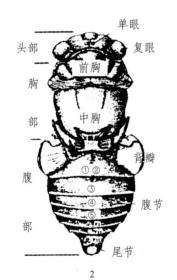

2

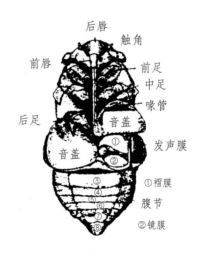

图一 蝉的形态结构

1.全身背面观 2.去翼后背面观 3.去翼后腹面观

根据玉蝉的整体形状和对蝉体各构成部分表现的精细程度，本文对史前时期的玉蝉进行类型划分。现分述如下：

A 型 1 件。出土于内蒙古林西县白音长汗遗址[9]。平面鞋底状。试图表现腹面观的蝉体。头部较厚，粗略琢磨出双目和后唇（原简报为吻部）以及四道腹节。头部有两面对钻而成的圆孔。长 3.55、头宽 1、尾宽 1.2、厚 1.1 厘米，孔径 0.3～0.5 厘米（图二，1）。

B 型 4 件。整体若圆柱形。试图表现腹面观的蝉体，突出表现双目和腹部。可分为两个亚型。

Ba 型 2 件。出土于内蒙古巴林右旗那斯台遗址[10]。整体相对较短。蝉首端平，以双圈纹作蝉目，双目之间以凸线表示喙管。以对称的弧线表示音盖。腹部以数道凸弦纹表示腹节。尾部呈圆弧形。腹部的两侧对钻一孔。长 7.8、直径 3.3 厘米（图二，2）。

Bb 型 2 件。出土于内蒙古巴林右旗那斯台遗址[11]。较 Ba 型大。腹部没有对称弧线表示的音盖。蝉首没有对喙管的表现。除腹部两侧有一贯通的穿孔外，又在首尾间穿一孔，两孔相通。长 9.9、直径 3.8 厘米（图二，3）。

C 型 1 件。出土于辽宁朝阳牛河梁遗址[12]。整体细长。圆形蝉首，没有双目的表现。尾部作圆弧形。近首部有一周弦纹和两周凸起。长 12.7、宽 1.9 厘米。（图二，6）。

D 型 2 件。整体呈长圆三角形或略呈椭圆形，试图表现背面观的蝉。简单刻划出蝉的双目、胸、腹和双翅。可分为二式。

I 式 1 件。出土于江苏吴县张陵山遗址 M4[13]。整体呈长圆三角形。底平，面微鼓。阴线刻划蝉的头、胸、翼和腹，尾部穿孔数个（图二，4）。

II 式 1 件。出土于浙江余杭反山良渚墓地 M14[14]。整体略呈椭圆形。以线刻划双目眼、翼，线条流畅。背面平整，有切割痕。腹面钻一对小隧孔。长 2.2 厘米（图二，5）。

E 型 40 件。整体平面若长方形，少数近方形。试图表现背面观的蝉。绝大多数雕于玉片上，反面光素。根据对蝉各部位表现的精细程度可分为四个亚型。

Ea 型 对蝉的头、胸（包括 X 隆起）、腹和双翼进行了全面细致的雕琢表现，极富写实性。蝉额一般向前凸出若瓣状或尖凸状。双目凸起，呈椭圆形、圆形或长方形，有的近方形。胸部较宽，饰两个卷云状纹饰。双翼收合，翼上刻划细脉，

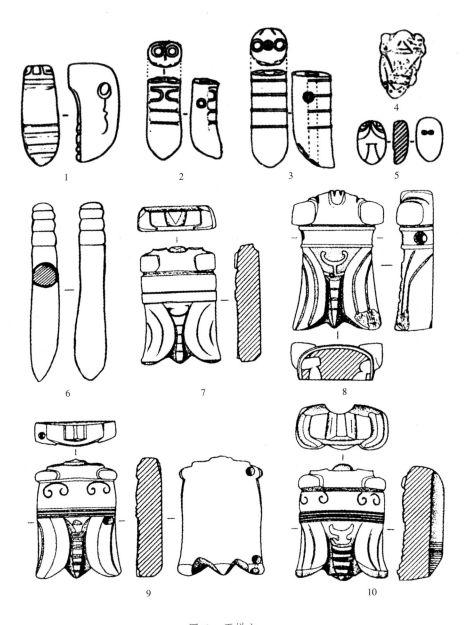

图二　玉蝉之一

1.A型（白音长汗 M7∶1）　2.Ba型（那斯台遗址）　3.Bb型（那斯台遗址）　4.D型I式（张陵山遗址）　5.D型II式（反山 M14∶187）　6.C型（牛河梁遗址）　7～10.Ea型（肖家屋脊 W6∶11、W71∶2、W6∶8、W6∶12）

翼尖向上和向两侧弯。翼间露出 X 隆起、腹节和尾节。共 9 件。其中 5 件出自湖北荆州肖家屋脊[15]，4 件出自湖北石家河罗家柏岭[16]。

肖家屋脊 W6 : 8。蝉额向前尖凸，目近椭圆形。胸部较宽，微向上鼓，饰两个卷云状纹饰。双翼收合，翼上有两道细脉，翼尖向上和向两侧弯。翼间露出带节的腹部和尾部。左目和左翼尖各有一个和侧面相通的小圆孔。长 2.6、宽 1.9、厚 0.5 厘米（图二，9）。

肖家屋脊 W6 : 11。蝉额部凸出，目近方形。双翼收合，翼面有两道筋脉，翼尖向上和两侧弯翘。双翼间露出简略若 C 形的 X 隆起和腹节，尾尖钝。长 2.25、两翼尖间宽 1.7、厚 0.5 厘米（图二，7）。

肖家屋脊 W6 : 12。反面中间自上而下有一道凹槽，槽下端有细密的平行横线，槽两侧光素。蝉额向前凸出若半球，目近椭圆形。背部较宽，左右两侧各饰一对反向的卷云纹。双翼收合，翼面上有两条筋脉，翼尖向上和向外侧弯翘。翼间露出 X 隆起、腹节和尖尾。长 2.5、翼尖处宽 2、厚 0.9 厘米（图二，10）。

肖家屋脊 W71 : 2。蝉头部前端呈弧形，额呈瓣状。双目鼓凸略作方形。胸部较窄，做凹槽状。双翼收合，翼面有两条筋脉，翼尖向上和向两侧弯翘。双翼间露出 X 隆起、腹节和尾尖。胸部两侧各有一个和腹面垂直相通的小孔。长 3、翼尖处宽 1.5、尾端厚 0.75 厘米（图二，8）。

肖家屋脊 AT1321 ① : 1。蝉头部前端呈弧形，额呈瓣状。双目外鼓。胸较宽，微鼓，有两个对称的卷云纹，后部有四道细密的平行凸线。双翼收合，翼面较宽，上有两条细筋脉。翼间露出身尾，身为竹节状，尾较钝。蝉的胸部对钻一圆孔。长 2.7、中间厚 0.45、最宽 1.95 厘米（图三，1）。

罗家柏岭 T14③ : 1。额部尖凸，双目略作三角形。胸部较宽，饰一对反向卷云纹。双翼收合，翼间可见 X 隆起。前突的额部中间与尾部各有一小穿孔。长 2.7、宽 1.8 厘米（图三，2）。

罗家柏岭 T7① : 4。额部尖凸，圆眼凸起。胸部饰一对卷云纹，胸后部有五道平行线纹，双翼收合，翼间可见 X 隆起、五道平行弧线表示的腹节。额部有一与背面相通的孔。长 2.7、宽 1.7 厘米（图三，3）。

罗家柏岭 T7① : 7。头顶圆弧状，额部相对而言不太明显。圆眼突起。胸部饰两朵卷云纹，胸后部呈宽带状。双翼收合，其间以四道平行横线表示腹节。额部与尾部各有一孔。长 2.7、宽 1.45 厘米（图三，4）。

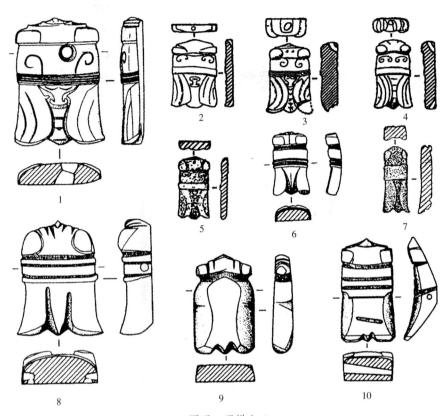

图三　玉蝉之二

1～5.Ea 型（肖家屋脊 AT1321 ①：1；罗家柏岭 T14 ③：1、T7 ①：4、T7 ①：7、T27 ③：4）

6～8.Eb 型（肖家屋脊 W6：43、罗家柏岭 T14 ②：4、肖家屋脊 W6：10）

9、10.Ec 型（肖家屋脊 W6：61、W17：2）

罗家柏岭 T27 ③：4。额部尖凸。双目略呈圆形。胸部饰一对卷云纹。双翼间可见 X 隆起和模糊不清的腹节。翼腹线条。头中部及尾下端各有一小孔。长2.5、宽 1.21 厘米（图三，5）。

Eb 型　对蝉的头、胸、腹和双翼进行概括性表现，未琢出胸部的卷云纹、双翼的细脉、X 隆起和腹节。共 3 件。其中 2 件出自湖北荆州肖家屋脊[17]，1件出自湖北石家河罗家柏岭[18]。

肖家屋脊 W6：10。蝉额部向尖凸，目似桃形。胸部有两条凸棱。腹与翼间以凹槽分开。翼尖向上和向外弯翘，尾向上翘。在胸部两侧有与背面垂直相通的隧孔。长 2.45、翼尖间距 1.9、厚 0.75 厘米（图三，8）。

肖家屋脊 W6：43。蝉形很小，头尾向正面弯弧。额部微前凸，双目近似长方形。胸部较宽，微凸，以平行凸线与双翼相隔。双翼收合，其间下露出腹和尾。长 1.4、尾宽 0.85、厚 0.3 厘米（图三，6）。

罗家柏岭 T14②：4。体较厚，胸部若宽带状。双翅窄长。长 2.65、宽 0.95厘米（图三，7）。

Ec 型　蝉体由头、胸和仅在尾部区分开来的腹翼组成。共 5 件。均出自湖北荆州肖家屋脊[19]。

肖家屋脊 W6：61。蝉头部呈三角形，蝉目较小。蝉身略加雕琢，区分出胸、腹和双翼。长 2.2、宽 1.4 厘米（图三，9）。

肖家屋脊 W17：2。蝉雕于一块弓形玉片上，两头薄，中间厚。蝉额向前尖凸，双目近方形。胸部剔地隐起三道横凸棱。蝉腹与双翼由两个凹槽区分开来。从左侧向右侧单向钻一小孔。长 2.05、胸部宽 1.1 厘米（图三，10）。

肖家屋脊 AT1215①：1。蝉体近方形，头部前端为弧形，表示蝉额。双目似果核形。头胸之间以一道凹槽区分。翼尖向外翘，并向两侧弯，两翼间露出尾尖。长 2、头宽 1.7、背厚 0.65 厘米（图四，1）。

肖家屋脊 AT1601①：3。头前部凸出，额呈瓣状。目为长方形。胸部微凸起。腹翼不分，仅在后尾处有两个小豁口，表现出尾部，翼尖略上翘和外撇。长 3.1、头端最宽 2.2、最厚 0.8 厘米（图四，2）。

肖家屋脊 AT1115②：5。头前部凸出，额呈瓣状。目为方形。胸部琢出五道平行阳线。翼尖向侧弯。长 2、头宽 1.7、背厚 0.65 厘米（图四，3）。

Ed 型　蝉体由头部、胸部和微微区分的双翼组成，未琢出腹部。胸部一般呈宽带状，两侧内弧。头部与胸部多以一道凹槽相隔，少数为一道或数道平行阳线。双翼的翼尖略外翘，少数外翘较明显。共 16 件。其中肖家屋脊出土 11 件[20]，枣林岗出土 2 件[21]，钟祥六合 3 件[22]。

肖家屋脊 W6：40。双目近方形，额部微前凸。胸部剔地隐起呈宽带状，胸与头部之间琢磨成凹槽。双翼与胸部接合处若台状，双翼间以一半圆形豁口分开。长 2.5、尾端宽 1.6、厚 0.45 厘米。肖家屋 W25：4、W25：5、W6：44、W17：1 和 W17：8 与 W6：40（图四，4）的造型如出一辙，唯前 3 件均钻有二孔。

肖家屋脊 AT1213②：1。双目呈方形，额部向前尖凸。胸部与头部和双翼

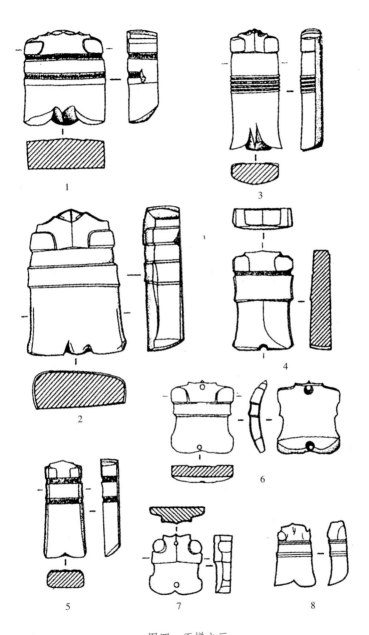

图四　玉蝉之三

1～3.Ec 型 (肖家屋脊 AT1215 ①：1、AT1601 ①：3、AT1115 ②：5)

4～8.Ed 型 (肖家屋脊 W6：40、AT1213 ②：1、W90：12; 枣林岗 M8：6、M31：1)

之间各以一道凹槽区分。翼尖略外撇。长2.5、尾宽1.1、中间厚0.4厘米。肖家屋脊 AT1216② : 1 与之相似（图四，5）。

肖家屋脊 W7 : 2。蝉雕于一块扁圆形柱玉上。背面光素。胸部较宽，中间以一条凹槽分为两节。翼尖略圆。长2、头宽2.6、厚0.9厘米（图五，1）。

肖家屋脊 W90 : 12。蝉雕于一块向反面弧曲的玉片上。双目近方形。尾端略内凹，翼尖圆钝外翘。头部与尾部各有一孔。长1.8、翼尾宽1.6、厚0.25厘米。肖家屋脊 W90 : 8 与之相似，唯一孔在额部，另一孔在左翼部（图四，6）。

枣林岗 M8 : 6。双目圆形。胸部明显。双翼外翘。蝉的头部与尾部各有一孔。长2.1、宽1.9、厚0.6厘米（图四，7）。

枣林岗 M31 : 1。额部向前尖突，右眼残，左眼圆形，胸部的上缘和下缘各有三条凸线。双翼向外略展。长2.15、宽1.5、厚0.6厘米（图四，8）。

钟祥六合 W12 : 2。　双目似瓜子形，胸部以两道凸线与其他部分隔开。双翼外翘明显。蝉的头部和尾部各有一孔。长3.2厘米（图五，2）。据该遗址的简报称，遗址还出土2件与之形制相同的玉蝉，但未发表相关的文字和图片资料，暂纳入此型。

Ee 型　蝉体琢磨极简单，蝉头部与胸部一般没有明显界线，或仅在两侧刻出凹槽；给人一种尚未完成的感觉。共7件。其中肖家屋脊4件[23]，枣林岗3件[24]。

肖家屋脊 W6 : 42。双目心形。头部与胸部以两侧的凹槽区分。胸部与双翼之间形成上下台面（图五，3）。肖家屋脊 W6 : 13 和 H97 : 1 与之极相似。

肖家屋脊 W6 : 52。双目近方形，蝉头部与胸部以一凹槽隔开。胸部与双翼的凹槽仅限于两侧（图五，4）。

枣林岗 M37 : 2。双目圆形。胸与双翼之间有一条阳线作分隔。尾部有一小豁口，以别两翼。蝉的头部与尾部各有一孔。长2、翼尾宽2.1、厚0.3厘米（图五，5）。

枣林岗 M37 : 3。双目瓜子形。蝉胸与双翼间分界明显，形成上下台面。胸部两侧有对钻小孔。长2.8、宽1.4、厚0.9厘米（图五，6）。枣林岗 M1 : 3 与之相似。

另外，罗家柏岭[25]有一件无图文资料，枣林岗 M31 : 4[26]残破严重，无法归入上述型式。

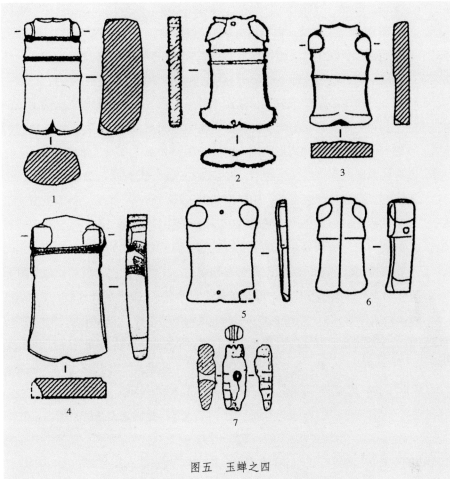

图五　玉蝉之四

1、2. Ed 型 (肖家屋脊 M7：2、钟祥六合 W12：2)

3～6. Ee 型 (肖家屋脊 W6：42、W6：52；枣林岗 M37：2、M37：3)

7. 滑石蝉形坠 (后洼遗址Ⅱ区 T1 ④：59)

二、玉蝉的分布与区域特点

本文对玉蝉的分布和区域特点的讨论基于目前笔者所能见到的科学的出土资料。由于相关资料在发表时的种种不理想状况，本文的有关讨论只具有相对意义。

迄今为止，我国发现的史前玉器遗存大致可分成六大地区：北方地区（东北三省和内蒙古等地）、黄河中上游地区（陕、甘、晋、豫等省）、海岱地区（山

东全境，豫东、苏北、皖北等）、长江下游地区（浙、皖等地）、长江中游地区
（鄂、湘）和华南地区（闽、粤等地）[27]。就目前公开发表的资料看，史前玉
蝉见于北方地区和长江中、下游地区，其中以长江中游地区的出土数量最多，其
他地区尚未见报道。就出土地点的数量来看，内蒙古 3 处（那斯台、他拉宝力格、
白音长汗），辽宁 1 处（牛河梁），浙江 1 处（反山），江苏 1 处（张陵山），
湖北 4 处（罗家柏岭、肖家屋脊、钟祥六合和枣林岗）。不过，在辽东半岛的后
洼遗址发现一件滑石制成的蝉形坠饰，已残，作长条圆柱形。头部刻出嘴，坠孔
为眼，腹身残存数条平行线表示腹节。残长 2.8、厚 1 厘米[28]（图五，7）。

从玉蝉的类型划分可以看出，史前时期的玉蝉包括五种类型，有些类型又可
划分出亚型和若干式。其中 A 型蝉目前仅见于内蒙古自治区，B、C 型蝉见于辽
宁地区。就现有出土资料来说，这两个地区的玉蝉具有立雕的特点，蝉的造型简
单，着重表现带有腹节的浑圆腹部和圆翘的尾尖。B 型蝉突出对眼睛和浑圆腹部
的表现。C 型没有琢磨出双目。一般有数量不等的穿孔。D 型蝉见于浙江和安徽，
片雕，整体若三角形，以阴线刻划蝉头、胸、翼和腹的轮廓，线条简练，背面平整，
有切割痕或清晰的弧形磨痕，有穿孔。E 型蝉见于湖北一带，主要出土于以玉器
随葬为主要特征的瓮棺葬。E 型蝉整体若长方形，片雕，纹饰以减地阳纹为突出
特点，根据写实程度又分为四型，Ea 型极写实，完整地表现了背面观时蝉的形象：
双目凸出，作椭圆形、桃形或近方形；蝉额前凸出若瓣状或尖凸状；带卷云纹饰
的隆起的中胸和带 X 隆起的后胸；带腹节的腹部和细脉的双翼等。Eb 蝉与 Ea 蝉
的区别在于未琢磨出卷云纹、双翼的细脉和腹部的腹节。Ec 型蝉对腹部和双翼
的表现趋向于抽象化。Ee 型极具抽象特点，唯形似而已。

三、玉蝉的年代与发展

就目前的资料来看，史前时期玉蝉的发展大体可分为三个阶段。

第一阶段相当于新石器时代中期，目前所发现的年代最早的玉蝉属于东北地区
的兴隆洼文化白音长汗类型，白音长汗类型在兴隆洼文化系统中处于较晚的发展阶
段。白音长汗遗址有两个 [14]C 年代数据：距今（6950±85）年，树轮校正（7215±110）
年；距今（7400±100）年，树轮校正超过 7000 年[29]。此时的玉蝉体型相对较大，极
具写意风格，雕琢粗略简约，并有两面对钻而成的圆孔，似为佩饰。

第二阶段相当于新石器时代晚期。良渚文化和红山文化均有玉蝉出土。但这两个地区发现的玉蝉有很大差别。红山文化的玉蝉系立雕，着重于从腹面表现蝉的形象，以头部和腹部为表现重点。线条简练，多有穿孔，可供佩戴。红山文化分为早、中和晚三期，早、晚期均有玉蝉出土。早期约距今 6200 年，中期年代在距今 6200～5500 年，晚期年代距今 5500～5000 年[30]。内蒙古巴林右旗那斯台遗址出土的 4 件玉蝉属于红山文化早期，辽宁朝阳牛河梁遗址出土的玉蝉属于红山文化晚期。

良渚文化的玉蝉以背面观的蝉作为表现对象，突出了蝉的头部和双翼。良渚文化的上限在公元前 3300 年左右（距今 5300 年），下限年代则有不同的认识，有的认为公元前 2000 年左右，有的则认为是公元前 2500 或 2400 年（距今 4500 或 4400 年），根据良渚文化遗存与其他文化遗存的共存关系，后一种观点似乎更合理些[31]。张陵山遗址出土的玉蝉属于良渚文化早期，反山墓地出土的玉蝉属于良渚文化晚期。

第三阶段相当于铜石并用时代。这一时期的玉蝉仅见于石家河文化晚期。玉蝉的数量不仅大增，表现手法也更为丰富，包括写实、写意，以及二者之间过渡的各种形态。与以往的玉蝉多有穿孔不同，这一时期玉蝉的穿孔情况比较复杂，反映了使用方法和功能上的改变。石家河文化的年代在距今 4600～4000 年，一般分为早、晚两期。晚期绝对年代在距今 4300～4000 年[32]。石家河文化早期基本不见玉器，但石家河文化晚期的墓葬中，突然出现大量玉器，玉蝉是代表性器类之一。

四、玉蝉的使用及其社会功能

出土玉器的用途可以根据玉器自身的特点和玉器在墓葬中的出土位置进行判断。在湖北省发现的史前玉蝉，多数出自石家河文化晚期的瓮棺葬中，玉蝉的出土位置不可确知。其他出自墓葬的玉蝉简报或报告中也没有交代出土情况，使我们又失去了由此推断玉蝉使用方式的线索，我们只能着眼于玉蝉自身的特点。

在上述纳入类型划分的 48 件玉蝉中，钟祥六合遗址有 2 件玉蝉的形制与钟祥六合 M12：2 相同，但穿孔情况不明，故我们在这里讨论其余的 46 件玉蝉的穿孔情况。我们根据穿孔的有无和数量把 46 件玉蝉分成四种情况：一是没有穿孔, 共 25 件。二是有一个穿孔, 共 7 件。三是有两个穿孔, 共 13 件。四是多个穿孔, 仅 1 件。

　　一般认为没有穿孔的玉蝉为唅蝉, 是死者口中所含之物, 为丧葬用品。由于我们不知道无孔之蝉的出土情况, 简单地对史前时期的玉蝉下此结论似乎不妥。无孔玉蝉以石家河文化的遗址出土最多, 特别是出自肖家屋脊和枣林岗等地的瓮棺葬, 这些瓮棺葬的共同特点是随葬品以玉器为主, 玉器中有些为成品, 有些为半成品, 此外还有一定数量的边角废料。种种现象表明, 至少有一部分玉器是为了随葬而制作的, 似乎制作得还比较匆忙, 有些未完成即置于墓中。据此我们推测, 有些无孔玉蝉原本是要穿孔的, 但未能完成便匆忙随葬了。有些则具有某种特殊的用途。有 1 个穿孔的玉蝉其钻孔位置也不尽相同, 可分成三种情况: 一种是头部、腹部或胸部两侧对钻或单向钻; 二是头部、额部或胸部正背面对钻; 三是背面钻的小隧孔。就第一种情况的玉蝉来说, 既适合单独或组合式佩戴, 又适合缝缀在软质衣料上, 甚至是以绳索绑附在某种硬质物品上。对于第二种情况的玉蝉, 更适合系佩。对于第三种情况的玉蝉则更适合于缝缀。有 2 个穿孔的玉蝉的钻孔位置也分为几种形式: 腹部两侧有一贯通的穿孔外, 又在首尾间穿一孔, 两孔相通; 头部和尾部各有一穿孔; 左目和左翼尖的反面各有一个侧面相通的小圆孔; 两侧各有一个和背面垂直相通的小孔; 双翼上部两侧; 左翼部和头部顶端。一般来讲, 有两个穿孔的玉蝉更适合于缝缀在软质衣料上或绑附于某种硬质物品上。目前来看, 多个穿孔的玉蝉很少见, 唯一的一件出土于江苏吴县张陵山 M4, 该玉蝉的尾部有多个穿孔, 简报中推测 "似为悬挂的饰物", 但为何要不辞辛苦穿孔多个, 让人迷惑。

　　史前时期人们以玉制蝉的原因似乎应该具体问题具体分析。换言之, 我们应该把玉蝉放在特定的文化背景中去探寻古人制造玉蝉的心理。就现有资料来看, 属于兴隆洼文化、红山文化和良渚文化的玉蝉数量较石家河文化要少得多, 雕琢也显得粗略简单, 除了发展阶段造成的差别外, 也反衬出石家河文化的人们对蝉这种昆虫有更多关注、更为了解, 赋予它更多的思想意识, 甚至使之成为某种象征。在兴隆洼文化、红山文化和良渚文化中, 玉蝉的重要性远不及其他玉器类型, 人们把更多的感情倾注到其他玉器品种中, 使其他某些玉器品种成为身份和等级的明显标识。当然, 这并不是说任何人都可以佩戴玉蝉, 但对于这些文化的人们来说, 玉蝉不过是人们根据日常所见为标明身份地位的玉器又增添的一个微小品种而已。

然而，玉蝉是石家河文化玉器的主要特征之一。石家河文化的人们可能与兴隆洼文化、红山文化和良渚文化的人们有着不同的心理。他们能够把背面观时的蝉体刻划得惟妙惟肖，并大量制造玉蝉，说明他们非常熟悉蝉，熟悉它蜕变和羽化后不饮不食的特性，并由此视之为神物，加以崇拜。所以，玉蝉成为一种灵物，是蝉的灵魂的载体。石家河文化的人们以此随葬是希望蝉的特性在人身上发挥效力。同时，是否随葬玉蝉和随葬多少玉蝉还体现了墓主人之间存在着某种差异。在肖家屋脊，共发现石家河文化晚期的瓮棺葬 77 座，这批墓葬以玉器为主要随葬品，所以是否随葬玉器和随葬哪些玉器是区别彼此的一个重要标志。根据随葬品的有无和随葬玉器类型的特点，可以把 77 座墓葬分成 5 种情况：62 座无随葬品或无玉器随葬（指 1 座随葬铜矿石的墓）；7 座仅随葬玉碎片或残玉片或玉珠、玉管、玉牌饰之类的小型玉器，不见玉蝉；4 座墓随葬 1 件玉蝉和 1 至 2 件玉珠、坠、圆片之类的小饰物；1 座随葬 1 件玉蝉、1 件玉人像和 4 件玉残片；1 座随葬 11 件玉蝉和若干件其他玉器。这 5 种情况大致反映了这批墓葬的墓主人之间在身份、地位或财富方面存在的差别，玉蝉作为玉器的一个品种，它的有无和随葬数量无疑成为一个重要的标志，显然比一般饰物在发挥区别彼此的社会功能方面作用更为显著。

石家河文化的人们对于蝉的深刻认识和寄寓的思想意识对后世产生了深远影响。商周时期始见蝉形玉晗，汉代的晗一般作蝉形。晗之所为蝉形，一般认为是借蝉的生理习性而寄托再生的希望。就目前资料来看，制造玉蝉的年代虽然很早，但这种观念似始于石家河文化晚期。

史前玉蝉出土一览表

出土遗址和单位	文化性质	数量	型式	穿孔数量	穿孔位置	资料出处	备注
白音长汗 M7：1	兴隆洼文化	1	A	1	头部	《白音长汗》2004 年 1 月	
巴林那斯台	红山文化早期	2	Ba	1	腹部	《考古》1987 年 6 期	采集
巴林那斯台	红山文化早期	2	Bb	2	腹部 1，首尾 1，二孔相通	《考古》1987 年 6 期	采集
牛河梁	红山文化晚期	1	C			《辽海文物学刊》1995 年 1 期	
他拉宝力格	红山文化					《红山文化玉器研究综述》，《青果集》1998 年 12 月	无图文资料
张陵山 M4	良渚文化早期	1	DI	数个	尾部	《文物资料丛刊（6）》1982 年	从图上看似乎至少有 5 个穿孔
反山 M14	良渚文化中期偏早	1	DII	1	腹面	《文物》1988 年 1 期	
肖家屋脊 W6：8	石家河文化晚期	1	Ea	2	左目和左翼尖	《肖家屋脊》1999 年 6 月	
肖家屋脊 W6：11	石家河文化晚期	1	Ea			《肖家屋脊》1999 年 6 月	
肖家屋脊 W6：12	石家河文化晚期	1	Ea			《肖家屋脊》1999 年 6 月	
肖家屋脊 W71：2	石家河文化晚期	1	Ea	1	胸部横穿	《肖家屋脊》1999 年 6 月	
肖家屋脊 AT1321①：1	石家河文化晚期	1	Ea	1	胸部纵穿	《肖家屋脊》1999 年 6 月	
罗家柏岭 T14③：1	石家河文化晚期	1	Ea	2	额部和尾部	《考古学报》1994 年 2 期	

出土遗址和单位	文化性质	数量	型式	穿孔数量	穿孔位置	资料出处	备注
罗家柏岭 T7①：4	石家河文化晚期	1	Ea	1	额部	《考古学报》1994年2期	
罗家柏岭 T7①：7	石家河文化晚期	1	Ea	2	额部	《考古学报》1994年2期	
罗家柏岭 T27③：4	石家河文化晚期	1	Ea			《考古学报》1994年2期	
罗家柏岭	石家河文化晚期	1				《考古学报》1994年2期	无图文资料
肖家屋脊 W6：10	石家河文化晚期	1	Eb	2	胸部	《肖家屋脊》1999年6月	
肖家屋脊 W6：43	石家河文化晚期	1	Eb			《肖家屋脊》1999年6月	
罗家柏岭 T14②：4	石家河文化晚期	1	Eb			《考古学报》1994年2期	
肖家屋脊 W6：61	石家河文化晚期	1	Ec			《肖家屋脊》1999年6月	
肖家屋脊 W17：2	石家河文化晚期	1	Ec	1	腹部两侧	《肖家屋脊》1999年6月	
肖家屋脊 AT1215①：1	石家河文化晚期	1	Ec			《肖家屋脊》1999年6月	
肖家屋脊 AT1601①：3	石家河文化晚期	1	Ec			《肖家屋脊》1999年6月	
肖家屋脊 AT1115②：5	石家河文化晚期	1	Ec			《肖家屋脊》1999年6月	
肖家屋脊 W6：40	石家河文化晚期	1	Ed			《肖家屋脊》1999年6月	
肖家屋脊 W25：4	石家河文化晚期	1	Ed	2	头部和尾部	《肖家屋脊》1999年6月	
肖家屋脊 W25：5	石家河文化晚期	1	Ed	2	双翼各一	《肖家屋脊》1999年6月	

出土遗址和单位	文化性质	数量	型式	穿孔数量	穿孔位置	资料出处	备注
肖家屋脊 W6：44	石家河文化晚期	1	Ed	2	头部和尾部	《肖家屋脊》1999年6月	
肖家屋脊 W17：1	石家河文化晚期	1	Ed			《肖家屋脊》1999年6月	
肖家屋脊 W17：8	石家河文化晚期	1	Ed			《肖家屋脊》1999年6月	
肖家屋脊 AT1213②：1	石家河文化晚期	1	Ed			《肖家屋脊》1999年6月	
肖家屋脊 AT1216②：1	石家河文化晚期	1	Ed			《肖家屋脊》1999年6月	
肖家屋脊 W7：2	石家河文化晚期	1	Ed			《肖家屋脊》1999年6月	
枣林岗 M31：1	石家河文化晚期	1	Ed			《枣林岗与堆金台》1999年1月	
枣林岗 M8：6	石家河文化晚期	1	Ed	2	头部和尾部	《枣林岗与堆金台》1999年1月	
肖家屋脊 W90：12	石家河文化晚期	1	Ed	2	头部和尾部	《肖家屋脊》1999年6月	
肖家屋脊 W90：8	石家河文化晚期	1	Ed	2	头部和左翼	《肖家屋脊》1999年6月	
钟祥六合 W12：2	石家河文化晚期	1	Ed	2	头部和左翼	《江汉考古》1987年2期	遗址还出土2件与之形制相同的玉蝉，但未发表相关的文字和图片资料
肖家屋脊 W6：52	石家河文化晚期	1	Ee			《肖家屋脊》1999年6月	
肖家屋脊 W6：42	石家河文化晚期	1	Ee			《肖家屋脊》1999年6月	

出土遗址和单位	文化性质	数量	型式	穿孔数量	穿孔位置	资料出处	备注
肖家屋脊 W6：13	石家河文化晚期	1	Ee			《肖家屋脊》1999 年 6 月	
肖家屋脊 H97：1	石家河文化晚期	1	Ee			《肖家屋脊》1999 年 6 月	
枣林岗 M37：2	石家河文化晚期	1	Ee	2	头部和尾部	《枣林岗与堆金台》1999 年 1 月	
枣林岗 M37：3	石家河文化晚期	1	Ee		胸部两侧	《枣林岗与堆金台》1999 年 1 月	
枣林岗 M1：3	石家河文化晚期	1	Ee		头部和尾部	《枣林岗与堆金台》1999 年 1 月	
枣林岗 M31：4	石家河文化晚期	1				《枣林岗与堆金台》1999 年 1 月	残
凌家滩	凌家滩文化					《凌家滩玉器》2000 年 11 月	无图文资料

注释

[1] 周南泉：《玉蝉》，《收藏家》1995 年 11 期。

[2] 李玲：《玉蝉的分类与时代特征》，《中原文物》1998 年 2 期。

[3] 李烨：《中国古代的尚蝉习俗》，《中国文物报》1999 年 4 月 28 日周末鉴赏版。

[4] 吕军：《红山文化玉器研究》，《青果集：吉林大学考古系建系十周年纪念文集》，知识出版社，1998 年。张绪球：《石家河文化的玉器》，《江汉考古》1992 年 1 期。张绪球：《长江中游新石器时代玉器》，《东亚玉器·I》，香港中国考古艺术研究中心出版，1998 年。

[5]〔6〕转引自蒋锦昌：《蝉的鸣声与发声》，地震出版社，2002 年。

[7] 转引自吕军：《红山文化玉器研究》，《青果集——吉林大学考古系建

系十周年纪念文集》，知识出版社，1998 年。

[8] 安徽考古研究所：《凌家滩玉器》，文物出版社，2000 年。

[9] [29] 内蒙古自治区文物考古研究所：《白音长汗》，科学出版社，2005 年。

[10] [11] 巴林右旗博物馆：《内蒙古巴林右旗那斯台遗址调查》，《考古》
　　　　1987 年 6 期。

[12] 刘淑娟：《红山文化的玉器类型》，《辽海文物学刊》1995 年 1 期。

[13] 南京博物院：《江苏吴县张陵山遗址发掘简报》，《文物资料丛刊 (6)》，
　　　　文物出版社，1982 年。

[14] 浙江省文物考古研究所反山考古队：《浙江余杭反山良渚墓地发掘简报》，
　　　　《文物》1988 年 1 期。

[15] [17] [19] [20] [23] 湖北省荆州博物馆、湖北省文物考古研究所、
　　　　北京大学考古系石家河考古队：《肖家屋脊》，文物出版社，1999 年。

[16] [18] [25] 湖北省文物考古研究所、中国社会科学院考古研究所：《湖
　　　　北石家河罗家柏岭新石器时代遗址》，《考古学报》1994 年 2 期。

[21] [24] [26] 湖北省荆州博物馆：《枣林岗与堆金台》，科学出版社，
　　　　1999 年。

[22] 荆州地区博物馆、钟祥县博物馆：《钟祥六合遗址》，《江汉考古》
　　　　1987 年 2 期。

[27] 参见杨晶：《中国史前玉器概述》，《华夏考古》1993 年 2 期。

[28] 许玉林、傅仁义、王传普：《辽宁东沟县后洼遗址发掘概要》，《文物》
　　　　1989 年 12 期。

[30] [31] [32] 张江凯、魏峻：《新石器时代考古》，文物出版社，2004 年。

（原载《文物春秋》2006 年 6 期）

商代玉蝉

玉蝉是中国古代玉器史上一个经久不衰的创作题材，其所以如此，是因为它产生于史前时代，寄托着人们独特的思想观念。商代玉蝉是玉蝉制作史上一个重要的发展阶段，起着承前启后的作用。本文拟就商代玉蝉的发现、特点、功能及其与史前玉蝉的联系进行粗浅的讨论。

一、商代玉蝉的发现与特点

就笔者所见到的资料，迄今为止，经科学发掘出土的商代玉蝉有30多件，主要是在商代后期的墓葬或遗址中发现的。本文据玉蝉出土的墓葬或遗址的年代早晚概述商代玉蝉的发现。

商代前期的遗址中发现的玉蝉数量很少，从发表的资料看，仅在二里岗遗址出土3件，其中2件属于二里岗上层一期，1件属于二里岗上层二期[1]。玉质有白色、青色两种。二里岗上层一期的一件整体若长方形，片雕，额部前凸，额两侧向两边凸出，似为蝉之双目，蝉身两侧有扉棱状装饰，尾部内凹呈倒 V 字形，似为收合翼尖。长7.6厘米（图一，1）。二里岗上层一期的另一件玉蝉头宽尾略窄，额部尖状前凸，额部两侧凸起，似为双眼，蝉身两侧呈波纹状，尾部中间内凹，双翼收合微外撇，从侧面看，蝉雕在向内弯曲的玉片上。长4、5厘米左右（图一，2）。二里岗上层二期的玉蝉（有的文章在发表图片时，似乎颠倒了，本文在文字描述和发表线图时将其颠倒过来）较前两件更为抽象，头宽尾窄，蝉身有两道阴刻线，其把蝉身分成三个部分，尾部中间内凹，双翼向外微撇。长4、5厘米左右（图一，3）。从发表的线图看，这三件玉蝉均无穿孔。

商代中期遗址出土的玉蝉仅见于河北藁城台西。台西遗址出土玉蝉1件，标本T13：68（图一，4），玉质为黄色软玉，整体略呈长圆形，额部前凸，双眼凸起，呈椭圆形，胸部剔地阳起呈窄条状，双翼收合，以极简单的阴刻线条表现翼上的细脉。尾尖凸现于两翼之间。额部有一向下的穿孔。长3.3厘米[2]。

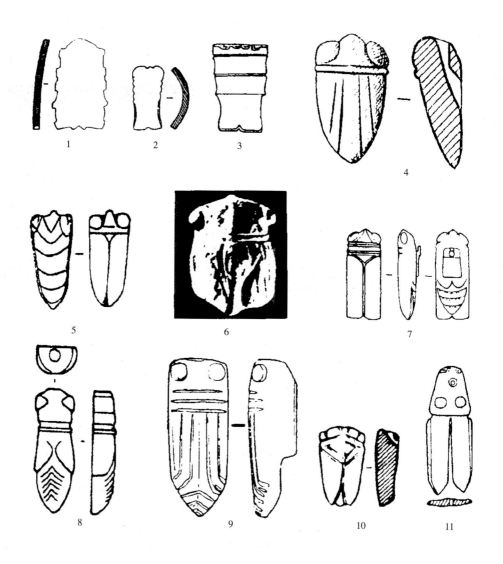

图一　商代玉蝉

1、2.二里岗上层一期　3.二里岗上层二期　4.藁城台西遗址 T13：68　5.滕州前掌大北区墓地盗
4：1　6.妇好墓：52　7.滕州前掌大南区墓地 M119：13　8.新干商墓 XDM：672　9.妇好墓：
378　10.灵石旌介村商墓 M2：72　11.安阳郭家庄殷墓 M1：8

商代后期墓葬或遗址中出土的玉蝉数量相对较多，但有一些玉蝉发表的资料不太充分，就资料较为充分的玉蝉来看，从造型的繁简程度不同进行区分，可以分成四型[3]。

A 型 较为写实，对蝉的腹、背两面都进行了表现，或者虽无细致的腹面表现，但有对足的刻划，不过，着重表现蝉的头部和双翼。

山东滕州前掌大北区商墓 M4 的盗洞中发现一件，或系盗贼遗落的，标本盗 4：1（图一，5），玉呈青灰色，额部尖凸，胸部以两道阴刻线表示，胸部以下为占身体三分之二的双翼，双翼收合，以一道阴刻线区分。腹面前端两侧刻圆角三角形，其下有道阴刻弧线，用来表现腹节[4]。

妇好墓：52（图一，6），玉呈翠绿色，额部微前凸，双目突起于头部两侧，以阴线双勾做阳起的胸部，双翼收拢，以阴刻线表现翼上的细脉，尾尖明显。从文字描述看，有对蝉足的表现，足间有向下钻通的斜孔。长 1.9、高 0.8 厘米[5]。

此外，山东滕州前掌大南区墓地 M119 虽断代为西周早期，但其随葬的玉器大多具有鲜明的商代晚期玉器风格，应视作商代玉器进行讨论。此墓出土 2 件玉蝉，其中 M119：2 可归入此型。标本 M119：13（图一，7），玉呈碧绿色，温润光滑，无杂质。背面平，腹面鼓。额部前凸，头部两侧有凸起的大眼睛。头部以下有两组阳纹，每组两条，采用剔地隐起的手法表现。双翼收拢，中以阴刻线区分出两翼的界线。腹面用阴刻的连弧线表现出雄蝉的音盖，用三道弧线表现腹节，头部以下有一穿孔。长 3.2、宽 1.3、厚 0.8 厘米[6]。

B 型 表现背面观的蝉，没有对蝉之腹面的表现。B 型对蝉的头部、胸部、双翼和有腹节的腹部都有表现。

江西新干商墓 XDM：672（图一，8），绿松石质，额部呈弧形前凸，双目凸起呈椭圆形，位于头部两侧，胸部微内凹，短小的双翼收合，腹部较长，上面阴线刻人字形腹节。额部斜钻一孔，直透腹部。长 4.6、宽 2、厚 1.5 厘米[7]。

妇好墓：378（图一，9），玉呈深绿色，没有明显的额部，圆眼凸起，胸部装饰三道阴刻线，胸部以下为收拢的双翼，双翼中间以阴刻线分开，两翼之上各有两道阴刻线表示翼上的细脉，尾部以三道人字形阴刻线表现尾节。长 4.8、厚 1.4 厘米[8]。

C 型 较 B 型更为简单，琢磨出背面观时蝉的整体轮廓，但着重表现头部和双翼，没有对腹部腹节的细节表现。

山西灵石旌介村商墓出土 2 件玉蝉，形制大体相同，标本 M2：72（图一，10），整体略呈三角形，头部两侧为双目，胸部饰简单阴刻线，双翼收拢，两翼线条部分重合，尾尖微露，头部有一个斜向下方的穿孔[9]。

1969 年在河南安阳殷墟武官村北地发掘的祭祀坑 228 中出土 1 件玉蝉，可归入此型，其略呈长方形，额部前突，双目突起于头部两侧，两翼收合，尾尖微露，与翼尖构成倒置的 W 形[10]。1953 年在安阳大司空村商墓中发现 4 件玉蝉，根据玉蝉的拓片，大致可归入此型。其中，标本 M289：16，近长方形，额部微弧凸，上有一穿孔，头部两侧为双目，胸部简单饰两道阴刻线，以阴刻线勾勒出收合的双翼，两翼之间的线条部分重合[11]。标本 M289：5 与标本 M233：13 的造型相同，而它们与山西灵石旌介村商墓的 2 件形制极为相似，额部有一穿孔[12]。

1969 年至 1977 年在殷墟西区墓葬中共出土玉蝉 6 件，其中 3 件可归入此型。M856 出土的玉蝉头部较宽，额部前凸，上面有一个单面钻成的穿孔，双目凸起出头部两侧，胸部装饰三道阴刻线，隐起做两道阳纹，以两条弯折的阴刻线勾勒出短小的双翼[13]。M824 出土的玉蝉为刻刀蝉，即蝉尾延长成为刻刀，蝉体的造型仍属于此型[14]。另外一件玉蝉出土的具体墓葬不详，略呈长方形，额部前凸，上有一穿孔，圆形双目位于额部两边，双翼收合，尾部尖凸[15]。

D 型 造型更为简单，仅形似而已。

1975 年在安阳殷墟的一座房址内发现一件玉蝉属于此型，标本 F11：9，整体近似圆角长方体，双目凸起，蝉体有阴刻线四道，将蝉体分成四段。双目之间有一个圆形穿孔，直径 0.3 厘米，尾端有一小圆孔。长 3.7 厘米[16]。

1987 年在安阳郭家庄东南发掘殷墓，标本 M1：8（图一，11），呈扁平体，由圆角三角形的头部和分叉的双翼组成，头上双目凸起，上有一单面钻成的穿孔。没有对腹部的表现[17]。

从上述分析可以看出，商代前期和中期遗址出土的玉蝉数量很少，商代后期遗址或墓葬出土的玉蝉数量大增，这一点与商代玉器的发展特点相一致。不同阶段的商代遗址或墓葬出土的玉蝉是否反映了玉蝉在商代发展的阶段性特点，对此我们尚难以下结论，我们只能就现有资料概括商代玉蝉的特点：

(1) 商代前期发现的玉蝉造型简单，仅具有蝉的大体轮廓，一般较大，在 4 厘米以上，蝉体边缘形成扁棱状。

(2) 商代中期发现的玉蝉强调对头部和双翼的表现。

（3）商代后期的玉蝉数量较多。从表现内容来看，可分成四型：A型基本为圆雕，较为写实，对蝉的腹、背两面都进行了表现，包括蝉的头部、胸部、双翼、腹部、双足等，但与史前时期石家河文化极富写实性的玉蝉比较起来，要简约一些。B型基本为半圆雕，表现的只是背面观的蝉，包括蝉的头部、胸部、双翼和带腹节的腹部。C型较B型更为简单，强调整体轮廓与蝉这种昆虫的相似性，表现的是蝉的头部和双翼，没有对腹部腹节的细节表现。D型玉蝉的造型更为简单，追求的仅为形似。不过，综观商代玉蝉，不论繁与简，蝉的双目和双翼始终是要突出的特征。从表现手法看，蝉的双目一般采用凸雕的手法，使其十分突出；胸部往往剔地隐起做阳纹；双翼多以阴刻线勾勒，有时在翼上加饰阴刻线。这一时期的玉蝉一般有一个穿孔，位于额部，由背面向腹面单面钻成或由额部向斜下方钻成，个别有两个穿孔，未见更多穿孔者。

二、商代玉蝉的功能

20世纪80年代，夏鼐先生主张把商代玉器分为礼器类、武器和仪仗类、装饰品类和其他四类[18]，从此以后，这种以功能为标准的分类方法成为商代玉器分类的重要依据。按照这种分类方法，玉蝉被归入装饰品类。21世纪初，台湾学者黄翠梅尝试从另外一个角度对商代玉器进行分类，这种方法就是以形制为主、装饰风格为辅，据此，商代玉器分为圆曲系、直方系和象生系三类，玉蝉自然被归入象生系，并认为"商代玉器不仅不具有明显和规范性的象征意义，更像是为了彰显墓主个人财力的珍玩，尤其墓中出土数量众多的象生系玉器，应属贴身放置于墓主身体各处的佩饰与玩赏用器，亦即郭宝均所主张的'玩好'用玉"[19]。这样，玉蝉也被归入了佩饰一类。那么，玉蝉是否只是一种纯粹的装饰品而不具有象征意义呢？

事实上，玉蝉的功能，需要从两个层面进行探讨：其一，商代人在活着的时候为什么要佩戴玉蝉，它是否具有独特的思想内涵；其二，玉蝉在被商代人埋入地下时，它是否又增加了新的功能。

我们先来讨论第一个层面的问题。推测一件遗物的功能不仅要从其形制、出土地点等方面着手，还要考虑其存在的文化环境。商代玉蝉的穿孔一般为一个，穿孔的位置也比较固定，大都在蝉的额部，据此来看，玉蝉应该是身上的系挂之物。但径直称之为装饰品或佩饰是否合适呢？"饰"含有"装饰、美化"的意思，按现代人的观点把一些玉器归入"装饰品"或"佩饰"是一种"理论性"做法，换言之，我们忽视了其产生的文化环境。我们知道，商代青铜礼器上一种比较重要的纹饰就是蝉纹[20]。青铜礼器是当时政治制度的物化形式，浓缩了上层建筑的内容，反映了统治阶层的社会意识形态，即鬼神文化观念。商人认为，辞世的先公先王，不仅能给人间带来吉祥，也会带来灾祸，因此，要祭祀他们，祈求他们降福，惧怕他们降灾。作为祭祀活动重要用具的礼器上的纹饰不可能随随便便选择，他们所选择肯定是有利帮助实现祈福去祸理想的对象。比较常见的是蝉纹作为主纹，或与饕餮纹、龙纹组合出现，也有与凤纹、鸟纹、虎纹等组合出现的[21]，它在殷墟青铜礼器上出现的比率与鸟纹近同。鸟是商代的图腾，能与商代人崇拜的动物平分秋色的蝉自然非等闲之物。有人曾对商周时期青铜器上的蝉纹进行过系统研究，认为蝉纹具有象征意义，蝉纹象征"生命永存"，与其他动物纹饰一样是巫觋沟通人的世界与祖先及神的世界的媒介，同时，其还具有政治意义，象征着超世间的权威神力，体现着无上的权威，而且，蝉具有保佑人们复生的神力，所以它还被刻在兵器上[22]。蝉纹之所以被刻在礼器和兵器上，成为当时祀与戎的青铜器上的重要纹饰，说明蝉在商代人心目中的神圣地位，反过来，蝉纹在青铜礼器和兵器上的出现，会使它们变得更加神圣化，更加具有福佑于人的力量。可以说，商代具有崇拜蝉这种昆虫的社会氛围，在这种大环境之下，人们以稀有的玉料制作玉蝉，佩戴于身，应该具有护身符的作用，而非纯粹的装饰品。当然，并非人人可佩戴之，从已经推测出墓主人的墓葬来看，出土玉蝉的墓主人有的为方国首领，比如，江西新干大洋洲商墓的主人是赣江流域扬越民族奴隶制方国的最高统治者或其家属[23]；有的可能是统治集团中身份比较高的人物，比如，山东滕州前掌大北区墓地4号墓墓主人生前当为东方某方国（可能为薛国）统治集团的重要成员[24]。因此，玉蝉在一定程度上还具有体现社会地位的功能。

我们再来讨论另一个层面的问题，即玉蝉的附加功能。从玉蝉的出土情况来看，一般出土于墓葬，是作为随葬品埋葬的。但具体的出土位置却有不同。就现有的出土位置明确的玉蝉看，有这样几种情况：一，出土死者口中，例如，1953年发掘的安阳大司空村M289：16和M233：13出土的玉蝉[25]；二，出土于死者腿部，比如，1953年发掘的安阳大司空村M289：5出土的玉蝉[26]；三，出土于死者腰部，比如，1953年发掘的安阳大司空村M24：4出土的玉蝉[27]。

出土于死者腰部和腿部的玉蝉可能是佩戴在死者身上随葬的，出土于死者口中的玉蝉，就是所谓的口唅了，口唅便是玉蝉的附加功能。玉蝉除了出土于墓葬外，还发现于祭祀坑，1969年在安阳殷墟武官村北地发现200多座祭祀坑，据推测，这里是殷王室祭祀祖先的场所，其中228号坑内发现一件玉蝉，笔者认为，玉蝉并非随葬品，而应该与墓主人一样是祭祀用品。

三、商代玉蝉对史前玉蝉的继承与发展

商代玉器与史前时期不同系统的玉器之间有着明显的继承关系。作为商代玉器核心的象生玉器，或可以在史前时期的红山文化玉器、石家河文化玉器中找到祖型，或与它们有着千丝万缕的血缘关系[28]。玉蝉是商代象生系玉器中一个比较重要的组成部分。在史前时期，玉蝉最为发达的是石家河文化，石家河文化玉蝉与商代玉蝉的某些共性，已使人们认识到二者的渊源关系[29]，但是，商代玉蝉对于石家河文化玉蝉继承了哪些，又发展哪些，则少有人提及。

在石家河文化的遗址中，迄今见诸发表的玉蝉为40件，总的来看，一般平面若长方形，少数近方形。其试图表现背面观的蝉。绝大多数雕于玉片上，反面光素。根据表现内容的繁与简，又可细分为五型[30]。A型，对蝉的头、胸（包括X隆起）、腹和双翼进行了全面细致的雕琢表现，极富写实性。蝉额一般向前突出若瓣状或尖突状。双目凸起，呈椭圆形、圆形或长方形，有的近方形。胸部较宽，饰两个卷云状纹饰。双翼收合，翼上刻划细脉，翼尖向上和向两侧弯。翼间露出X隆起、腹节和尾节。B型，对蝉的头、胸、腹和双翼进行概括性表现，未琢出胸部的卷云纹、双翼的细脉、X隆起和腹节。C型，蝉体由头、胸和仅在尾部区分开来的腹翼组成。D型，蝉体由头部、胸部和微微区分的双翼组成，未琢出腹部。胸部一般呈宽带状，两侧内弧。头部与胸部多以一道凹槽相隔，少数为一道或数道平行阳线。双翼的翼尖略外翘，少数外翘较明显。E型，蝉体琢磨极简单，蝉头部与胸部一般没有明显界线，或仅在两侧刻出凹槽；给人一种尚未完成的感觉。

我们把二者进行比较就会发现，从造型来看，商代玉蝉对石家河文化的B型和D型玉蝉具有明显的继承性，即表现背面观的蝉，包括具有前凸额部和凸起双目的头部，阴刻线装饰的胸部，收合的双翼，以及尾部尖圆的腹部，但着重表

现蝉的头部和双翼。除此以外，从玉器工艺上，也可看到二者的共同点，双目一般用剔地阳起的手法进行表现，也有的以阴刻线勾出圆圈；胸部用阴刻线装饰，由于阴刻线之间距离较近，所以产生阳纹的效果；双翼一般用阴刻线勾出轮廓，有的再用阴刻线表示细脉。

商代玉蝉在与石家河文化存在共性的同时，也存在一些差异，首先，商代玉蝉中未见石家河文化中极具写实风格的 A 型蝉，在表现背面观的玉蝉方面，商代玉蝉更为概括简单，缺乏对蝉的背面极具写实性的表现。其次，就细部的表现风格而言，石家河文化玉蝉的额部主要有两种形式，一种是尖凸状，另一种是瓣状，商代玉蝉的额部一般呈尖凸状，有的仅微微向前隆起；多数石家河文化玉蝉的双翼尖向外撇或略向上翘，在静中似乎有一种动感，这种特点的玉蝉最大宽度为双翼尖的宽度，而商代玉蝉的最大宽度一般是双目之间的距离。最后，商代出现了圆雕玉蝉，即不仅要表现蝉的背面，也试图表现蝉的腹面，而石家河文化的玉蝉绝大多数雕于玉片上，反面光素。

商代玉蝉与石家文化玉蝉之间的共性体现了二者之间的承继关系，它们之间存在的区别意味着商代人按照自己的审美模式对玉蝉进一步发展。商代玉蝉在表现内容方面更为概括，在表现手法上则更为多样，除了单面片雕外，还出现的圆雕玉蝉。从整体风格来看，少了一些石家河文化玉蝉的灵性，多了一些拘谨，这与商代象生玉器的总体风格是一致的，即遵循与青铜器的纹饰一样严谨保守的审美规范。

注释

[1] 宋爱平：《郑州商城出土商代玉器试析》，《中原文物》2004 年 5 期。
河南省文物考古研究所：《郑州商城——一九五三年—一九八五年考古发掘报告》，文物出版社，2001 年。

[2] 河北省文物研究所：《藁城台西遗址》，文物出版社，1985 年。

[3] [30] 关于对蝉体各部位的描述请见拙作《史前时期的玉蝉》，《文物春秋》2006 年 6 期。

[4] [24] 中国科学院考古研究所山东工作队：《滕州前掌大商代墓葬》，《考古学报》1992 年 3 期。

[5] 中国社会科学院考古研究所：《殷墟妇好墓》，文物出版社，1980 年。

[6] 中国科学院考古研究所山东工作队：《山东滕州前掌大商周墓地 1998 年发掘简报》，《考古学报》2000 年 7 期。

[7] 江西省文物考古研究所等：《新干商代大墓》，文物出版社，1997 年。

[8] 同 [5]。考古遗址或墓葬出土的玉器虽然不存在不存在真伪问题，但却存在着断代问题，这点已为越来越多的人认识，笔者曾写过史前时期玉蝉的文章，对史前时期的玉蝉进行了细致的分析，对比商代遗址和墓葬出土的玉蝉，笔者认为其与史前玉蝉存在明显的差异，均非史前玉蝉的遗留，尽管妇好墓中出土红山文化和石家河文化的玉器。故文中直接称为商代玉蝉。

[9] 山西省考古所、灵石县文物局：《山西灵石旌介村商墓》，《文物》1986 年 11 期。

[10] 安阳亦工亦农文物考古短训班、中国科学院考古研究所安阳发掘队：《安阳殷墟奴隶祭祀坑的发掘》，《考古》1997 年 1 期。

[11] [12] [25] [26] [27] 马得志、周永珍、张云鹏：《一九五三年安阳大司空村发掘报告》，《考古学报（9）》，1955 年。

[13] [14] [15] 中国科学院考古研究所安阳发掘队：《1969—1977 年殷墟西区墓葬发掘报告》，《考古》1997 年 1 期。

[16] 中国科学院考古研究所安阳发掘队：《1975 年安阳殷墟的新发现》，《考古》1996 年 4 期。

[17] 中国科学院考古研究所安阳发掘队：《1987 年夏安阳郭家庄东南殷墓的发掘》，《考古》1988 年 10 期。

[18] 夏鼐：《商代玉器的分类、定名和用途》，《考古》1983 年 5 期。

[19] [28] 黄翠梅：《中原商代墓葬出土玉器之分类及相关问题》，《玉魂国魂》，北京燕山出版社，2002 年。

[20] 岳洪彬：《殷墟青铜礼器研究》，中国社会科学出版社，2001 年。

[21] [22] 汤淑君：《河南商周青铜器蝉纹及其相关问题》，《中原文物》

2004 年 6 期。

[23] 江西省文物考古研究所：《江西新干大洋洲商墓发掘简报》，《文物》
1991 年 10 期。

[29] 尤仁德：《古代玉器通论》，紫禁城出版社，2004 年。

（原载《文物春秋》2009 年 4 期）

玉虎四题

——虎年说玉虎

在中国古代玉器史上，以虎为母题的玉器占有一定数量，但其在不同时期的玉器群中所占的分量并不相同，造型、纹饰和功能也存在着区别。这类玉器大体可划分为四类：虎面形或虎面纹玉器、片雕虎形佩、圆雕玉虎和虎纹玉器。本文就这四个方面的玉虎（以出土玉虎为主，兼及传世玉虎）分别讨论，内容涉及造型、纹饰和文化内涵等。

一、虎面形或虎面纹玉器

虎面纹玉器最早见于辽宁东沟县后洼遗址，该遗址的文化遗存分为上下两层或两种类型，下层类型距今 6000 年左右，上层类型距今 5000 年左右，这个遗址出土的虎面纹坠饰（报告称之为虎头形坠饰）属于下层类型[1]。

虎面纹坠饰为滑石质，整体呈圆柱状，直径 1.2、高 1.9 厘米。上下两端各有一个圆孔，但两孔未贯通，上部两侧又对称钻孔与顶孔相通。柱体的侧面以阴线刻出眼睛、嘴巴，眼睛呈半月状，眼角上吊，嘴呈月牙形，额部刻 V 形纹，脸下部以 M 形线条勾出边缘轮廓（图一，1）。

在距今 4600～4000 年的石家河文化晚期瓮棺墓中，虎面形或虎面纹玉器数量较多，为这一文化的代表性玉器之一。其中，肖家屋脊出土 9 件[2]，钟祥六合遗址出土 2 件[3]，荆州枣林岗出土 3 件[4]，罗家柏岭也有此类玉器出土[5]。在石家河文化晚期，以虎为表现对象的玉器造型主要有两种：

一种为虎面形玉器，整体呈长方形，片雕，虎面一般肥圆丰满，以剔地隐起的手法表现轮廓分明的五官，耳呈叶状，上面一般装饰阳线纹，中部穿孔表示耳窝。圆眼圈，圆眼珠，双眉若"一"字横置，宽鼻前凸，额部呈三尖状凸起。风格朴拙，造型逼真。例如，湖北省天门市肖家屋脊出土的玉虎面，高 2.2、宽 3.5、厚 0.4 厘米，黄绿色，表面轻度受沁呈灰白色。额部三个尖状凸起十分明显，虎面正中有一道纵向凸棱；耳郭近似树叶形，中部有一小圆孔；鼻上窄下宽，略呈梯形，与眉线相连；圆眼略外凸，脸颊较鼓（图一，2）。

　　另一种为虎面纹环，即环形器上饰虎面，虎面的造型和工艺特点与上述片雕虎面形玉器基本相同。湖北省天门市肖家屋脊和荆州枣林岗各出土 1 件。肖家屋脊出土的虎面纹环高 2.3、宽 2.2、厚 2.5 厘米，玉质灰白色，有紫色斑纹。整体呈平底圆筒状，中间镂孔，孔径 1.1 厘米，筒外表浮雕虎面。虎面脸颊丰满，凸顶圆额，耳外张，长眉圆眼，宽鼻前凸，扁长嘴（图一，3）。湖北荆州枣林岗出土的一件宽 2.3、厚 1.35 厘米，玉质淡青色，耳郭呈树叶形，耳窝内钻小孔，双目略向外凸，双颊部较鼓，鼻梁宽大，嘴位于底面，与虎头顶部的圆孔相通，两侧各钻一左右相通的圆孔，四个孔在中央相通（图一，4）。

　　由上文可见，史前时期以虎为母题的玉器主要表现虎的面部，在追求整体写实的前提下，对耳、鼻的表现则比较夸张。一般为片雕，也有做成环状的，大多数宽 3 厘米左右，高 2 厘米左右，以剔地阳起的手法辅以阴刻线来表现虎面的细部特征。

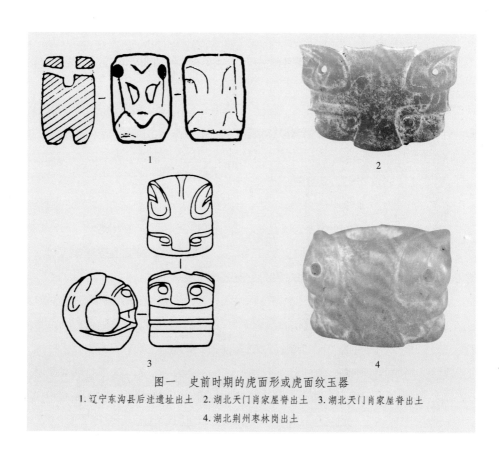

图一　史前时期的虎面形或虎面纹玉器

1. 辽宁东沟县后洼遗址出土　2. 湖北天门肖家屋脊出土　3. 湖北天门肖家屋脊出土
4. 湖北荆州枣林岗出土

在万物有灵的原始社会，虎面形或虎面纹玉器不仅仅是装饰品，其具有更多的精神层面的含义，是原始先民观念信仰的一种物化形式。"坠饰中的虎、鹰、野猪等，均为猛兽、猛禽，也是原始人普遍信仰的动物神，佩戴这些动物雕塑饰物，如同原始人佩戴象牙、兽角一样，也是作为勇敢、有力的象征，具有避邪的功能"[6]。"这些东西最初只是作为勇敢、灵巧和有力的标记而佩戴的，只是到了后来，也正是由于它们是勇敢、灵巧和有力的标记，所以开始引起审美的感觉，归入装饰品的范围"[7]。

二、片 雕 玉 虎

片雕玉虎主要见于商周时期，有学者曾对此做过系统研究[8]。本文的这一部分内容，就是以前辈的研究成果为基础，结合近年来的新资料，对商周时期不同阶段的玉虎型式重新确定，并对其发展特点进行重新梳理。

（一）商代晚期的玉虎

这一时期的玉虎基本可以分为四型，以Ⅰ型玉虎的数量最多。

Ⅰ型　虎呈伏卧状，一般垂首，也有的昂首；嘴巴处一般锃钻一孔，既便于穿缀，又同时表现出张开的嘴巴和上下对接的牙齿；耳近长方形，多以单阴线沿耳郭内缘刻出对卷的云纹；强调对大腿部位的表现；静态感较强，风格稍嫌拘谨。根据细部特征的变化，又可细划为2式。

1式　玉虎较为具象。

妇好墓出土1件[9]，长15.4厘米。虎呈伏卧状，头置于前腿上，圆目，耳的一端略尖，背部略呈波状起伏，长尾平伸。以双勾阴线勾勒出前后肢的轮廓，腹部两面以同样技法饰纹，尾和腮部以阴线饰鳞片纹（图二，1）。

山东滕州前掌大M222出土的2件玉料和形制大体相同的玉虎也属于此型[10]。一件长6.9、高1.82、厚0.5厘米，另一件长5.7、高1.5、厚0.5厘米。虎头低垂，眼近菱形，以阴线刻出前后肢的轮廓和虎爪，虎尾长而上卷，尾尖锃钻一孔。

2式　玉虎稍显抽象，或头与躯干部分没有明显分界，或头部没有细节表现，或肢体表现简略。

山东滕州前掌大M38出土的2件玉虎，玉料均为暗黄色，带灰白色沁。一

图二　商、西周时期的片雕玉虎

1.河南殷墟妇好墓出土　2.河南殷墟妇好墓出土　3.山西灵石旌介村 M2 出土　4.河南三门峡上村岭虢国墓地 M2006 出土　5.陕西宝鸡茹家庄弪伯墓 M1 出土　6.北京房山琉璃河西周燕国墓出土　7.河南信阳西周晚期墓出土

件长 6.25、高 2、厚 0.45 厘米^[11]；另一件长 6、高 2.18、厚 0.5 厘米^[12]。玉虎方目，尾后伸，口内单面钻一圆孔。

山东滕州前掌大 M128 出土的 1 件玉虎长 6、高 2.95、厚 0.23 厘米。淡青色，有白色沁。用阴线双面雕出方目，前后两足，每足四爪，长尾上卷。颈部对钻一圆孔，尾部单面钻一圆孔。颈部的孔取代了嘴巴部位的穿孔，未表现出牙齿^[13]。

II型　造型与 I 型 1 式相似，但纹饰更为复杂，风格也更显灵动。数量很少。妇好墓出土 1 件^[14]，长 13.3 厘米，虎呈伏卧状，昂首，口大张，露出利齿，臣字形目，粗短尾，尾尖上卷。肢体部位以双勾阴线刻卷云纹，单阴线刻出虎爪，尾部饰人字形虎斑纹，腮部饰鳞纹（图二，2）。与同墓出土的玉虎相比，这件玉虎更为生动。

III型　造型更为逼真，气势十足。数量很少。山东滕州前掌大 M222 出土 1 件^[15]，长 4.9、高 4.55、厚 0.55 厘米。绿色，双面雕，昂首，圆目，阔口，方耳，前后两足，每足四爪，翘臀，尾顺臀下垂。胸前单面钻一圆孔。

IV型　造型十分抽象。山西省灵石县旌介村 M2 出土的 3 件玉虎中有一件属于此型^[16]，青玉质，身体各部位区分不明确，头前伸，椭圆形目，体呈俯卧状，口微张，两耳向后，尾后伸（图二，3）。

（二）西周时期的玉虎

可分为三型，以 I 型数量最多。

I型　虎呈潜伏待发状，一般昂首，耳大多呈桃形，肘以下的部位明显拉长，强调对小腿的表现，虎爪呈半月形或齿状。此型玉虎主要出自西周早、中期的墓葬，又可细分为 2 式。

1式　具有商代晚期向西周玉虎过渡的特点。如河南三门峡上村岭虢国墓地 M2006 出土的玉虎^[17]，长 6.6 厘米，扁桃形耳，近臣字形眼，张口露齿，短尾上卷。前爪及尾各穿一孔。两面饰双勾阴线人字形虎斑纹（图二，4）。这件玉虎的风格于拘谨中显出了一些生动，肘部以下的部分明显增长，首低垂等。

2式　具有典型的西周时期玉虎的特点，线条简单，虎气十足，动感明显，风格自如舒展。陕西宝鸡茹家庄强伯墓 M1 出土的 1 件长 6.5、高 2.8、厚 0.2 厘米^[18]，桃形耳，头前伸，圆目注视前方。口微张，隐约露齿，尾上翘。单阴线纹，耳郭饰桃形云纹，前后肢饰卷云纹（图二，5）。

北京房山琉璃河西周燕国墓出土的1件[19]，长7.4厘米，黄玉质，有黑斑。虎张口露齿，屈腿，尾上卷，头部有一圆孔（图二，6）。

Ⅱ型 龙虎合体的造型，很少见。山西省曲沃县晋侯墓地M8出土1件[20]，长8.4厘米，白玉质，受沁后呈土黄色。虎低首翘臀呈半伏卧状，剔地阳起圆目，上颚上卷，肢体较长，两爪回勾，尾向斜后方伸展，尾尖上卷，肢体以双勾阴线饰流畅的卷云纹。虎头附一龙，尾部穿孔。

Ⅲ型 璜形虎，肢体变细，与躯体比例很不相称，上下颚夸张明显，纹饰疏朗，线条流畅。河南信阳西周晚期墓出土1件[21]，长6.4厘米。两面纹饰相同，均以双勾阴线表现。椭圆形眼，上下颚、颈部饰卷云纹，前肢饰鳞纹，腹部往后素面，可能是一件未完成的作品（图二，7）。

（三）春秋时期的玉虎

这一时期的玉虎可分为三型。

Ⅰ型 璜形虎，由头至尾一般做内弧曲线，也有做外弧曲线的。多数低首，闭口，上颚较长，近方形，下颚较短，弧曲；一般为刻细密阴线的伏耳；细腿，肘部以上部分长于肘部以下部分；虎爪呈块形，中部桯钻一孔；粗尾下垂，尾尖回卷。据装饰纹样和装饰工艺的不同，可细分3式。

1式 虎腿一般饰鱼鳞纹，其他部位多以双勾阴线刻蟠虺纹，辅以虎斑纹，纹样繁密。主要见于春秋早期的墓葬，如河南光山县黄君孟墓[22]、黄季佗父墓出土的玉虎[23]。光山县黄君孟夫人墓出土的玉虎纹饰略有变化，玉虎圆目，虎身上的主体纹饰为虎斑纹，虎尾和上下颚饰卷云纹（图三，1）。河南淅川下寺出土的玉虎中有属于此式的[24]，或由春秋早期流传至晚期，或者这种风格的玉虎在春秋晚期还继续制作。

2式 虎腿上部一般装饰疏朗的卷云纹，下部一般饰简单的细阴线，虎头、虎尾饰蟠虺纹，虎腹饰虎斑纹，多采用细阴刻线加宽缓大斜刀的装饰工艺，具有浮雕的效果，虎体边缘一般装饰由细密阴线组成的扭丝纹。这种特点的玉虎最早见于春秋早期，如河南省光山县黄君孟墓出土的玉虎[25]，也见于春秋晚期墓，如河南淅川下寺M1出土的玉虎[26]（图三，2）。过去一般认为细阴刻线加宽缓大斜刀的装饰工艺代表了春秋中期的风格，从玉虎的例子看，该观点并不确切，这种工艺在春秋早期就已出现，很可能是受西周时期玉器工艺的影响，但它并未成为春秋时期的主流。

3式　虎体以剔地阳起的手法满饰蟠虺纹，边缘以细密的阴线刻扭丝纹，纹样繁缛细密。主要见于春秋晚期墓葬的出土。如陕西宝鸡益门村 M2 出土的玉虎[27]，长 12.9 厘米，长耳平且向后卷，上下颚为较规则的几何形纹，尾特别粗长。双面满饰带目的蟠虺纹，用减地阳纹表现，浅浮雕状，羽状刻划衬底。

Ⅱ型　平直形玉虎。头前尾后，上颚较大，一般尖翘；下颚呈弧形；粗尾下斜，尾尖上卷。据装饰纹样又可分为 2 式。

1式　以双勾阴线饰虎斑纹、勾卷云纹，纹样简单，疏密适度。如河南黄君孟夫人墓出土的一件玉虎[28]，长 7.9 厘米，短竖耳，短尾上卷。单面纹饰，腹饰虎斑纹，肢上饰鳞纹（图三，3）。

2式　以剔地隐起的手法饰蟠虺纹，纹样繁缛细密。如河南淅川下寺 M3 出土的春秋晚期的玉虎[29]，上下颚以较规则的云纹表示，弓腰坠腹，粗尾上卷，饰浅浮雕有目蟠虺纹，间饰羽状划纹。头、背、尾均有穿孔（图三，4）。

由上文叙述可以看出片雕玉虎的发展特点：

第一，从整体造型看，商代玉虎最为多样，并以模仿静态卧虎的具象和较为具象的平直形玉虎为主（Ⅰ型），此外，还有比较生动的昂首卧虎（Ⅲ型），比

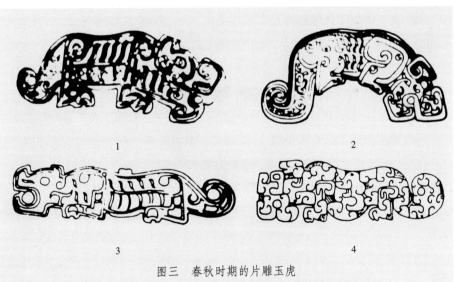

1　　　　　　　　　　　　　　　2

3　　　　　　　　　　　　　　　4

图三　春秋时期的片雕玉虎

1. 河南光山县黄君孟墓出土　2. 河南淅川下寺 M1 出土　3. 河南黄君孟夫人墓出土
4. 河南淅川下寺 M3 出土

较写意的玉虎（Ⅳ型）和璜形玉虎（Ⅱ型）。其中，平直形玉虎和璜形玉虎对西周和春秋时期的玉虎造型产生了深远影响，这两个时代的玉虎基本是沿着这两线索发展的，只不过在西周时期，平直形玉虎更为多见，而春秋时期由于组佩玉饰的发展，璜形玉虎占据了上风。

第二，装饰纹样的变化。商代晚期的玉虎多光素无纹，也有少量玉虎装饰具有时代风格但与虎无关的卷云纹，还可见到写实的阴线刻虎斑纹。西周早、中期的玉虎不仅继承了商代平直形玉虎的造型，而且传承了其不强调纹饰的特点，即便有纹饰，一般也是极简单的卷云纹；西周晚期的玉虎有较大变化，纹饰变得相对繁密，成为春秋时期纹饰风格的肇始。春秋早期璜形玉虎的纹饰趋于繁缛，以双勾阴线刻蟠虺纹为主，辅以鱼鳞纹、虎斑纹等；平直形玉虎的纹饰，主要是双勾阴线刻较为稀疏的虎斑纹或趋于解体的卷云纹；此外，还出现细阴刻线加大斜刀的手法装饰的具有浅浮雕效果的纹样，这种纹样在春秋晚期仍可见到。春秋晚期的玉虎主要是以减地阳起的手法装饰蟠虺纹，纹样更加细碎紧凑，充满着不安与混乱感。

第三，风格的变化。商代晚期玉虎的主体风格趋于写实，一般对虎的整体轮廓和各主要部位都以概括的手法加以表现，风格稍显拘谨稚拙，虎的静态感有余，动感不足。西周时期玉虎的主体风格仍以写实为主，强调对虎潜伏待发时的瞬间表现，虎的气势十足，有一种凶猛感，即便是强调实用功能的璜形虎（型），也是气韵生动。春秋时期的玉虎突显实用功能，外侧即背部线条流畅，两腿和口部更为形式化，人们对虎的表现远逊于对装饰功能的关注。

三、圆雕玉虎

与片雕玉虎相比，圆雕玉虎在中国古代玉器史上数量很少，择几例叙述如下：

圆雕玉虎最早见于商代晚期。河南殷墟妇好墓出土 1 件[30]，长 11.7 厘米，玉呈青色，局部有黄褐色沁，虎身蹲伏，作捕食待发状，阔口微张，以桯钻法钻出牙齿。圆眼，小竖耳，尾下垂，尾尖上卷。背部及体侧以双勾阴线刻纹，或为单个云纹，或为对卷云纹，尾部饰人字形虎斑纹（图四，1）。

山东滕州前掌大 M120 出土了 2 件圆雕玉虎[31]，其中一件长 7.02、宽 2.95、厚 1.11 厘米，玉料呈绿色，局部有黄褐色沁。呈前肢立起后肢蹲伏之姿，以剔地隐起的方法刻出椭圆目，阔口张开，立耳，尾向斜下方伸出，尾尖上卷。

图四　圆雕玉虎

1.河南殷墟妇好墓出土　2.山东滕州前掌大 M120 出土　3.山西长治分水岭 M84 出土
4.北京艺术博物馆藏

前足钻一圆孔，后足以阴线刻出虎爪。前肢和后肢的上半部显得粗壮有力，虎身及虎尾饰阴线（图四，2）。另一件长 4.85、宽 1.95、厚 1.11 厘米，玉料呈淡黄色，布满浅黑色斑点。立姿，张口竖耳，剔地阳起作椭圆形目，虎体粗壮肥硕，四肢粗短，尾斜向下方，已残断。

西周时期的圆雕虎见于发表的仅有一件，即河南北窑庞家沟出土的一件西周早期的玉虎[32]。这件玉虎由具有青黑色和灰白色的料雕琢而成，有些俏色的味道。虎背用黑色料部分，虎腹和尾巴用灰色料表现。虎长 16.5 厘米，呈伏卧状，头低垂，桯钻两孔，张口露齿，尾部向斜下方伸出，尾尖上卷，以双勾阴线刻虎身的纹饰，背部为三角形纹饰，腹部为卷云纹。

东周时期的圆雕虎也很少见，山西长治分水岭 M84 出土了一件，长 2.7、宽 1.7、厚 0.5 厘米[33]。从纹饰风格看，它很可能早到春秋晚期，至迟不晚于战国早期。玉料淡黄色，虎呈伏卧状，头昂起，闭口，上颚长而上卷，下颚很短。短尾逆向旋转成锥形，虎背光素无纹，虎身两侧浅浮雕蟠虺纹。腹下钻有一个小孔，可供穿系（图四，3）。

西汉时期的圆雕虎数量仍很有限，所见者为成对出现，即山西朔州平朔露天矿生活区出土的一对虎形玉镇[34]。这对玉虎呈蜷曲伏卧状，回首，头向正好相反，双目凸出，张口，口之上有两个圆形小鼻孔，略做出双耳的轮廓，臀部突起，显得十分肥硕，以单阴线刻出卷曲的尾巴，以简单的线条刻出四足。肢体肥硕，神态凶猛。

北京艺术博物馆收藏有一件明代的玉虎[35]，长7.9、宽2.5、高2厘米。玉质青色，夹杂一些绺裂，局部微沁。虎呈蜷曲状，闭口，以极简洁的线条刻出虎的椭圆形双目、鼻和向上回卷的尾，小耳分立于额部两侧。足隐于身下。身体光素无纹，有一穿孔。虎态温和有余，气势不足（图四，4）。

虽然圆雕玉虎发现较少，还存在笔者看不全资料的可能性，但从上面的叙述中，我们大致也能管中窥豹地归纳如下几点：

(1) 商和西周早期的圆雕玉虎表现的虎伏卧待发或站立欲行的形态，静中寓动。头前尾后，张口露齿，一般双耳向上竖立，尾向斜下方伸展，尾尖回卷。虎身一般以阴线双勾法饰几何形线条。整体风格写实、朴素，给人一种强烈的稚拙感。关于功能，有的为陈设品，有的为佩饰。

(2) 东周时期的圆雕玉虎明显少见，所见一件风格与此前发生了很大变化。虎的造型除轮廓仍然模拟真虎外，一些细节的表达也进行了夸张，特别是口部和尾巴，上颚变得长而上卷，让人感觉虎欲张口向天吼，尾巴很短，且呈旋转状，虎身上的纹样更是体现了这个时代的典型特征，也就是说，这件玉虎仍然保留了商周时期玉虎所具有的造型与当时典型纹样结合的特点。虎腹部的小孔说明这件玉虎为佩饰。

(3) 西汉时期的两件圆雕玉虎造型源于卧姿回首之虎，强调对头部的表现，上翘回旋的尾巴以简单的方式为玉虎增添了生气，虎虽静卧，却掩不住内蕴的凶猛之气。玉虎造型洗练，除必要的线条外，无多余的装饰纹样，这一点与此前的玉虎有很大不同。而玉虎的功能也突破了此前的局限，成为虎形镇。

(4) 上述一件明代圆雕玉虎向我们展示了虎的另一种风格，即温和乖巧，体现了艺术品创作中更大的自由度和更强烈的主观性。从造型看，其传承了汉代以来玉虎简单概括的特点和写实风格，但整体感觉已与汉代迥然有别。玉虎面露憨态，凶猛之气无存，因身体有一穿孔，故可能为坠饰。

四、虎纹玉器

虎纹玉是以虎的整体形象作为装饰主题的玉器，引人注目的当属元代仿辽金时期所做的秋山玉。根据虎姿等特点，虎纹可分为行虎、立虎、子母虎和卧虎。

行虎纹，即虎做行走状。如玉虎纹带饰。长5、高4、厚0.9厘米。整体呈长条形，两端略窄，下部边缘呈弧状，局部镂雕成孔。带饰中部饰一虎，虎尾上翘，虎足前后交错，正行于山林之中。虎身的周围可见柞树叶，身下有岩石[36]。

立虎纹，即虎呈直立状，或四足着地，或两后足着地。如玉立虎纹带饰。长4、高5.7、厚1厘米。整体呈长方形，左侧琢一棵柞树，树下站立一虎，虎的后肢直立，前肢伏在柞树上，似在嗅着什么[37]。

卧虎纹，即虎呈蹲卧状，或四肢均伏卧于地，或蹲在地上，尾回卷。如玉虎鹰纹饰。长6.7厘米，宽4.4厘米，厚1.6厘米。长方形玉板，表现有高浮雕琢出的虎纹，虎头之上有橡树叶，再上有奔鹿。表现有玉皮之色。另一面为浅浮雕的松树、鹰鸟纹[38]（图五）。

图五　北京故宫博物院藏虎纹玉器

子母虎纹，即母虎与子虎共处的纹样。如子母虎纹玉环，直径5.4、厚1.2厘米。圆形，采用透雕的手法饰子母虎纹，母虎卧于柞树下，安详宁静，小虎则位于它的前面[39]。

从上面几件玉器可以看出，元代的虎纹玉器与其他三类虎题材的玉器有很大不同，它或把对虎的表现置于一个背景之下，以绘画般的效果展示对虎的关注，或把人类的情感附着于虎纹，展示母虎与子虎共处的美好。而虎的特点更接近与自然，风格写实，虎头略圆，额、鼻略呈平面，额部有似“王”字的几道阴刻线；长尾，尾上有“二”字形节纹；虎身有长阴线琢出的虎皮纹。

由上文四个部分的内容可以看出，虎面形或虎面纹玉器见于史前时期，宗教含义远重于其装饰作用。片雕玉虎是以虎为母题的玉器中数量最多的一种造型，主要见于商周时期，其用途多为佩饰，且佩饰功能在西周至春秋时期更为突出，或为组佩的一部分。圆雕玉虎的数量不多，散见于不同历史阶段，不同时期玉虎的风格有所变化，或凶猛，或温顺，或单个出现，或成对存在。虎纹玉器具有强烈的北方少数民族特色，是其生活的艺术提炼，把虎与山林环境做了有机结合，体现了虎纹题材在玉器发展中的最高境界。

注释

[1] 许玉林、傅仁义、王传普：《辽宁东沟县后洼遗址发掘概要》，《文物》1989 年 12 期。

[2] 湖北省荆州博物馆、湖北省文物考古研究所、北京大学考古系石家河考古队：《肖家屋脊》，文物出版社，1999 年。

[3] 荆州博物馆、钟祥县博物馆：《钟祥六合遗址》，《江汉考古》1987 年 2 期。

[4] 湖北省荆州博物馆：《枣林岗与堆金台——荆江大堤荆州马山段考古发掘报告》，科学出版社，1998 年。

[5] 湖北省文物考古研究所、中国社会科学院考古研究所：《湖北石家河罗家柏岭新石器时代遗址》，《考古学报》1994 年 2 期。

[6] 宋兆麟：《后洼遗址雕塑品中的巫术寓意》，《文物》1989 年 2 期。

[7] 普列汉诺夫：《论艺术》，生活·读书·新知三联书店，1973 年。转引自宋兆麟：《后洼遗址雕塑品中的巫术寓意》，《文物》1989 年 2 期。

[8] [21] 张绪球：《商周时期的玉虎》，《文物》1999 年 4 期。

[9] [14] [30] 中国社会科学院考古研究所：《殷墟妇好墓》，文物出版社，1980 年。相关图片转引张绪球：《商周时期的玉虎》，《文物》1999 年 4 期。

[10] 有关资料和图片参见古方主编：《中国出土玉器全集（4）》第 54、55 页，科学出版社，2005 年。

[11] 有关资料和图片参见古方主编：《中国出土玉器全集（4）》第 140 页，科学出版社，2005 年。

[12] [13] 有关资料和图片参见古方主编：《中国出土玉器全集（4）》第 99 页，科学出版社，2005 年。

[15] 有关资料和图片参见古方主编：《中国出土玉器全集（4）》第 52 页，科学出版社，2005 年。

[16] 山西省考古研究所、灵石县文化局：《山西灵石旌介村商墓》，《文物》1986 年 11 期。

[17] 河南省文物考古研究所等：《上村岭虢国墓地 M2006 的清理》，《文物》1995 年 1 期。

[18] 宝鸡市博物馆：《宝鸡強国墓地》，文物出版社，1988 年。

[19] 北京市文物局：《北京文物精粹大系·玉器卷》，北京出版社，1999 年。

[20] 有关资料和图片参见古方主编：《中国出土玉器全集（3）》第 90 页，
科学出版社，2005 年。

[22] [25] [28] 河南信阳地区文物管理委员会等：《春秋早期黄君孟夫妇
墓发掘报告》，《考古》1984 年 4 期。

[23] 河南信阳地区文物管理委员会等：《河南光山黄季佗父墓发掘简报》，
《考古》1989 年 1 期。

[24] 有关资料和图片参见古方主编：《中国玉器全集（5）》，科学出版社，
2005 年。

[26] [29] 河南省文物研究所编：《淅川下寺春秋楚墓》，文物出版社，1991 年。

[27] 宝鸡市考古工作队：《宝鸡市益门村二号春秋墓发掘简报》，《文物》
1993 年 10 期。

[31] 中国社会科学院考古研究所编著：《滕州前掌大墓地》（上、下），文
物出版社，2005 年。

[32] 有关资料和图片参见古方主编：《中国出土玉器全集（5）》第 122 页，
科学出版社，2005 年。

[33] 山西省考古研究所：《长治分水岭东周墓地》，文物出版社，2010 年。

[34] 有关资料和图片参见古方主编：《中国出土玉器全集（3）》第 234 页，
科学出版社，2005 年。

[35] 北京艺术博物馆藏品。

[36] [37] [38] 张广文：《一组元代的虎纹玉与狮纹玉》，《故宫文物月
刊》1999 年 7 月 17 卷 4 期。

[39] 周南泉主编：《中国玉器定级图典》第 179 页，上海辞书出版社，2008 年。

玉兔五题

——从凌家滩遗址出土玉兔谈起

在古代工艺品领域，兔是一个并不鲜见的装饰题材。史前时期的陶器中有以此为饰的作品，比如，石家河文化的兔形陶塑。商周时期青铜器上的兔纹也偶有所见。汉代青铜器，特别是画像石上的兔纹颇为流行。隋唐时期的铜镜，兔纹或与嫦娥为伴，或为猎捕对象，更多的是作为十二生肖中的一员。玉器中的兔题材又是如何表现的呢？本文拟就这个问题及相关的背景进行讨论。

一、最早的玉兔

最早的玉兔可能要算是安徽含山凌家滩遗址出土的兔形饰了。凌家滩遗址出土的玉兔形饰属于凌家滩文化[1]，距今 5300 年，起始年代大致与良渚文化相当。玉料受沁呈黄白色，与良渚文化玉器的外观性状相似。饰件由兔形的上部和榫形的下部组成，兔呈伏卧之状，但无足部表现，嘴前伸，似在嗅着什么，耳朵向后背，背部呈弧形上凸，尾巴不像兔子，反若鱼，上翘分叉；榫部长条形，上面对钻成四孔。整个器形与良渚文化的玉梳背相若，或许这件玉兔形饰也曾具有同样的功能。倘如此，与良渚文化中既具有中规中矩的造型，又与神人纹饰密切相关的玉梳背相比，这件玉饰件显得更加生活化，隐隐透露着几分温情。

史前时期的动物形玉器中，除了这件玉兔形饰外，再无可以确认的玉兔了。史前时期的玉器包括两类动物造型，一类是想象出来的动物，另一类是现实生活中存在的动物。对后一类动物的表现主要集中于飞翔的鸟、水中的鱼、龟、蛙以及蝉等昆虫，这些动物迥异于人类的生存方式，给了史前时期的先民们独特的视觉感受，并成为他们借其神力与神灵进行沟通的媒介。另一些既不飞也不游的动物，或由于神异性差，或与先民的生活相去较远，因而被先民们忽略，兔便是其一。玉兔在史前玉器中的缺位，在某种程度上体现了史前时期玉动物题材选择的功利性前提。

二、剪影似的片雕玉兔

商周时期的玉兔出土数量较任何时期都多，且以片雕为主，表现的是兔子的侧面形象，即所谓的剪影式艺术。但商与西周玉兔的造型与风格有别，体现了不同的社会背景下产生的不同审美取向。

商代玉兔主要出土于晚期墓葬，以伏卧蜷缩式和低首弓背式为主体造型，一般长 3～5 厘米，高 1～2 厘米，厚 0.2～1 厘米。伏卧蜷缩式的玉兔前后腿蜷曲于腹下，头后缩，贴伏于前腿上，圆眼，大耳后背，贴于兔背，短尾后伸，尾尖微上翘，一般在口部对钻出圆孔，既可以系缀，也可以达到表现兔嘴的目的，但也有近尾部两钻一孔的。耳、目、腿及足爪皆以单阴线刻划出轮廓，除轮廓线外，再无其他装饰纹样，做工简约粗率[2]（图一）。伏卧蜷缩式玉兔表现了兔子安静伏卧的状态，隐含着一丝惊恐与不安。低首弓背式玉兔体现了商代玉工以圆为雏形制作玉器的设计理念，理论上当时制作的应该是一式两件，分别由同一圆的两个半圆上琢出。这样的玉兔背部向上隆起，低头，或后腿蜷卧、前腿半伸，或前后腿相互交叉，若捆绑在一起，尾极短，且上翘，除身体的轮廓线外，又以阴线双勾之法在玉兔身上琢出勾云纹[3]。勾云纹是商代玉器上普遍施用的纹样，呈现出高度的统一性，与玉器的表现题材无关，是一种符号化的纹样。低首弓背式玉兔表现的仍是安静状态的兔子，温顺而驯服。

除了上述两种形式外，商代晚期的玉兔还可见到一种比较活泼的形式，兔张口，头略前伸，大耳后背，但不贴于背部，后腿蜷曲，前腿前伸[4]。这种形式的玉兔与西周时期的玉兔更为接近，从而为我们寻找商代玉兔与西周玉兔的渊源关系找到了依据（图二）。

西周时期（主要是早期）玉兔的大小同商代差不多，但耳朵显得特别大，向后伸展达身体长度的一半，不再贴于背部，颈部明显，臀部向上翘起，增强了兔子蓄势待发的动感，口部有钻孔，或口部与尾部均有钻孔，尾极短，或仅表现尾尖，或顺臀部下垂外翘，前后腿的下半部明显拉长，与这一时期的玉虎等动物造型的肢体特征完全相同，体现了动物造型在腿部近乎程式化的表现方式[5]（图三）。西周时期玉兔的动感较商晚期更强一些，形象上更显自然轻松。

图一　山西灵石旌介村 M2 出土

图二　河南安阳刘家庄出土

玉
论

图三　陕西宝鸡茹家庄 M1 出土

三、写实性的圆雕玉兔

商周以后至汉代的漫长岁月里，兔不再是一个玉工关注的题材。这段时间里，玉器装饰领域里龙、螭、凤鸟纹等神异类动物扮演着重要角色。随着汉风的衰落，魏晋南北朝时期文化的嬗变，重新实现政治统一的隋唐王朝把玉器的制作带进一个新的发展阶段，对现实生活的热爱和写实性表达逐渐成为艺术发展的主流。

隋唐至宋代的玉兔皆为圆雕，一般沉稳安静，但细部的表现有所区别。隋代李静训墓出土一件白玉兔，长2.7、高2厘米。兔昂首前视，双耳后抿，面部细节不做表现，前肢并排伸于胸前，后肢蜷曲于腹下，首尾用简单的阴线刻出毛发，其余部位光素无纹[6]（图四）。这件玉兔的穿孔很有特点，腹部左右横穿。像这样的穿孔实在让人费解，如果穿丝带系佩，玉兔便头朝下腹朝上倒置过来，无法保持美丽的观赏性，或许另有别用。

唐代玉兔的数量也不多。一件长2.45、宽1.02、高1.25～1.35厘米。四足蜷缩于腹下，背向上隆起，以简单的阴线刻出圆眼，仅粗具玉兔之形而已。但可

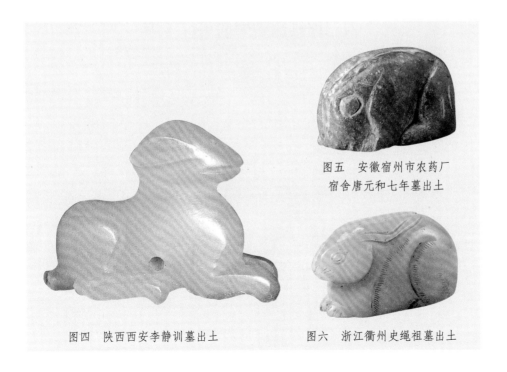

图五　安徽宿州市农药厂
宿舍唐元和七年墓出土

图四　陕西西安李静训墓出土

图六　浙江衢州史绳祖墓出土

以感觉出来，它表现的是蜷缩成一团的兔子，安静中带点狡猾，并有一丝惊恐。兔上没有穿孔，或为镇[7]（图五）。与此兔形象相若的还有一只当作印纽的兔，印为汉白玉质，通高 7.5、通长 13 厘米，以兔为纽，兔弓背，头伏于两条前腿上，后腿作蹲踞式[8]。

宋代玉兔中最为著名的就是南宋史绳祖墓出土的玉兔了。这件玉兔是可以确认的最早的文房用品中的玉镇，长 6.7、高 3.6 厘米。兔作伏卧状，双目前视，眼、耳、腿、尾等部位用勾撤法作出轮廓，以细密的短阴线刻出兔毛，写实感更强[9]（图六）。宋代墓葬中还出土一对水晶兔，水晶无色透亮，兔蹲卧，双眼前视，两耳竖起，前后足微弓，无尾。用粗阴线勾勒身体的各部位，线条粗犷简练[10]。兔背上下对钻一孔，为唐宋时期玉器上常见的特征。

纵观隋唐至宋代的玉兔，数量虽不多，但皆圆雕，兔呈伏卧状，足、耳贴于身，或微外露一点儿，腹部横穿一孔，或背腹竖穿一孔。由于采用圆雕的表现手法，玉兔较商周时期的片雕更为写实，显出温顺可爱的一面，功能已超越了单纯的佩玉范畴。清代也有少量的兔形玉器，或为穿孔坠饰，或为十二生肖之一，造型基本如唐宋时期。

四、图画般效果的兔纹玉器

图画般效果的玉器最早见于宋代，这与宋代绘画的发展，以及文人气息浓厚的审美情趣密切相关。宋代的绘画作品中可以见到以兔为题材的作品，比如北宋崔白绘有《秋兔图》和《双喜图》，画面中的兔子皆以树石为背景，作半蹲回首状。

图画般效果的兔纹玉器最早也见于宋代，是一件多层立体镂雕的双兔纹玉嵌件：一棵大树枝繁叶茂，一兔半蹲，竖耳回首，另一兔卧伏，抬头前视，地纹若山石之状。这件作品无论构图还是做工都体现出对辽代秋山玉的模仿，风格朴素自然，充满野趣[11]。

以植物为背景的双兔纹玉器在明代还在继续，但图案的构成元素发生了一些变化。如湖北钟祥梁庄王墓出土双兔纹玉佩饰，年代为明早期，图案多层镂雕而成，双兔一大一小，但一兔半蹲回首另一兔抬首向前的姿势基本保持，植物纹的背景作折枝花式，有长着圆圆果实的荔枝，有修长舒展的蕉叶，灵芝状云纹点缀其间[12]。若与宋代的同类题材相比，可以看出明代的双兔植物纹已趋向于图案化。

五、充满道教色彩的捣药兔子

兔子捣药题材最早见于汉代，是汉代人追求长生不老和信仰神仙世界的一种反映。汉代画像石上的兔子捣药纹饰中，兔子已不再是只普通的兔子，而是一只仙兔，有的甚至长着翅膀，可以飞向神仙的世界。汉代捣药的兔子更像是东王公与西王母的属下，有的画像石表现的就是兔子在他们身旁忙着捣药和滤药的情景。晋代的画像石中始见兔子在圆形开光内捣药于树下的图案，圆形开光是否代表月亮则不得而知。倘若如此，则自此捣药兔子就与月亮扯上了关系。唐宋时期的铜镜上可见到在月宫捣药的兔子，除了桂树外，有的还有起舞的嫦娥。

兔子捣药题材在玉器上的表现迟至明代才出现。明代玉器中有双兔捣药，兔子相对而立，共持杵，一起捣臼中的药。明代定陵孝靖皇后的棺内出土有一对金环镶宝石玉兔耳坠，兔子直立，双耳上竖，以红宝石嵌饰双睛，抱杵，下有臼，作捣药状，兔身上以细密阴线刻出毛发[13]（图七）。这些玉器为明代晚期的作品，与嘉靖帝崇信道教不无关系，虽然它们有的不属于嘉靖当朝的作品，但仍留有那个时期的烙印，与嘉靖万历时期常出现的寿字纹玉器一样，是传统题材应时而复用的作品。

综上所述，玉器上的兔题材作品可归纳为两类，一类是单体玉器，另一类是兔纹玉器。单体玉器主要见于商周时期的片雕玉器和隋唐宋明清时期的圆雕作品；兔纹玉器包括凌家滩

图七　北京昌平定陵孝靖皇后
棺内出土

文化的兔纹饰和宋明时期玉图画般的作品。最早的兔纹玉器为嵌饰，商周时期的片雕玉兔多数穿孔，主要当做佩饰，自隋代以后，以兔为题材的玉器作品应用范围扩大化，涉及嵌饰、书镇、耳饰等功能。商周时期的玉兔创作是否夹杂着与思想观念有关的情感，尚需进一步研究，但有一点是可以肯定的，佩戴这些玉兔的人非寻常之辈，而是具有一定身份地位的人，这几乎是早期玉器使用的一个通则。商周以后，玉器中的兔题材暂时缺位，但它却活跃在汉代画像石领域，成为画像石上的一个重要装饰题材，具有鲜明的信仰与观念内涵，是人们心目中的仙兔，与长寿、不老密切关联。王朝的更替无法阻止思想观念的传承，只不过有时为显性呈现，如兔子捣药题材的直接表达；有时为隐性显现，如隋唐以后的圆雕玉兔或兔纹作品，虽然我们看到是一只写实性的兔子，但很难说它们身上没有因汉代以来兔子被仙化所积淀的特殊情感。所以，在审视这些玉兔作品的时候，有必要把它们置于历史的长河中，并与其他类型的工艺品相关联，既关注它们的外观性状，也考虑它们的文化内涵，从而达到物质层面与精神层面的统一，比较完整地认识这类玉器。

注释

[1] 安徽省文物考古研究所：《凌家滩玉器》，文物出版社，2000 年。

[2] 陶正刚等：《山西灵石旌介村商墓》，《文物》1986 年 11 期。

[3] [4] 唐际根主编：《安阳殷墟出土玉器》，科学出版社，2005 年。

[5] 宝鸡市博物馆：《宝鸡强国墓地》，文物出版社，1988 年。

[6] 杨伯达主编：《中国玉器全集（中）》，河北美术出版社，2005 年。

[7] [8] 古方主编：《中国古玉器图典》，文物出版社，2007 年。

[9] 丁叔钧：《古玉艺术鉴赏》，上海科技教育出版社，2004 年。

[10] 参见杨立新主编：《中国出土玉器全集（6）》，科学出版社，2005 年。

[11] 周南泉主编：《中国玉器定级图典》，上海辞书出版社，2008 年。

[12] 湖北省文物考古研究所等：《梁庄王墓》，文物出版社，2007 年。

[13] 中国社会科学院考古研究所等：《定陵（上、下）》，文物出版社，1990 年。

（原载《中华玉文化中心第三届年会论文集》，2012 年）

明代玉带板装饰纹样综论

朱元璋建立的明朝，结束了蒙古族的统治，汉族重新执掌中国的政权，汉文化从元代的压抑状态下解放出来，在恢复旧传统的基础上，日益走向繁荣。明代后期资本主义的萌芽，促使经济形态发生很大变化，商品经济繁荣，市民阶层的力量壮大，传统的思想观念受到冲击，意识形态趋于多元化。

在明代经济与文化发展的大背景下，明代玉器的生产也较元代更为发达，尽管在玉材的品质上不够理想。这时的玉器种类繁多，庄重的宫廷用玉与灵活多样的民间用玉并举，追求仿古的器形和题材与自然写实的时作玉共存。终其明代，玉器的风格并不唯一。早期的玉器仍有较多的元代遗风，风格豪放生动；中晚期则逐步形成自身的特点，不仅题材更为广泛，而且品种也大为增加，显得细柔俗丽。

迄今为止，全国已有 24 个省、市、自治区出土过明代玉器。在各类玉器中，玉带板是数量最多的一类，是明代玉器的重要组成部分。出土玉带板的墓葬见于明初至明末各个时期，表明玉带的使用与明朝的历史相始终，是这个商品经济活跃的王朝遵循传统的一个见证。出土玉带板较为集中的地区有南京、北京和江西。南京是明洪武初年至永乐迁都北京前五十余年间（1368～1420 年）的统治中心，在这一地区埋葬着一些辅佐朱元璋开创明代基业的功臣及其后人，他们的墓葬多有玉带随葬，带鞓腐朽之后，留下了玉带板。永乐十九年（1421 年），明成祖朱棣迁都北京，此后北京一直作为明、清两代帝都。北京地区出土玉带板的墓葬主要是万历皇帝的定陵和太监墓，太监墓出土玉带折射出明代后期宦官权力膨胀的史实。明代实行分封宗藩制度，共封亲王六十二位，其中五十位有自己的封地，建立了区域性的藩国，王府遍及山东、山西、河南、陕西、四川等地，江西藩王墓出土的玉带板数量最多。此外，甘肃、四川、陕西、山东、辽宁、河北等也有零星的明墓出土玉带板。

明代玉带板除了出土以外，还散见于一些博物馆或相关收藏机构，如故宫博物院、山西博物院、北京艺术博物馆等，这些机构收藏的玉带板有的为成套，但零散的情况更为常见。它们也是我们研究明代玉带板的重要资料。

明代的玉带板，素面居多，从明初到明末都是如此。"玉是古代人们道德和文化观念的载体，在正式的冠服制度体系中，玉带具有传统象征意义的礼仪功能。因此，玉带上有无纹饰变得并不重要，重要的是用其来传达一种关乎礼制的信息，并成为辨别等级的工具"[1]。尽管如此，纹饰作为时代文化的表征与审美取向的反映，也是非常值得深入研究与讨论的。饰纹的玉带板宛若散发着特别香味的花，成为朴素得有些单调的明代素面玉带板的有益补充。

明代玉带板上的装饰题材涉及植物纹、动物纹和人物纹等不同内容。植物纹有灵芝、牡丹花、凌霄花、秋葵、荔枝和莲荷等；动物纹有瑞兽类的龙和麒麟，现实世界中的鹿、狮子，以及鸟类题材的云鹤纹、鹤衔寿纹和花鸟纹，人物题材有婴戏纹、胡人戏狮纹，字纹题材有喜字纹和寿字纹等。与以往的玉带装饰纹样相比，明代玉带的题材更加丰富多样，玉带在完成礼仪功能的同时，呈现出重视装饰性的倾向。

一、以植物纹为主的装饰题材

（1）灵芝纹

灵芝属于菌类。《说文》释灵芝为"神草也。"在明代玉带板上，灵芝纹既单独作为装饰纹样，也与桃子、洞石等其他纹样相互组合。前者见于山东邹县朱檀墓出土的玉带板[2]，后者见于北京工商大学御用太监赵芬墓[3]和南京中华门外东善桥韩家洼出土的玉带板[4]。

山东邹县朱檀墓出土的玉带板玉质洁白，光泽莹润。每块带板都透雕灵芝纹，随着带板大小的不同，构图亦舒卷变化，富有韵致。纹饰轮廓碾磨圆浑，展现出明代早期花卉题材的典型风格（图一）。

北京工商大学御用太监赵芬墓出土的青玉带板属于明代中期偏晚或晚期偏早。带板正面边框内以减地阳起的薄浮雕手法琢寿桃灵芝纹。图案主纹由灵芝与双桃纹构成。6块长方形带板上雕灵芝双桃纹，另外1块长方形带板以寿字取代了灵芝纹。4块桃形带板和2块长条形带板装饰折枝桃，2块长条形带板上装饰灵芝纹。灵芝纹若蝴蝶之状，上面以阴线刻出两个对称的涡纹，风格写意；桃纹很写实，带叶片对称置于灵芝纹两侧，叶片上以阴线刻出叶脉。主纹下方中部刻三座山峰状辅纹。灵芝、桃、山均为寿的象征，图案的主题表达了长寿的寓意（图二）。

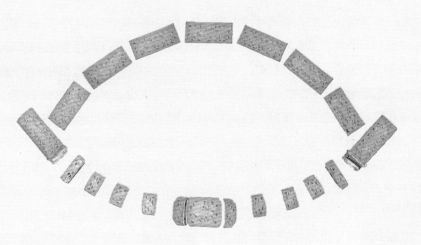

图一 金镶白玉灵芝纹带板

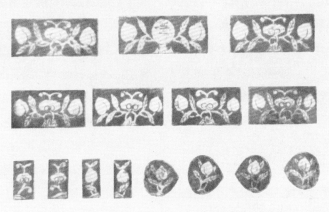

图二 青玉寿桃灵芝纹带板

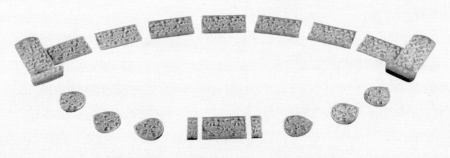

图三 青白玉洞石灵芝纹带板

南京中华门外东善桥韩家洼出土的明晚期青白玉带板以剔地浮雕的技法表现洞石灵芝纹。图案以灵芝为主纹，在长方形、圭形和桃形带板上，灵芝纹为三朵一组，排列的方式大体相同，但因带板的大小有别，排列的疏密程度不同。在长条形和带扣形带板上，装饰单朵灵芝纹。灵芝的伞盖略呈椭圆形，其上以阴线刻两个对称的卷涡纹。灵芝茎并非真实地再现"伞柱"，而是吸收了卷草纹的表现方式，盘曲扭转相互勾连。灵芝伞盖上或为一根茎叶，如倒"人"字形，或为两根茎叶，彼此交搭，颇有点丝织品装饰图案中缠枝灵芝的味道。洞石装饰于灵芝纹的下方，造型简单随意（图三）。

（2）牡丹纹

牡丹花娇艳华美，象征富贵。自唐宋开始，牡丹就成为一个常见的装饰题材。明代玉带板上的牡丹纹既有单独作为装饰纹样的，也有与鸟纹相互组合构成更为复杂的花鸟图案的。在牡丹与寿带鸟构成的主题图案中，牡丹做侧面观，花瓣表面深雕，以突出花瓣的立体效果。叶片修长，中间以勾撤法雕琢出主脉，强化了叶子的立体感，叶片边缘呈锯齿状，或向上伸展，或向下低垂，部分花茎掩映于叶片与花朵之下，再现了枝繁叶茂的景象。单独的牡丹纹见于江西南城益宣王夫妇合葬墓孙氏妃棺内出土的玉带板[5]，牡丹花寿带鸟纹见于兰州上西园彭泽夫妇合葬墓之彭泽夫人棺内出土的玉带板[6]和北京射击场明墓M130出土一套20块玉带板[7]。

江西南城益宣王夫妇合葬墓孙氏妃棺内出土的玉带板属于明代晚期。这副带板与其他带板的区别之处在于直接做成花形，其中7块玉带板呈正面放射状的六瓣牡丹花，花瓣彼此叠压，花瓣之间为瓜形花心，花瓣及花心以填金阴刻线装饰。吊篮形玉带板除了多一勾环外，主体部分与这7块玉带板非常相似。桃形带板若五瓣牡丹花的形状，花心部位钻一小圆孔。唯一的一块长方形带板装饰两朵并置的牡丹花。这副带板的造型与装饰纹样融合为一体，显得非常特别（图四）。

兰州上西园彭泽夫妇合葬墓之彭泽夫人棺内出土了18块青玉带板。彭泽夫人卒于天顺三年（1459年），结合带板的风格，这些玉带板当属于明代中期偏早。在长方形和圭形带板上，两只寿带鸟站在花丛中，饱满的牡丹花开放于鸟儿左右，鸟儿成双成对，或一只鸟头下尾上，伸颈翘尾，另一只鸟昂首回望；或一只昂首，另一只伸颈；或一只展翅欲飞，另一只回首而望，俨然一副花丛鸟鸣的情景。在

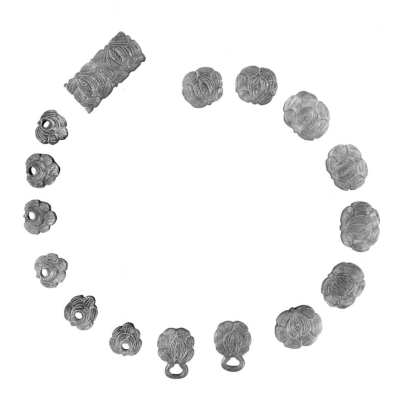

图四　青玉描金牡丹纹带板

桃形带板上，牡丹花与寿带鸟一上一下排列。这些玉带板的装饰纹样紧凑繁密，呈现出早期的花卉图案由写实、疏朗、大气向中期纤巧细密过渡的特点，但加工工艺仍留有元代遗风（图五）。

　　北京射击场明墓 M130 出土了一套 20 块玉带板。此墓出土"嘉靖通宝"35 枚，结合带板的纹饰风格，其年代为明代中期。长方形带板的图案由一朵硕大的牡丹和一只寿带鸟构成，鸟儿一般回首而望，但也有站立前视的，牡丹花与鸟儿在带板上平分秋色。圭形铊尾上的两朵饱满牡丹花左右并置，鸟儿则屈居于一个角落。桃形带板上仅有一枝独秀的牡丹花。这副玉带板的装饰主题虽为花鸟纹，但装饰布局中更偏重于对牡丹花纹的表现，鸟儿反倒有点儿陪衬的味道了（图六）。

图五　青玉花鸟纹带板

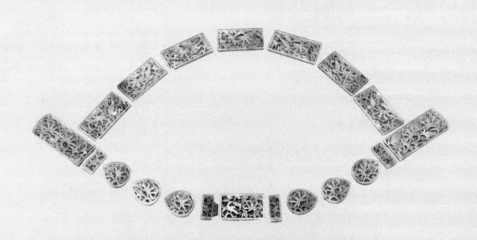

图六　白玉花鸟纹带板

（3）凌霄花纹

凌霄花，又名紫葳，属于藤本植物，主要生长在我国中部和南部地区，夏、秋开花。关于凌霄花的记载最早见于《唐本草》，是传统中药。在文人的笔下，凌霄花又成为凌云之志的象征。

凌霄花纹玉带板见于三个地点的发现：北京海淀区魏公村民族学院工地明太监墓[8]、江西南城益定王朱由木元妃黄氏棺[9]和南京太平门外板仓村中山王徐达家族墓 M7[10]。此外，北京故宫博物院也收藏有凌霄花纹玉带板[11]，属于明早期，推测曾为明代皇室使用。

北京海淀区民族学院工地太监墓出土的玉带板为明代早期。在它的装饰图案上，凌霄花呈折枝状，做侧面观，尚未完全开放，以勾撒法表现花朵的边缘，以双阴线刻出花朵外部的纹路。叶片的边缘呈锯齿状，叶面之上也施以勾撒法，使中部呈现凹槽状，叶片更富立体感。根据带板的大小，凌霄花或两朵一组，一朵摇曳向右，一朵伸展向左；或单独一朵进行装饰。局部可以看到茎部相互交搭，呈现出层次感。雕工粗放，不拘小节（图七）。

江西南城益定王朱由木元妃黄氏棺出土的玉带板为白玉质，双层镂雕凌霄花纹。透雕的凌霄花，呈折枝状，做侧面观，一朵摇曳向右，一朵伸展向左，花上以双阴线夹一阳的方式雕出花朵的纹路；叶片修长，边缘刻成锯齿状，叶面之上阴刻清晰的叶脉纹。局部花茎相互叠压。此墓主人生于万历戊子年（1588 年），卒于天启乙丑年（1625 年），出土的玉带板从题材与风格看，制作年代可能较早，属于明代中期偏早阶段（图八）。

南京太平门外板仓村中山王徐达家族墓 M7 出土的玉带板受沁成鸡骨白色。带板以减地浮雕的手法装饰凌霄花纹，凌霄花造型洒脱，花头若圆角三角形，两个边角内卷，花体略作 S 形扭曲。根据带板的大小，或单个出现，或两个一组。未见辅纹装饰。从雕琢风格来看，这副玉带板或属于明代中期（图九）。

（4）秋葵纹

秋葵纹见于南京徐达五世孙徐俌棺内出土的玉带板[12]，为明代中期偏早阶段。带板采用多层镂雕手法饰秋葵纹：长方形带板上的秋葵纹，基本上作一叶两花，花朵为正侧面构图，以较粗的阴线勾出叶片和柱状花蕊的轮廓，细部再以交叉的阴线进行装饰；叶片为掌形，呈正面放射状，上面以勾撒法勾出叶子的单条主脉（中脉），再以细阴线刻出主脉两侧的叶脉。花茎延伸于叶片与花朵之下，

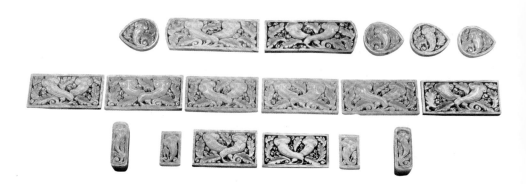

图七　青玉花卉纹带板

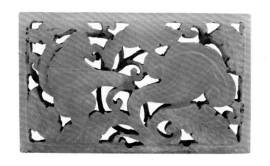

图八　白玉凌霄花纹带板

图九　白玉灵芝纹带板

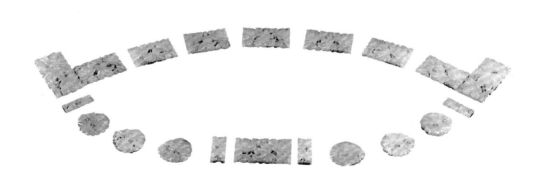

图十　白玉秋葵纹带板

局部点缀着小叶子。其他形状的带板据大小的不同，或仅装饰一花一叶，或仅装饰叶片，均是在长方形带板所饰图案基础上的删减。秋葵纹构图饱满，主次分明，层次井然，颇富立体感。图案的线条婉转流畅，刚柔结合，显示出玉匠高超的琢玉技巧（图十）。

（5）荔枝纹

以荔枝为饰在宋代就开始了，宋代金带、玉带的纹饰有"丝头荔枝""剔梗荔枝"等名目，是一定品级的标志。但所见实物都是图案化的，以卷草式的枝梗连在一起。

在傅忠谟先生的旧藏中有一件荔枝纹玉带板[13]，单面雕，为折枝式，一枝上结五个果实，枝叶掩映。背面微分出枝条，搭接穿插。风格写实，以荔谐音利，象征吉语"一本万利"。与出土的玉带板风格相比较，这块玉带板很可能属于明代早期。

（6）莲花纹

莲花，又称荷花，在我国的栽培历史悠久。《诗经·泽陂》中有"彼泽之陂，有蒲与荷。"的诗句。随着佛教传入中国，莲花成为佛教艺术中纯洁清净的象征，代表"净土"。唐代以后，莲花纹除作为佛教装饰题材外，还承载着世俗的观念，表现中国传统的子嗣观念。

莲花纹玉带板见于江西新建乌溪乡宁惠王墓出土[14]。宁惠王下葬于明正统二年，是为玉带板的使用年代下限，从纹饰风格等方面看，其制作年代当为明代早期。此副青玉带板周缘基本随形剔地一周，中部形成高浮雕莲荷纹样，纹饰高出带板表面，浮雕有高低之分，形成明显的层次。莲荷纹的造型各不相同：其一，图案由三朵莲蓬和莲叶组成，莲蓬横向一字排开，中间一朵呈正面观，以楻钻的五个钻孔表示莲籽，其两侧各有一朵莲蓬，呈侧面观；莲蓬下方为三片荷叶，中间一片硕大，叶片边缘弧曲收卷，形状似"品"字，高浮雕而成，立体感很强；其左右两侧的荷叶做侧面观，以浅浮雕手法而成，叶片之以阴线浅刻脉纹。这种纹饰见于亚字形和亚字形附环带板上。其二，图案由两朵莲蓬和两片荷叶组成，两片大荷叶呈俯视展现，三曲收卷，左右相连，两朵莲蓬穿插其间。这种纹饰见于铊尾上。其三，图案仅见荷叶，不见莲蓬。这种纹饰见于长方亚字形和半月形带板等（图十一）。

图十一　青玉花卉纹带板

二、以动物纹为主的装饰题材

（一）瑞兽类题材

（1）龙纹

明代玉带板上的龙纹在不同时期具有不同的造型，与龙纹搭配的辅纹各有特点。根据龙纹的造型和题材特点，我们可以把明代玉带板上的龙纹分为如下几种情况：

①游龙戏珠纹：游龙戏珠纹仅见于南京汪兴祖墓出土的白玉包金带板[15]，年代为明代初年。游龙戏珠纹为多层镂雕而成，辅以朵云纹。图案隆起，高于边框。

龙首扁平，侧视，居图案中央。龙闭口，上颚长而上翘，下颚较短，嘴下有胡，几乎呈90度前飘。双角很长，微分叉，与头顶平行向后延伸。细颈，身体上无鳞。龙腿部肌肉隆起，健壮有力，肘毛较长，向一侧飘动。五趾分开，趾甲尖利，一前爪执火珠。辅纹云纹作灵芝状，云头或由单个卷云构成，或两个一组，云尾或长或短，似在飘动（图十二）。

② 立龙戏珠纹：立龙戏珠纹仅见于江西新建宁康王朱觐钧墓出土的白玉云龙纹带板[16]，年代为明代中期。带板的正面边框内作浅显麻点地，用薄浮雕的手法雕琢纹饰。龙侧身弯曲，细颈粗身，蛇尾回卷，身无鳞，呈行走之状。闭嘴，一缕短胡须；如意形鼻，鼻两侧各有一根向前飘动的短须；双角分叉，短发向前上方冲。四肢粗壮，五爪张开有力；肘关节处有肘毛四根，三长一短。龙或追逐火珠，或回头寻珠。立龙戏珠纹以云纹为辅纹，或为单朵云纹，或为三个单朵卷云组成的品字形云头，云尾细长，飘向一侧（图十三）。

③ 立龙纹：立龙纹的特点是侧首挺胸曲身，做张牙舞爪状，首尾一般同向，但也有异向的。所见者均以双层透雕的技法表现纹样。这种装饰纹样的带板包括北京工商大学御用监总理太监滑永形魂墓出土的青白玉带板[17]、1978年陕西西安交通大学出土的白玉龙纹带板[18]和1979年西安市征集的白玉龙纹带板[19]。滑永形魂生于嘉靖年间，卒于万历二十三年（1595年），据此并结合玉带板自身的风格推断，这座墓出土的龙纹带板应为明代晚期偏早。

滑永形魂墓出土的青白玉带板上的龙纹双眼凸起，张口露齿，上颚长而厚，下颚短且薄，管钻出突起的圆形鼻孔。立眉，双角不分叉，毛发前冲明显。龙身虽呈细长状，但不同部位的粗细有所变化，为颈细、胸隆、身较粗，近尾端亦较细。龙背上刻稀疏的齿状鳍。四肢较细，龙尾三歧，中间一股较大，状如绳缨，两侧的两股若透雕单朵卷云纹。以浅而细密的阴线刻出身上的鱼鳞。爪部桯钻三孔，象征性地分出四趾，呈轮状。辅纹除下层的卷草纹外，还有装饰于主纹四周的云纹、方胜、鼓板等杂宝符号，以及八吉祥纹样中的宝轮（图十四）。

④ 行龙纹：行龙做侧身行走状，头前尾后。有的前视，即前行龙；有的后视，即回首龙。前行龙与回首龙一般共存于同一套带板上。行龙的表现技法有两种，一种是剔地阳起的行龙纹，另一种是双层透雕的行龙纹。

剔地阳起的行龙纹仅见于江西南城益庄王朱厚烨元妃王氏棺出土的青白玉带板[20]，为明代晚期偏早。龙纹头扁平，口部桯钻几孔，似张嘴露齿，但上下唇仍连在一起。双角如柱，不分叉。鼻上飘两根须。头顶之发上冲，发尖微向前。龙身细长，以交叉的阴刻线刻出鳞片，背有鳍。尾三歧，中间一股较长，两侧以阴线刻卷云纹。四肢较细，琢出肘毛。四爪相连，中以三孔相分。辅纹包括蝙蝠、飞鸟和海水江崖，整个纹饰表现了龙行于海面之上的情景（图十五）。

双层透雕的行龙纹见于北京奥运射击场明万历时期M155出土的青白玉带板[21]

图十二　白玉包金带板

图十三　白玉龙纹带板

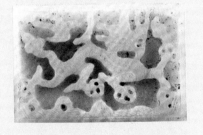

图十四　青白玉龙纹带板

图十五　青白玉龙纹带板

图十六　青白玉龙纹带板

和 1985 年北京市海淀区北太平庄地区山上的白玉带板[22]。北京奥运射击场 M155 出土的青白玉带板装饰双层纹样，上层以行龙为主，下层为窗棂纹。行龙头前尾后。口微张，圆目，双角不分叉，发前冲。背有鳍，鱼形尾，身出火焰状飘带，四爪呈轮状，尾三歧，中间一股如绳缨，两侧倒卷如云。辅纹有宝轮、方胜等符号，装饰于龙纹左下角和右下角（图十六）。

　　⑤ 升降龙纹：升降龙由两条龙构成，一龙头上尾下，做升腾状，另一龙头下尾上，做下降状。装饰这种纹样的白玉带板出土于北京工商大学明御用监董姓太监墓[23]，墓葬年代为万历时期。

　　这副带板运用双层透雕的手法装饰图案，以升降龙为主体纹样，此外，还有单独装饰升龙或降龙纹的带板。龙的圆目凸起，口大张，上颚长，下颚短，鼻上飘两根须。双角，发前飘。龙体细长，但略有粗细的变化，身体以交叉的阴线刻鳞片纹，无背鳍。四爪呈轮状，尾三歧。升龙与降龙一右一左彼此呼应，二龙之间装饰如意朵云，品字形云头，上下左右各有一条飘动的云尾。升降龙的下方中部有山石，两侧为海水波涛（图十七）。

　　⑥ 盘龙纹：盘龙的身体明显分成两段，前段呈 S 形，后段呈四个甚至是五个波段，首尾一般异向。根据主题纹样表现技法的不同，盘龙纹也有剔地阳起和双层透雕之分。

　　剔地阳起的盘龙纹见于北京奥运射击场 M6 出土的青白玉带板[24]和北京市文物研究所藏的青白玉带板[25]。前者出土"天启通宝"7 枚，为明代晚期偏晚

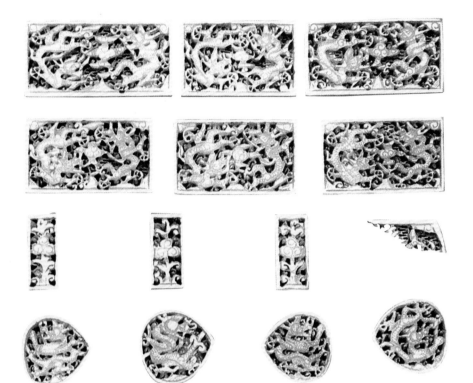

图十七　白玉龙纹带板

的墓葬。后者的龙纹造型、形态和雕琢技法与射击场M6玉带板上的龙纹极为相似，唯做工稍精细些，年代可能与之相当。

北京奥运射击场M6出土的青白玉带板的龙纹琢磨较粗，龙闭口，上颚长而上翘，鼻突起，飘两根须。双角不分叉，须与角十分醒目。发上冲，微前倾。龙身纤细，爪部仅象征性的桯钻二至三孔，略做轮状。尾部特征不明显。辅纹由折枝花和飞鸟构成（图十八）。

北京市文物研究所藏青白玉带板上的盘龙纹龙首较大，圆目突起；鼻子若猪，十分凸出。口部桯钻四孔，以达到张口露齿的表现效果。双角未分叉，头顶有一缕发向斜上方飘。龙身细长，随形刻一条阴线表示脊背的边缘，脊背上比较均匀地刻出稀疏的齿状鳍。四肢较细，肘关节靠近龙爪，关节处有肘毛。龙尾三歧。爪部以桯钻打出三孔，象征性分出四爪，整体呈轮状。辅纹较多，包括折枝花、卍字、宝轮、飞鸟和蝙蝠纹（图十九）。

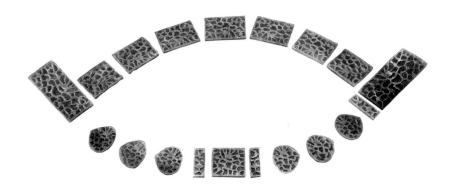

图十八　青白玉龙纹带板

图十九　白玉龙纹铊尾

图二十　青白玉龙纹铊尾

双层透雕的盘龙纹包括 1981 年西安市征集的白玉带板[26]、1983 年西安市征集的白玉带板[27]、1987 年西安市碑林区南廊门出土的白玉带板[28]和北京西客站南广场明墓 M16 出土的青白玉带板[29]。从龙纹的形象看，这些玉带板上的龙纹年代当与第一种盘龙纹相当，为明代晚期偏晚。前三块带板虽形状不同，但带板边框内的纹饰均为双层透雕，上层为主纹龙纹，下层为辅纹卷草纹。龙的形象与北京市文物研究所藏龙纹玉带极其相似，略有差别之处在于这三块带板上的龙纹张口露齿；头上的发较长，上冲；尾似蛇，不歧出。除龙纹外，1983 年西安市征集的带板上还有花卉纹作为辅纹置于主纹的四角，这一点在北京西客站南广场 M16 出土的玉带板也可以看到，此外，后者的辅纹中还有鸟纹置于左上角和右上角（图二十）。

⑦ 正面龙纹：正面龙纹是指龙首呈正视状的龙纹，一般身体扭曲呈 S 形，后肢一前一后呈跨越状，前肢一左一右向两侧展开。正面龙纹玉带板皆与立龙或行龙纹玉带板相组合，很可能是成套玉带板前部中央位置的那块带板。正面龙纹见于两处发现：滑永形魂墓出土的青白玉带板[30]和北京市海淀区北太平庄出土的白玉带板[31]。此外，北京艺术博物馆收藏有一块正面龙纹玉带板。

滑永形魂墓出土的青白玉带板属于明代晚期偏早。有 2 块带板上装饰正面龙纹。正面龙的造型十分清晰，圆目突起，眉上挑，与眼相连。蒜头鼻，鼻两侧有两缕须呈八字外撇；双角分叉，两束毛发分置于角的左右。身体的造型与侧面龙相似，前肢一左一右，后肢一前一后，做跨越状。身体细长，以交叉的阴线刻出鳞片。背有鳍，肘部阴刻卷云纹，侧出肘毛。四爪呈轮状，尾三歧，中间一股较长，若飘动状，两侧后卷如云。身出火焰状飘带（图二十一）。

北京市海淀区北太平庄出土的白玉带板见于发表的有 3 块，其中一块装饰正面龙纹，龙发较长，分两股置于头的两侧，以极细的阴线刻出发丝；双角较短。龙身细长，呈 S 形扭曲。卷草纹呈直立状，分置于龙纹左右。龙纹下方是海水江崖纹，江崖做成三角形，上面饰阴线刻；海水则呈弧状，也以阴线装饰（图二十二）。

（2）麒麟纹

麒麟是一种虚构的动物形象，反映了中国人的集美思想。汉代许慎《说文解字》释麒麟为"麒，仁兽也，麋身牛尾一角；麟，牝麒也。"是说麒麟长着"鹿身、牛尾、独角"，且有雄雌之分，麒为雄性，麟为雌性。在中国民间传说中，麒麟可活 3000 年，被认为是"嘉瑞"。故宫博物院有装饰着麒麟纹的绿玉带板，带板的

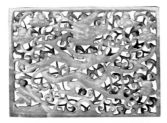

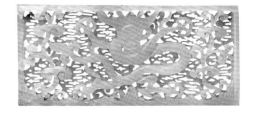

图二十一　青白玉龙纹带板　　　　　　　　　图二十二　白玉龙纹带板

形制表明其制作年代可能早于明代[32]。若其确系明代以前的作品，就意味着明代以前的玉器就已经开始装饰麒麟纹。明代的玉器中，以麒麟为题材的作品包括麒麟纹玉器和圆雕玉麒麟，麒麟纹玉器主要有玉带板和玉佩件，以透雕玉带板最为典型。明代麒麟纹玉带板包括江西南城益定王朱由木次妃王氏棺随葬的17块玉带板[33]、北京西客站南广场明墓M15随葬的19块玉带板[34]和陕西西安雁塔区三爻村明墓出土的2块玉带板[35]。此外，故宫博物院还收藏有一套麒麟纹玉带板[36]。在这些玉带板上，既有单只的麒麟纹纹样，也有成对出现的麒麟纹图案。

江西南城益定王朱由木次妃王氏棺随葬的玉带板属于明晚期偏早。这些玉带板以双层镂雕的技法装饰图案，麒麟纹为主题纹样。麒麟的头部造型接近龙，上颚长于下颚，鼻上卷，短发前冲，细颈，鹿身，以交叉的阴线表示鳞纹，身体与肢体、双翼相连处以重刀分界，背生双翼，四腿较细，尾上翘，或如牛尾状，或作三歧之形。麒麟纹多作侧面观，少数作正面观。侧面观的麒麟纹头上多无双角，正面观的麒麟纹有双角。松竹梅与山石纹构成了麒麟纹的辅纹，松树的树干弯曲，枝条相互叠压穿插，松针攒簇成团；竹叶修长，主脉以重刀深刻；五瓣梅花点缀三二朵。整个图案表现了麒麟奔跑于山林的情景（图二十三）。

陕西西安雁塔区三爻村明墓出土的2块玉带板都装饰着麒麟纹，其与益定王朱由木次妃王氏棺出土的玉带板的装饰技法不同，它们不是采用双层镂雕的工艺，而是以单层透雕为主，一为椭圆形，另一为桃形。椭圆形麒麟纹玉带銙正面一周减地成窄边，中部透雕麒麟行走于山石上，正回首而望。麒麟生三角形目，双角 V 形向上方倾斜，发前冲，肩部刻火焰状飞翼，颔下有须，翘尾上刻短阴线纹表示尾毛。鹿身与四腿上以交叉阴线刻鳞纹。麒麟足下是波状起伏的山石，背后果树斜生，树叶主脉深邃，圆形果实上阴线刻十字纹，另一侧为折枝状卷草纹。

故宫博物院收藏有一套 20 块麒麟纹玉带板，从整套玉带板组合特点与纹饰特点看当属于明代中期。玉带板的下部为山石纹，二麒麟或立或卧，回首相向，双角，鼻上卷，肥身细腿，身饰鳞纹，四肢上端有火焰状翼纹，麒麟身侧为粗大的树木，树上结圆形果，果上刻"十"或"米"字形阴线。作为背景纹饰的树纹风格颈健，叶片转折有力，果实堆累，与晚期辅纹细碎的风格不同。

（二）兽类题材

明代玉带板上的兽类题材包括鹿纹和狮纹（狮纹参见胡人戏狮纹题材的叙

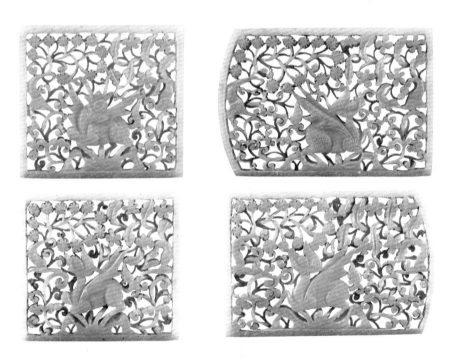

图二十三　青玉麒麟纹带板

述），此处仅谈及鹿纹。在古代玉器中，以鹿为题材的玉器有两种，一种是鹿纹玉器，另一种是立雕玉鹿。早在商周时期就出现了片雕玉鹿，一般突出表现鹿的头部特征。战国时期始有表现奔跑状态的玉鹿，强调鹿的运动状态。唐代是玉鹿发展的过渡时期，一方面它继承了此前玉鹿的单体造型，另一方面，"鹿"与"禄"因谐音而寓福的观念开始形成，为鹿与其他装饰纹样的组合奠定了基础。自宋代开始，玉器中的鹿纹进入"组合形象"阶段，即鹿纹一般与植物、山石组合出现，表达吉祥寓意，其中包括鹿纹与松竹纹的组合。明代的鹿纹玉带板见于两个地点的出土：一是江西南昌蛟桥公社明墓出土的玉带板[37]；二是北京西客站南广场明墓 M16出土的玉带板[38]。此外，北京艺术博物馆还收藏有一块双鹿松竹梅纹玉带板[39]。

江西南昌蛟桥公社明墓出土了一套 20 块青白玉带板，年代可能为万历时期。各块带板上的图案有所不同：其一，由双鹿纹和松竹梅、山石及喜鹊组成。鹿闭口，颈较粗短，身体略瘦长。四肢很细，施重刀，突显尖锥状蹄。脊背和大腿边缘以短而细的阴线刻出鹿毛。雄鹿头上长着三叉形双角，仰望枝头的喜鹊；雌鹿无角，低首翘臀，像在嗅着什么。圭形铊尾和 2 块长方形带板上装饰着这样的纹饰。其二，双鹿一雄一雌站于山石之间，雄鹿抬头，雌鹿回首，二鹿配合默契。6 块长方形带板上装饰这样的纹饰。其三，双鹿图案的分解形式，或为一鹿站在山石之上，仰首于簇簇松针和修长的竹叶旁；或为一鹿站在梅花与竹掩映的山石上回首凝望。桃形带板上装饰着这样的纹饰。松梅竹和山石纹等构成双鹿的背景。山石如拱如璧，翠竹彼此交错，松枝相互交搭，梅树正在怒放。枝头上站立着两只喜鹊，一只前视，一只回首，此鸣彼和（图二十四）。

（三）鸟类题材

（1）云鹤纹

鹤纹是传统装饰图案，因鹤的年寿长，古人对鹤极为崇拜，亦有"以鹤取寿"之说。笔者所见到的装饰云鹤纹的玉带板有 2 块，均为铊尾[40]。

一块为白玉，玉质光洁莹润。窄边框内镂雕纹饰，主纹为双鹤朵云纹，辅纹为疏朗的卷草纹。双鹤面面相对，展翅而飞，翅膀上的羽毛呈交叉网格状或长条状，鹤的长颈上以短细的阴线刻出细毛，双腿笔直向后伸展。鹤纹上下环绕着三朵云纹，云头若品字形，阴线刻成涡状（图二十五）。从纹饰题材和工艺特点来看，这块玉铊尾的年代当为明代中晚期。另一块白玉铊尾也装饰着云鹤纹，但图

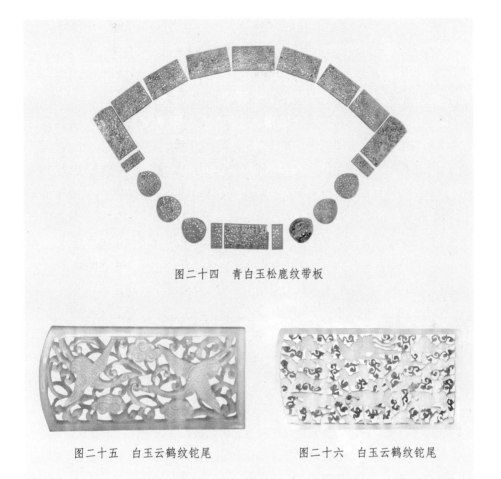

图二十四　青白玉松鹿纹带板

图二十五　白玉云鹤纹铊尾　　　　　图二十六　白玉云鹤纹铊尾

案与上述铊尾不同。纹饰双层镂雕而成，主纹在上，辅纹在下。云鹤纹中三只鹤排列成行，其中两只皆昂首前视，翅膀半开半合，另一只则回首眺望。还有一只鹤头下尾上，展翅飞翔于空中，双腿平行后展。云纹的云头多为两个一组，少量呈品字形。辅纹为卷草纹，比较疏朗，衬于主纹之下（图二十六）。

（2）鹤衔寿纹

河南新乡北郊明潞简王墓出土的白玉带板上雕四鹤衔寿纹或双鹤衔寿纹，表达了鲜明的祈寿主题[41]。

（3）花鸟纹

花鸟纹为牡丹花寿带鸟纹，在上文的花卉纹一节中已经提过，此处不再赘述。

三、人物类题材

人物类题材的玉器在史前文化时期就已出现，除了少量的玉雕全身人像，绝大部分是人面造型，风格简单而古拙，具有浓郁的原始宗教色彩。商周时期的玉石人像巧妙地融入了夸张的表现手法，在保留原始宗教色彩的同时，也出现了反映现实生活中的人的形象，从而为东周至汉代玉雕人物进一步走向写实奠定了基础。唐代的玉器数量虽存世不多，但以胡人为题材的装饰纹样却独树一帜，形成了鲜明的时代风格与审美情趣。宋辽金时期，玉器的写实作风更加具体细致，充满着对普通生活的主观感悟，既有人物图纹装饰的玉带板，也有立雕的人像，特别是与佛教信仰和中国传统子嗣观念密切相关的玉童子，开元明清同类题材之先河。明代玉带板上的人物类题材有婴戏纹和胡人戏狮纹。

（1）婴戏纹

明代玉带板上的婴戏纹主要见于故宫博物院收藏的一套玉带板[42]，年代为明晚期，此外，1981年上海东昌路明墓出土有一片婴戏纹玉带板[43]。

故宫博物院收藏的明代玉带板共20块，其中18块为婴戏纹，另外2块为仙人骑凤，是否与其他玉带板系原配并不清楚。双层镂雕的婴戏纹下层为锦地，上层为婴戏图。婴孩皆男童，头显得比较大，以阴线粗刻五官，上身着衣，下身着裤，上身长下身短，衣纹简练。婴孩所做的活动各不相同，分别为戏猫、持枪、叠罗汉、吹笛、蹴球、锣鼓戏等。在戏猫纹中，一童双手前伸，欲抓猫，另一童侧身回首，在他们身后，有两童抬一盒子或箱子，树上还有两童正在观看，其中一童执旗欢呼。在持枪纹中，共有七个男童，一童右手高举一长柄枪，一童捧物上前，其他童子或弯腰或站立，姿势各异。从事其他活动的童子也有着不同的动作和举止（图二十七）。

（2）胡人戏狮纹

明代胡人戏狮纹玉带板见于四个地点的发现，包括江西南昌赢上农场烈士陵园工地明墓[44]、江苏南京板仓村明墓[45]、南京玄武湖唐家山明墓[46]和北京市海淀区魏公村社会主义学院工地[47]。这些玉带板均以胡人戏狮纹为主题纹样，但胡人与狮纹的形象和雕琢技法各不相同[48]。本文择一例对胡人戏狮纹进行描述。

江西南昌蛟桥公社赢上农场烈士陵园明墓出土玉带板20块，以深剔地之手

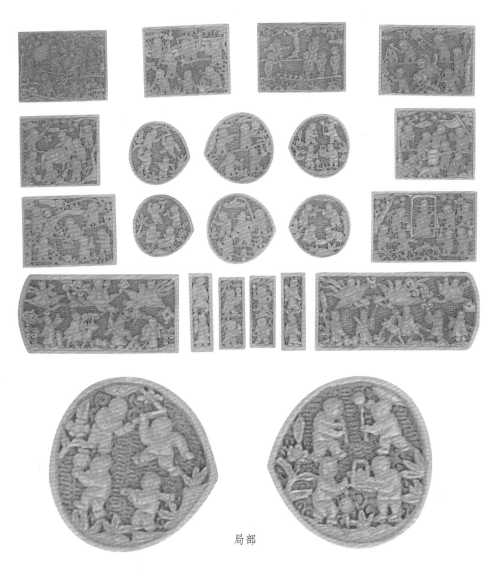

局部

图二十七　白玉婴戏纹带板

法饰纹，为明代晚期作品。其中2块圭形铊尾装饰胡人戏狮纹，8块长方形銙和
6块桃形銙装饰狮纹，4块长条形銙装饰云纹。胡人头戴笠式帽，以阴线粗刻五官，
身穿右衽长袍，两臂垂于身体两侧，腰束带，以阴线刻衣纹。与上述所见的胡人
戏狮纹不同，此副玉带板上的胡人没有动作表现，呈静立之姿站于狮子身后。狮

子身体肥壮，侧身站立，以阴线刻出狮子的面部轮廓，狮发纷披，四腿交叉，立于山峰状突起上。辅纹为云纹，云头或为椭圆形，云尾在其上下飘动；或为三合如意式，云脚若卷草纹（图二十八）。

四、字　纹

在古代玉器中，单独作为装饰的汉字较少，常见的有"喜""福""禄""寿"等。"喜"字意为高兴、快乐，代表了人们对美好生活的憧憬；寿字意为活得长久，代表了人们对世间的留恋。

(1) 喜字纹

以喜字作装饰的玉带板见于江西南城明崇祯七年（1634 年）益定王朱由木夫妇墓益定王棺出土的玉带板[49]。此墓出土白玉带板 6 块，包括桃形銙 4 块，长方形銙 1 块，长条形銙 1 块。除了长条形銙，其他玉带銙都把喜字作为装饰主题。图案双层镂雕而成，下层为卷草纹，上层为楷体喜字，置于四瓣花式开光内。喜字两侧各有卷草托一卍字符，喜字下方各有一朵花，上方飞一只鸟（图二十九）。

(2) 寿字纹

以寿字为主题纹样的玉带板见于发表的有 2 块[50]，系成套玉带板的组成部分。其中一块为铊尾，双层镂雕图案，上层为主纹，饰 11 个篆体"寿"字，它们排列成两行，彼此相错；下层为辅纹卷草纹，十分繁密。以此为代表的成套寿字纹玉带板为明代晚期嘉靖、万历时期皇帝佩戴之物，应有祝寿之功用，说明玉带板的纹饰题材与使用场合有一定关系（图三十）。另一块为长方形玉带板，双层镂雕图案，上层为主纹，中间为牡丹花托团寿纹，两侧辅以升腾的龙纹，龙头附近各有一卍字纹，下层为锦地（图三十一）。

上文我们对明代玉带板的装饰图案进行了分类讨论，若再结合玉带板的年代，便可以看到明代玉带板上的装饰在早期、中期和晚期的发展变化。

明代早期：玉带板上的装饰题材包括动物纹、植物纹和人物纹，动物纹以龙纹最为多见，植物纹主要有灵芝纹、凌霄花、荔枝纹和莲荷纹，人物纹中可见胡人戏狮纹。

龙纹之题材中仅见游龙戏珠纹。龙纹的造型仍保留着浓厚的元代遗风，如龙

局部

局部

图二十八　青玉胡人戏狮纹玉带板

图二十九　白玉喜字纹带板

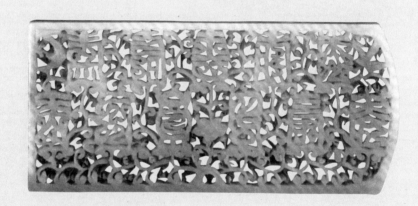

图三十　青玉寿字纹铊尾

图三十一　青玉寿字纹带板

首扁平，龙角较长，与龙头平行，发较长，细颈。同时也表现出一些新的变化，体现了明代对龙纹的审美，如上颚虽然较长，但不再像元代龙纹那样向内卷曲如象鼻，而是向斜上方倾斜，微呈波状起伏；较长的龙发先向后再垂直上飘，而不再是径直潇洒地向后飘去。辅纹云纹仍可见元代云纹的特点，云纹与龙纹组合紧密，很好地起到了营造主纹所处环境的作用。胡人戏狮纹在明代的同类纹饰中表现最为繁复，胡人形象有多个，而不是一个；狮子的形象虽较单一，但姿态变化多端；纹饰生动逼真，自然写实。花卉纹喜用大朵的花儿和大个的果实，纹样放在带板中心部位，周围点缀小叶片，整个图案的感觉像是选取了花卉或果实的一个局部，风格写实。此外，通过局部深碾等工艺试图表现很强的立体感，使纹饰更加逼真。

无论何种装饰题材，其构图都有一个非常突出的特点，即主纹特别突出，主纹与辅纹的主次关系非常鲜明，图案的立体感强，风格豪放富丽，自然舒展，毫无做作之气。

明代中期：玉带板上的装饰题材表现出明显的两重性，或称为过渡性，一方面，早期的装饰题材继续沿用，如龙纹、胡人戏狮纹和单独的花卉纹；另一方面，又出现了一些新的题材，即与花卉纹组合的双鹿纹、鸟纹，呈现出绘画般的装饰效果。

龙纹之题材仅见立龙赶珠纹。龙头不再呈扁平状，龙目如双圆圈横置。鼻子已变成如意形，鼻两侧还增加了短须，嘴巴下方有胡；龙发较短，向前上方冲。身出火焰状飘带，尾似蛇回卷。龙纹的气势虽已无法与早期相比，但与晚期龙纹相比，四肢仍然显得十分粗壮，五爪的趾甲依然比较尖利。辅纹云纹的造型与早期基本相同，但其作为点缀纹样的作用增强。胡人戏狮纹除了常见的一人一狮组合外，还有二人一狮的组合，以具有唐宋遗风的剔地阳起手法雕琢纹饰，无论胡人还是狮子都表现得不及明代早期细腻，风格较为粗放，并具有图案化的倾向。

花卉纹的情况稍显复杂，既有单独的花卉纹，也有颇具绘画般效果的花卉纹。单独的花卉纹分为两种情况，一种具有明显的早期风格，这类花卉纹特别突出主体纹样，花朵硕大，叶片相衬，但与早期的同类纹饰相比，图案化增强，立体感弱化；另一种是新出现的图案化花卉纹。如灵芝纹、灵芝寿桃纹，追求装饰性而非写实性成为一种趋势。绘画般效果的花卉纹或为牡丹花绶带鸟纹，盛开的花丛中，鸟儿站立枝头，有的是一只，有的是两只，有的回头，有的翘首；或为麒麟蕉叶荔枝山石纹，麒麟姿态各异，站于山石上，周围有繁茂的蕉叶和荔枝。这类纹饰采用双层镂雕的手法，纹饰布局密实，具有绘画般的装饰效果，充满了人文情趣。

总体来看，明代中期玉带板上的装饰图案呈现出两种风格，立龙赶珠纹、单独的花卉纹一般追求疏朗；花鸟纹等则追求繁密，与早期玉带板比较单一的密实风格不同，体现了中期玉带板上的装饰图案在继承中的创新。

明代晚期：晚期偏早阶段，即嘉靖万历时期，玉带板上的装饰图案继承呈现绘画般的装饰效果，龙纹题材最为多见，表现形式也多种多样。此外，还有灵芝纹、云鹤纹、字纹等题材。

绘画般效果的装饰题材是中期的继续，包括双鹿松竹梅纹、麒麟松枝蕉叶纹等，与中期的同类纹饰相比，图案趋于细碎，风格倾向柔美，主纹与地纹的分界更趋明显。龙纹的造型形象呈现多样化，有立龙、行龙、升降龙和盘龙，还出现了正面龙的形象。晚期的龙纹特别强调对头部的表现，或张口露齿，或闭口。上颚长而上翘，鼻突起若猪，鼻侧飘两根须。双角或分叉，或不分叉。发较短，上冲或前冲。龙身以交叉的阴线刻出鳞片，齿状鳍，尾三歧，中间一股若绳缨，两侧一般透雕成卷云状，也有以阴刻线表示的。一般为四爪，趾甲相连呈轮状。晚期龙纹的辅纹较此前为多，突显玉带板上的纹饰更加图案化。龙纹的辅纹更加多样化，包括飞鸟、蝙蝠等动物纹样，卷草纹、折枝花等植物纹样，卍字、方胜等杂宝符号，以及八吉祥中的宝轮，窗棂形几何纹和海水江崖纹等。卷草纹一般呈缠绕转折之状，此外还可见到以折枝形式出现的卷草。云纹的造型与此前有所不同，有的是无尾朵云纹，有的云头由三朵单卷云构成，上下左右各有一条云尾做飘动状。海水江崖纹雕琢得更趋简略，有一种随意感。窗棂形几何纹做工粗率，透雕的格子没有太多的规矩，远不如早期精致。辅纹的装饰位置已经程式化，一般位于主纹的四角。多数辅纹带有明显的吉祥寓意，装饰意味很强，不像此前的辅纹，着力衬托龙纹的背景。字纹是明代晚期玉带板上新出现的装饰纹样，有喜字、寿字等。

总之，明代晚期的玉带板仍然装饰着绘画般的纹样，以植物作背景，以动物作点缀，动静结合，充满情趣，又饱含着吉祥寓意，风格更趋纤巧细碎。龙纹的造型与辅纹更为多样，但龙的气势渐趋失去，给人一种草草了事的感觉。

注释

[1]　虞海燕：《论考古出土的明代玉带之形制工艺》，《北京文博》2008 年 1 期。

[2]　山东博物馆：《发掘明代朱檀墓纪实》，《文物》1986 年 9 期。杨伯达主编：《中国玉器全集（中）》第 486 页，河北美术出版社，2005 年。

[3]　北京市文物研究所：《北京工商大学明代太监墓》，北京知识产权出版社，2005 年。北京文物精粹大系编委会：《北京文物精粹大系·玉器卷》第 141 页，北京出版社，2002 年。

[4]　南京市博物馆：《明朝首饰冠服》，科学出版社，2000 年。

[5]　江西省历史博物馆、南城县文物陈列室：《南城明益宣王夫妇合葬墓》，《江西历史文物》1980 年 3 期。江西省文物工作队：《江西南城明益宣王朱翊鈏夫妇合葬墓》，《文物》1982 年 8 期。

[6]　甘肃省文物管理委员会：《兰州上西园明彭泽墓清理简报》第 48 页，《考古通讯》1957 年 1 期。杨伯达主编：《中国玉器全集（中）》第 490 页，河北美术出版社，2005 年。

[7]　北京市文物局、北京市文物研究所：《北京奥运场馆考古发掘报告》，科学出版社，2007 年。

[8]　《北京文物精粹大系》编委会：《北京文物精粹大系·玉器卷》第 142 页，北京出版社，2002 年。

[9]　[33][49] 江西省文物工作队等：《南城县明益定王朱由木墓发掘纪实》，《江西历史文物》1982 年 4 期。杨伯达主编：《中国玉器全集（中）》第 510、511 页，河北美术出版社，2005 年。

[10]　南京市博物馆：《明中山王徐达家族墓》，《文物》1993 年 2 期。

[11]　资料见于百度百科。

[12]　南京市文物保管委员会、南京市博物馆：《明徐达五世孙徐俌夫妇墓》，《文物》1982 年 2 期。

[13]　傅忠谟：《古玉精英》，中华书局，1990 年。

[14]　有关资料参见古方主编：《中国出土玉器全集（9）》第 128 页，科学

出版社，2005 年。

[15] 汪兴祖墓出土玉带板，《中国玉器全集》第 485 页、《中国美术全集》第 163 页。

[16] 张尉：《新见古玉真赏》，上海古籍出版社，2004 年。

[17] [30] 北京市文物研究所：《北京工商大学明代太监墓》，北京知识产权出版社，2005 年。

[18] 有关资料参见刘云辉主编：《中国出土玉器全集（14）》，科学出版社，2005 年。

[19] 杨伯达主编：《中国玉器全集（中）》第 251 页，河北美术出版社，2005 年。

[20] 有关资料参见古方主编：《中国出土玉器全集（9）》第 132 页，科学出版社，2005 年。

[21] [24] 北京市文物局、北京市文物研究所：《北京奥运场馆考古发掘报告》，科学出版社，2007 年。

[22] [31] 北京市海淀博物馆：《海淀博物馆》，文物出版社，2005 年。

[23] 北京市文物研究所：《北京工商大学明代太监墓》，北京知识产权出版社，2005 年。

[25] 《北京文物精粹大系》编委会、北京市文物局：《北京文物精粹大系·玉器卷》第 143 页，北京出版社，2002 年。

[26] [28] [34] 杨伯达主编：《中国玉器全集（中）》第 505 页，河北美术出版社，2005 年。

[27] 杨伯达主编：《中国玉器全集（中）》第 504 页，河北美术出版社，2005 年。

[29] [38] 张智勇等：《丰台西客站南广场墓葬发掘简报》，《北京文博》2009 年 11 期。

[32] 张广文：《明代玉器》第 203 页，紫禁城出版社，2007 年。

[35] 陕西西安雁塔区三爻村明墓出土的 2 块玉带板。

[36] 杨婕：《明清玉器识真·佩饰》第 36 页，江西美术出版社，2009 年。

[37] 古方主编：《中国出土玉器全集（9）》第 130 页，科学出版社，2005 年。

[39] 穆朝娜：《浅析双鹿松竹梅纹玉带板》，《万寿寺·北京艺术博物馆》，天津人民美术出版社，2010 年。

[40] 杨婕：《明清玉器识真·佩饰》第35、37页，江西美术出版社，2009年。

[41] 王估民：《明潞简王墓中的新发现》，《河南文博通讯》1979年3期。

[42] 杨伯达主编：《中国玉器全集(中)》第503页，河北美术出版社，2005年。

[43] 上海博物馆周美娟：《上海浦东东昌路明墓记述》，《考古学集刊·4》1984年。

[44] 古方主编：《中国出土玉器全集(9)》第142页，科学出版社，2005年。

[45] 南京市博物馆：《江苏南京市板仓村明墓的发掘》，《考古》1999年10期。

[46] 张瑶、王泉：《南京出土狮蛮纹玉带板》，《中国历史文物》2002年5期。

[47] 北京市文物局等：《北京文物精粹大系·玉器卷》，北京出版社，2002年。

[48] 穆朝娜：《明代胡人戏狮纹玉带板及相关问题的探讨》，《文物春秋》2010年1月。

[50] 杨婕：《明清玉器识真·佩饰》第34、41页，江西美术出版社，2009年。

（原载《气度与风范——明代江西藩王墓出土玉器》，北京出版集团公司北京美术摄影出版社，2014年）

明代胡人戏狮纹玉带板
及相关问题的探讨

在出土和可以确认的传世明代玉带板中，素面居多，从明代早期到晚期都是如此。雕花玉带板虽非主流，但因其涉及的题材比较广泛、雕琢技法较为多样而颇受关注。在明代玉带板的装饰纹样中，有一种纹样被称为胡人戏狮纹，那么，装饰这种纹样的玉带板都有哪些，它们的纹样特点如何，这种纹样的早期发展状况以及发展的动力何在，都是本文要关注的问题。

一、明代胡人戏狮纹玉带板[1]

就笔者所见，以胡人戏狮纹作为主题装饰的明代玉带板主要有四副，分别是南京太平门外板仓村佚名墓出土的琥珀带板[2]、南京玄武湖唐家山明墓出土的玉带板[3]、北京市海淀区魏公村社会主义学院工地出土的玉带板[4]和江西南昌赢上农场烈士陵园工地明墓[5]。四副带板数量都是20块，其中长方形带板8块，桃形带板6块，长条形带板4块（板仓村佚名墓出土的4块长条形带板中有2块为梯形），圭形铊尾2块，属于明代标准玉带的形制。据研究，明代玉带20块带板作为定制的形成并加以推广是在永乐时期，那么，单从形制看这些玉带的制作年代上限为永乐时期。但具体到每条玉带，其相对年代的确定当再结合雕琢工艺。因北京魏公村出玉带板和南昌烈士陵园工地出土玉带板在加工工艺上和年代上极相似，故下文仅以魏公村出土玉带板为例介绍。

（一）江苏南京太平门外板仓村佚名明墓出土的琥珀带板

这座墓出土3条腰带，金带、琥珀带和白玉带各1条。琥珀带板皆呈紫红色，浅浮雕胡人戏狮纹，纹样明显突出于带板表面。此墓出土铜钱最晚者为"隆庆通宝"，据此可以确定琥珀带的使用年代下限，但其年代上限或为明代早期[6]。

带板的主体纹样为胡人戏狮纹，此外还有独立的胡人和单独的卧狮形象以及作为辅纹的杂宝纹（图一）。

　　胡人戏狮纹装饰于7块长方形带板、6块桃形带板和2块圭形铊尾上。胡人

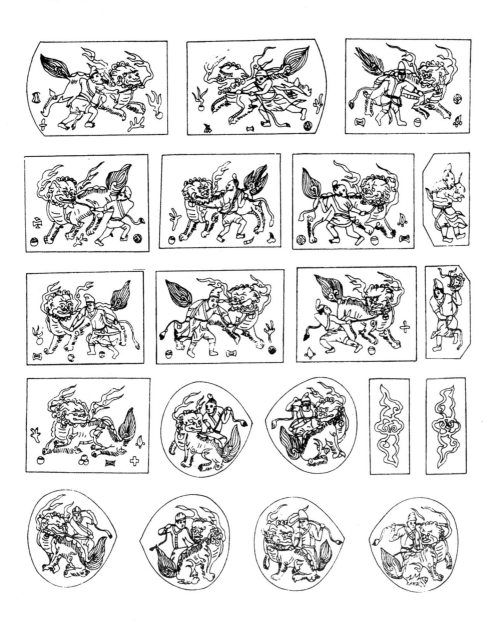

图一　江苏南京太平门外板仓村佚名明墓出土琥珀带板

的形象不是一种，而是几种。从头上的巾帽来看，一种是束发裹巾，或着左衽短袖衣、短裤子、打赤脚；或内穿短袖衣，外着裸露出右肩的长衫，下着紧身裤或短裤，打着赤脚。另一种形象是头戴锥形软帽，着左衽、右衽或对襟短袖长衫、短裤、短靴，腰系束带；或着袒左肩的上衣、短裤，打赤脚。还有一种形象是头戴圆形带棱帽，身着 V 领长衫，领下正中似佩戴一连串饰物。胡人深目高鼻长脸高颧骨，有的还可以看到满脸的胡须。胡人手抓狮子颈部系的绳索，或站于狮子身后逗引狮子，或位于狮子前面，肩扛狮绳，做牵引状或用力拉拽状。狮子头部的鬃发由一个个小卷组成，圆眼、蒜头鼻、阔嘴或张或闭，颈部系一根飘带，似在风中飞扬。狮背饰连弧纹，以增加背部的宽度感，达到立体效果。紧挨连弧纹刻细密的阴线表示狮毛，腿的一侧以双阴线勾边，另侧以短细线表示腿毛。尾似三角形，尾根略作卷云状，末端以密集的阴刻曲线表示尾毛。狮子或蹲地回望，或奔跑跳跃，与胡人的姿势相互呼应，十分和谐。

独立的胡人见于两块条状梯形带板上，一为怀抱动物的胡人，他虽也束发裹巾，但穿着与戏狮胡人有所不同，他身着短袖长衫，腰束带，衫之下摆与腰带随风飘向一侧，下着紧腿裤，脚踝处系带，光脚，怀抱一只动物正在前行，所抱之物似为长着角的羊。另一块梯形带板上的胡人头戴带棱帽，穿右衽短袖长衫，束腿裤，光脚。他左手举着一只绣球，右手抓着绣球上垂落的绳子，一脚抬一脚落，似在奔跑或跳跃。单独的狮子见于一块长方形带板上，正在静卧，呈回首状。

除主体纹样外，带板上还雕有辅助纹样杂宝纹和云纹。杂宝纹出现于长方形和圭形带板上，不同带板上杂宝符号的组合不同，有的是珊瑚、球、象牙；有的是火珠、银锭、球；有的是古钱、银锭、球、犀角；有的是火珠、古钱、珊瑚、银锭等，不同的杂宝符号组合在一起构成了辅纹，使带板上的图案富于变化。云纹作为辅纹与杂宝纹有些不同，它不是装饰在主体纹样的旁边，而是出现在长条形带板上，云头做灵芝状，云尾在云头的一上一下，有一种飘动感，是明代常见的四合如意朵云纹的简化形式。

（二）南京市玄武湖唐家山明墓出土的玉带板

这座出土的带板为白玉质，玉质比较细腻，有些带板因受沁呈现灰白色。在雕琢技法上，以剔地阳起与阴线刻相结合的手法来表现纹饰，但剔地方法与下文所述的玉带板不同，其由带板边缘向中心图案减地雕琢，使要表达的纹样形成强

图二　南京市玄武湖唐家山明墓出土的部分玉带板

烈的起凸感，这种由边缘向中心图案逐渐减地的浮雕手法，让人想起唐宋时期带板的制作风格，而在明代玉带中是很少见的，或为明代仿前朝风格的作品。

　　这套玉带板上的图案以胡人戏狮纹为主，胡人与狮纹以及它们的组合都很有特点。此外，还有单独出现的胡人和怀抱象牙的胡人形象（图二）。

在胡人戏狮纹中，狮子圆眼阔口，头部的鬃发用较为密集的细阴线表示，四肢均勾勒双阴线，并以细密的短阴线表现茸毛，爪上刻三四道短阴线，尾根略作卷云状，尾端以密集的阴曲线表示，有的躯干部分也刻满了密集的阴刻线。胡人的形象多为头戴尖帽（有的帽顶稍圆），双眉弯曲，管状鼻，眼眶内不点瞳仁，嘴巴以一道短阴线刻划，身穿圆领及膝衫，下摆分作左右两片，衣服上布满短阴线表现衣褶纹路，脚穿短靴，肩披飞舞的飘带。在长方形和桃形带板上，胡人戏狮纹由一狮一人构成，胡人手握系在狮颈部的绳索，变换不同的姿势，逗引狮或回首凝望，或后肢腾空，或前足微提，或曲身欲跃。而在圭形铊尾上，胡人戏狮纹由一狮二人构成，狮子伸颈张口，两足在前、两足在后，似要扑向面前之人，却被身后之人紧紧拉住颈部的绳索。

4块长条形玉带板中，有2块装饰肩披飘带的胡人，他们的形象与上述形象没有什么差别；还有2块是怀抱象牙的胡人，其形象颇具特点。这两个胡人头戴尖帽，帽檐、帽身刻划阴线纹，帽顶略向前坠；楔形鼻，一胡人闭目微笑，另一胡人睁大双眼，眼珠以一道略斜向的短阴线表现。胡人身穿及踝的长袍，下摆向左右两侧微微翘起，长袍上布满排列密集的阴曲线，袍下似乎穿裤，裤脚露出。有人认为怀抱象牙的胡人带板可能是后配的，故纹样与其他带板不同[7]，但笔者并不这样认为，作为仿前朝的作品，有所拼凑感也属正常。

（三）北京市海淀区魏公村社会主义学院工地出土的玉带板

这副带板为青白玉，质地匀净无瑕。边框内剔地凸雕胡人戏狮纹，剔地时用刀深、重，地子边缘常常留下桯钻打孔的痕迹。纹饰的细部往往装饰短阴刻线。从雕琢工艺看，与明代晚期玉带板的风格接近，或为明代晚期偏早的作品。

这套玉带板上的纹样以胡人戏狮纹为主体纹样，其次是独立的胡人和狮子形象；以云纹为辅助纹样（图三）。

胡人戏狮纹装饰于8块长方形带板和2块圭形铊尾上。各块带板上的胡人形象基本一样，呈正面站立状，一般右臂上举，左手执戏狮鞭逗引狮子，双腿分立。他头戴尖顶圆帽，帽边似外卷，帽顶有圆形装饰，以阴刻线表示帽身上的纹路。身穿右衽窄袖上衣，腰系带，下着齐膝短裙，尖头短靴。阴线刻划的面部五官轮廓清晰。狮子圆眼，眉上挑，头部鬃发卷曲，形成许多螺状小鬏，用细密的阴刻线表示浑身的狮毛，并在局部深挖一刀，形成涡纹，体现立体效果，尾如蕉叶。

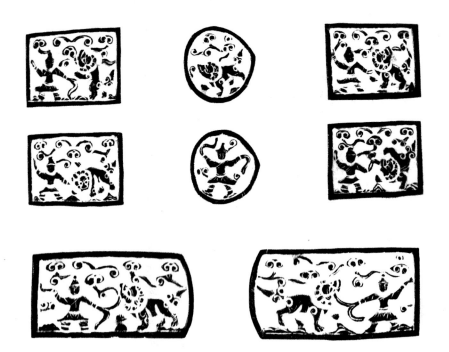

图三　北京市海淀区魏公村社会主义学院工地出土的部分玉带板（拓片）

狮子的姿势有一些变化，反映了狮子在被逗引过程中所做的不同动作，它或一足抬起，三足站立；或双足站立，两前足抬起；或伏于地面，等待什么。

独立的狮子纹或胡人纹样装饰于6块桃形带板上，其中有4块装饰狮纹，有2块装饰胡人。2块桃形带板上的狮纹头向右前伸，呈行走状；另2块桃形带板上狮子纹头向左上方高昂，右前爪高抬，桃形带板上的纹饰显然照顾到了实际使用时对称效果。胡人的形象与长方形带板稍有不同，双手均挥舞戏狮鞭。

辅纹云纹由云头和云尾组成，云头或为单个卷云纹，或为两个单朵卷云纹一组。云纹的装饰位置有所不同。在长方形和桃形带板上，云纹一般出现在主体纹样的上方，填补主纹之间的空间，使图案避免过多"留白"。不同形式的云纹彼此交错。在长条形带板上，不同形式的云头通过云尾纹串联在一起。

上述三副玉带板虽都以胡人戏狮纹作为主体纹样，但在形象的繁简程度、细部特征和雕琢技法方面都有所差别。板仓村琥珀带板上的胡人戏狮纹最为繁复，胡人形象有多个；狮子的形象虽较单一，但姿态变化多端；纹饰以浅浮雕的手法雕琢，刀法沉着遒劲，线条自然流畅；唐家山玉带板胡人戏狮纹除了常见的一人一狮组合外，还有二人一狮的组合，以具有唐宋遗风的剔地阳起手法雕琢纹饰，无论胡人还是狮子都表现得不及琥珀带板细腻，风格较为粗放。魏公村玉带板是三套玉带板中胡人戏狮纹最为简单的一种，胡人的形象单一，与狮子的呼应动作也较为僵化，以明代晚期常见的剔地阳起方式表现纹饰，刀工奔放不羁，纹饰走向图案化。除唐家山玉带板外，另外两套玉带板都雕琢了辅助纹样，一套是以杂宝纹和云纹作为辅纹，另一套是以云纹作为辅纹，体现了鲜明的明代风格。在这三套玉带板中，由于没有可以比较的标准器，唐家山玉带板在明代的时间坐标不太好确定。其他两副带板一早一晚，从中可以对明代玉带板上胡人戏狮纹的发展有一个管中窥豹的认识，即纹饰由形象生动、表现细腻向程式化、图案化发展。

二、胡人戏狮纹的发展

胡人戏狮纹在用做玉带纹样之前，早已见于其他制品的装饰图案。据笔者所见，较早的当属山西太原玉门沟出土的北齐(550～577年)时期的黄釉人物狮子纹扁壶[8]。壶腹两面模印胡人戏狮纹，胡人深目高鼻，头发中分，垂于两侧，身穿窄袖及膝长袍，腰束带，脚蹬半高的靴子。他右手举握一根短短的戏狮鞭，左手安抚狮子的头，笑容可掬，高大健壮。胡人的左右各有一翘尾卷毛蹲狮，一狮口闭，另一狮张口露舌，二狮子均胸部高昂，双目圆睁，显得虎虎有生气。狮背上有人舞球。这件瓷壶上的胡人戏狮纹真实地再现了当时盛行于西亚地区的驯狮表演，与波斯的银器造型十分吻合，具有浓郁的西域特点。

唐代有一件以胡人戏狮为题材的青白玉圆雕作品[9]，胡人头戴橄榄式帽，身穿长袖宽衣，左臂举起，右臂横于胸前；幼狮较小，侧卧的小狮，动态不明显。胡人起舞，与狮戏耍，戏狮之人则显得很高大，一动一静形成了鲜明的对比。在唐代，类似的玉雕作品非常少。胡人的造型略有汉代玉舞人遗风，说明胡人戏狮纹已融入中国元素，不再是单纯的模仿。

胡人戏狮纹引入带制是宋代的事。南宋岳珂所撰笔记《愧郯录》[10]卷十二中对于宋代官员的腰带有这样的记载："金带有六种：毬路、御仙花、荔枝、师蛮、海捷、宝藏"。宋人陈世崇所著的笔记《随隐漫录》[11]中记载金带三十二种纹样：

"笏头一字、笏头毬绞、排方御仙花、螺犀丝、头荔枝、毬路、海捷、剔梗荔枝、柘枝、太平花、碎草、师蛮、人仙、犀牛、宝瓶、行虎、戏童、宝相、胡荽、凤子、野马、双鹿、方胜、云鹤、坐神、天王、行狮、行鹿、盘凤、凹面、醉仙、獐鹿"。这两种文献中都提及金带上装饰的"师蛮"，"师蛮"即"狮蛮"。沈从文先生认为"狮蛮"指的是拂菻弄狮子[12]。拂菻主要指罗马帝国的东部地区，今天的叙利亚一带。西罗马帝国灭亡后，中国史书中的"拂菻"一般被认为是拜占庭帝国、小亚细亚及地中海东岸一带的总称[13]。拂菻弄狮子中的"拂菻"代指外国人，即通常所说的胡人，则狮蛮带就是装饰有胡人戏狮纹的腰带，为三品以上武官所用。但是，金带上的胡人戏狮纹到底是怎样的，由于出土资料限制，不得而知。

元代胡人戏狮纹带板未见实物，但在《中国历代古玉纹饰图录》一书收录有相关图片[14]。胡人着窄长衫，腰束带，穿尖头靴，左手甩动戏狮鞭站于狮子侧面。狮子头部毛发卷曲，做回首状；尾巴向后上方翘起，尾根略作卷云纹，周围是用细阴刻线表示的狮毛。

玉带板的制作初见于北周，但玉带制度确立于唐。在唐代玉带板的装饰纹样中，既有胡人形象，又有狮子纹，但未见胡人与狮相戏的题材。宋代文献记载当时的金带上装饰胡人戏狮纹，称为狮蛮带。在各种带銙（或带板）中，玉銙的地位最高，其次是金銙，也即金带。唐宋时期，只有三品以上官吏可着紫衣，系金带[15]，狮蛮纹便是金带上的一种装饰纹样，是官员品级与身份的象征。元代胡人戏狮纹玉带板是迄今为止最早的装饰此种纹样的玉带板，但仅见到拓片留存，未见实物。有据可查的实物便是上述明代胡人戏狮纹玉带板。

三、胡人戏狮纹引入带制的原因

胡人戏狮纹在发展的早期可以理解为对西域戏狮之杂技的简单模仿，但当这种纹饰进入带制，成为官员品级的象征时，就有必要探究背后的原因。笔者认为胡人戏狮纹之所以成为带制的一个重要纹样，究其原因在于中国狮子舞的发展，西域戏狮杂技与中国傩舞相结合而产生的狮子舞，使这一看似简单的纹样变得复杂和富于含义，狮子舞所包含的驱疫避邪性质和吉祥寓意以及在唐代成为宫廷乐舞的背景，促使这种纹样成为带制的组成部分，并成为流传久远的装饰纹样。

中国不出产狮子，狮子最早来到中国是在汉武帝时期。《汉书·西域传》记载武帝通西域后"巨象、师子、猛犬、大雀之群，食于外囿"[16]。驯狮是西亚地区古老的杂技项目，随着狮子入贡而来的还有西亚地区的驯狮之技，狮子舞便是西域戏狮与中国傩舞相结合而产生的。佛教的传入，带来了作为佛教护法灵兽的狮子崇拜，这一点更强化了狮子舞的宗教色彩，如《洛阳伽蓝记》卷一关于长秋寺的描写中提到[17]："四月四日，此像常出，辟邪、师子导引其前。吞刀吐火，腾骧一面。彩幢上索，诡谲不常。奇伎异服，冠于都市。"这段文字描写的是佛家法会，走在前面的就有人假扮的狮子，其头上戴的是假狮子头，身上穿的是兽皮。

到了唐代，宫廷礼乐文化中出现"五方狮子舞"。《新唐书·礼乐志》[18]记载："设五方狮子，高丈余，饰以方色，每狮子有十二人，画衣执红拂，首加红抹，谓之狮子郎。""五方狮子舞"又名"太平乐"，唐杜佑《通典》[19]卷146记载："太平乐，亦谓之五方师子舞。师子鸷兽，出于西南夷、天竺、师子等国。缀毛为衣，象其俛仰驯狎之容，二人持绳拂，为习弄之状。五方师子各依其方色，百四十人歌太平乐舞，抃以从之，服饰皆作昆仑象。"从这段文献中可以看出唐代的五方狮子舞蕴含着中国传统的五方五色观念。五方五色的思想是用青、白、黄、赤、黑色来代表东西中南北五个方位，在《周礼·天官》中五方五色与五帝结合，即东方苍帝、南方赤帝、中央黄帝、西方白帝、北方黑帝。所以，五方狮子舞不是单纯的为皇帝表演的舞蹈，它包含着中国传统的信仰色彩，体现了源于异域的舞蹈形式（如舞者打扮成胡人之象，狮子也是披着皮的假狮子）与本土意识的一种有机结合。

宫廷狮舞自宋代开始明显衰落下去，不再大规模进行，但民间崇狮习俗盛行起来。民间狮舞首先是一种吉祥舞。狮舞中的狮子是一只瑞兽，它既能庇护生灵，又能带来吉祥。民间最初舞狮时，人们怀着崇敬甚至神圣的心理，把狮子当成一种偶像，严肃而沉重地舞动。

虽然狮子舞在宋代不再大规模进行，但是由于它的驱邪避疫和吉祥功能以及它曾经是宫廷礼乐文化的特殊性质，使其成为宋代服饰制度中的一种纹样。源于异国文化的胡人戏狮纹，在发展的过程中却是以中国的狮子舞作为动力的，具有了精神层面的内涵，最终成为官方用带制度的装饰纹样，并直至明代。

注释

[1] 玉的概念有广义与狭义之分，广义的玉的概念即玉石，其中包括有机宝石琥珀。本文采用的是广义的玉概念，在具体谈到某玉带时，以其具体的质地琥珀称之；在概述时，则笼统的称为玉带板。讨论玉概念的文章可参见栾秉璈：《古今玉概念》，《中国玉文化玉学论丛四编》，紫禁城出版社，2007 年。

[2] 南京市博物馆：《江苏南京市板仓村明墓的发掘》，《考古》1999 年 10 期。

[3] [7] 张瑶、王泉：《南京出土狮蛮纹玉带板》，《中国历史文物》2002 年 5 期。

[4] 北京市文物局等：《北京文物精粹大系·玉器卷》，北京出版社，2002 年。书中将此玉带定为元代，笔者从边框的特点和纹饰的雕琢工艺看，应为明代遗物，另有学者也持同样观点，见注 [5]。

[5] 古方主编：《中国出土玉器全集 (9)》第 142 页，科学出版社，2005 年。

[6] 虞海燕：《论考古出土的明代玉带之形制工艺》，《北京文博》2008 年 1 期。

[8] 参观首都博物馆 2008 年 "中国记忆——5000 年文明瑰宝展" 时多次观摩的展品之一。

[9] 参见百度百科。

[10] （南宋）岳珂：《愧郯录》，中华书局，2007 年。

[11] （宋）陈世崇：《随隐漫录》，上海书店据涵芬楼旧版影印，1990 年。

[12] 沈从文：《狮子在中国艺术上的应用及其发展》，《沈从文全集 (28)》，北岳文艺书版社，2002 年。

[13] 《"醉拂菻弄狮子"考》，"国学数典论坛" 网之 "古史考古研究"，2008 年 8 月 14 日。

[14] 转引自梁郑平：《玉带板初探》，《中原文物》2000 年 5 期。

[15] 高春明：《中国服饰名物考》，上海文化出版社，2001 年。

[16] （汉）班固：《汉书》，中华书局，1962 年。

[17] （北魏）杨衒之：《洛阳伽蓝记》，中华书局，2006 年。

[18] （北宋）宋祁、欧阳修等：《新唐书》，中华书局，1975 年。

[19] （唐）杜佑：《通典》，中华书局，2003 年。

浅析双鹿松竹梅纹玉带板

北京艺术博物馆（下文简称艺博）藏有一块青玉雕双鹿松竹梅纹带板，此文拟结合背景资料就这块带板的年代、题材及雕琢工艺加以粗浅分析，以便在更为广阔的时空框架中对它进行认识。

一、双鹿松竹梅纹带板及其年代

艺博藏青玉双鹿松竹梅纹带板呈长方形，长7.2、宽4、厚0.7厘米，窄窄的边框内透雕装饰纹样。从正面看，花纹与边框平齐；从背面看，图案低于边框，图案的四角有很小的隧孔，留下些许锈迹。

带板上的图案以双层透雕的技法完成，上层为主体纹样，包括作为图案焦点的双鹿纹和烘托背景的松、竹、梅、石、喜鹊等纹样，下层为缠绕交接的枝梗（图一）。

双鹿一雌一雄站于山石之间。鹿闭口、方唇、菱形眼、小耳。雄鹿头上长着三叉形双角，雌鹿无角。颈较粗短，身体略瘦长。四肢很细，施重刀，突显尖锥状鹿蹄。短尾后撅。脊背和大腿边缘以短而细的阴线刻出鹿毛。雄鹿仰首，似在

图一　青玉双鹿松竹梅纹带板（北京艺术博物馆藏）

望着枝头的喜鹊。

松、梅、竹、山石纹等构成双鹿的背景。山石或如拱形，或如璧状，或如起伏的山峦。两棵翠竹彼此交错，耸立于山石之上。松树干粗壮，若反 S 形扭曲。松枝交搭，松针攒簇。梅树的一根粗枝自山石的孔洞之中伸出，叶子修长，边缘呈锯齿状，左摇右摆。五瓣梅正在怒放，花心若网格状。竹叶、梅花和松针均取正视面构图，上以简单的阴线刻出细部。枝头上站立两只喜鹊，一只前视，一只回首，此鸣彼和。

类似题材和雕琢技法的带板还见于江西省南昌市蛟桥公社明墓出土的玉带板[1]。这套带板共 20 块，保存完整，由 8 块长方形、6 块桃形、4 块长条形和 2 块圭形带板组成。带板为青白玉质，各块带板上的鹿纹形态和背景纹样有所不同。圭形带板由双鹿纹和松、竹、梅、山石和喜鹊组成。雌鹿迈步走在山石上，颈前伸，闻着什么；雄鹿暂停脚步，头仰起，与鸟儿相对。作为背景的松、竹、梅、山石和喜鹊与艺博藏的一块大体相同。长方形带板中，有 2 块带板上的双鹿纹与艺博藏的带板相同，另外 6 块带板上的鹿纹有所变化，雄鹿抬头前视，雌鹿回首后视，二鹿配合默契。桃形带板上的图案则是对双鹿图案的分解，或为一雌鹿站在山石之上，仰首于簇簇松针和修长的竹叶旁；或为一雌鹿站在梅花与竹掩映的山石上回首凝望。条形带板上仅装饰松树纹，璧形山石之上，松树干向一侧弯曲，松针攒簇，依次散开。通过这套带板，可以使我们在更为宽泛的背景中对艺博藏的这块单件带板获得更多的信息。

图二　白玉透雕麒麟松梅纹带板

类似风格的图案还见于江西南城益定王朱由木次妃王氏墓出土的玉带板[2]。这副带板共 17 块，透雕麒麟纹和作为背景的辅纹，即长满松针的松树、开着梅花的梅树，以及卷草纹、山石纹等（图二）。王氏生于万历庚子年（1600 年），死于崇祯七年（1634 年）。玉带年代下限（即使用年代的终止）为崇祯七年，但其年代上限（即制作年代）应早至万历年间。由此可以推断，与之风格相似的艺博藏双鹿松竹梅纹带板的年代为明万历时期。

二、有关题材与雕琢工艺的讨论

（一）关于题材

艺博藏的这块玉带板以双鹿纹作为主题纹样，追溯中国古代玉器可以发现，鹿纹是一个重要的装饰题材，玉鹿的造型和纹样组合在不同时期具有不同的特点。玉鹿的出现最早可上溯至商代，从纹样组合形式来看，自商代至唐代，可谓鹿的"单体形象"阶段，即玉鹿一般单独造型，少见衬托其背景的植物纹。商周时期的玉鹿主要为片雕，强调对鹿头特别是角的表现，一般截取鹿站立前视或回眸的瞬间，呈现出相对安静的状态。战国时期，始有表现奔跑状态的玉鹿，它一改过去程式化的造型方式，强调鹿的运动状态。汉代至南北朝时期，玉鹿的题材并不多见，其表现形式也未超出过去的范畴。唐代是玉鹿发展的转型期，一方面它继承了此前玉鹿的单体造型，另一方面，"鹿"与"禄"同音的理念开始形成，从而为鹿与其他装饰纹样的组合奠定了基础。

自宋代开始，玉器中的鹿纹进入"组合形象"阶段，即鹿纹一般与植物、山石组合出现，表达吉祥的寓意，其中就包括鹿纹与松、竹纹的组合。宋代有一件白玉透雕鹿鹤同春图[3]（图三），玉件上小下大，略呈三角形，一山石之上卧一只龟，口吐仙气成祥云；另一山石之上站一回首的鹿，正在仰望空中飞翔的鹤鸟，挺拔的竹子、四季常青的松树寓意"春天"。所有这些意象组合起来寓意"鹿鹤同春"。当然，这幅图案还有其他寓意，如龟、松、鹤为寿的象征，鹿与"禄"同音，灵芝象征如意，为福，图案又表达了对福禄寿的期盼。但不管怎样，这件玉器并非单纯的以鹿与松竹梅为题材的图案，它更像是一个意象的大组合，为了表达吉祥的寓意，把一个个象征元素巧妙地组合在一起。

鹿纹与植物纹的单纯组合当属金代的秋山玉，它表现的是女真人在冰封之前

图三　白玉镂空福禄寿图

图四　白玉透雕双鹿纹牌饰

的狩猎活动，图案或为双鹿柞树，或为山林群鹿。其中，双鹿柞树图中的双鹿或卧于柞树两旁，雄鹿仰首，雌鹿回首[4]；或雌鹿在前回望，雄鹿在后伸颈[5]（图四）；或为站立状，一前一后[6]，呈现了一种和谐、宁静的山林气氛。双鹿的姿态与上述明代双鹿纹带板极其相像。同女真族一样，元代的建立者也是一个游牧民族，金代以来的春水、秋山等题材的玉器仍在流行。

从上面的叙述可以看出，明代玉带板上双鹿松竹梅纹图案的产生植根于商代以来人们钟爱鹿纹的传统观念，继承了唐代以来通过谐音附会给鹿纹的吉祥含义；而造型上则以金代以来的双鹿纹秋山玉为基础，用宋代以来符合汉民族审美意趣的松竹梅图案取代了秋水玉中的柞树纹。所以，如果从玉器发展史的角度去看待这块带板上的装饰纹样就会发现，这种题材既饱含数千年文化的积淀，也洋溢着时代的审美取向。

（二）关于雕琢工艺

艺博藏双鹿松竹梅纹带板上的纹饰采用了双层镂空透雕的技法，有人称之为"花上压花"[7]，但它显然与明代晚期常见的花上压花工艺有很大区别。明代晚期花上压花工艺的特点是纹样明显分成上下层，下层为地纹，或窗棂格式，或卷草状；上层为主纹，有龙纹、人物等，装饰图案层次井然，主次分明，但风格有些呆板[8]（图五）。

这块带板上的分层透雕技法对于层次的表达比较巧妙，它基本上通过两种方式达到了立体效果，一是把松树、梅树和竹子的主干、叶片、花朵、部分枝梗雕于上层，与鹿共处于同一平面，另外一部分支撑叶子、花朵的细枝小梗虬曲宛转于下层，它们或掩映于竹叶之下，或与上层的细枝错落叠压。另一种方式是巧妙运用洞石的孔洞达到立体效果。鹿脚下的山石中部钻孔，有的孔，透过它可以看到下层斜出的枝叶；有的孔，枝梗由里伸出弯曲至另一孔洞；有的孔，环绕着粗粗的树干。通过这两种方式，带板上的图案形成自然的层次，上下层之间既彼此有别，又浑然一体，达到了主题突出、立体感强的整体效果，风格清新别致。

明代中期彭泽墓出土的青玉花鸟纹带板上的图案采用了类似的表现手法[9]。这副带板现存18块，透雕绶带鸟牡丹花纹，牡丹花、叶片与绶带鸟位于图案的上层，叠压着彼此交错的花茎，透过山石的孔洞，后面的枝、茎清晰可见（图六）。当然，这件作品的雕工更为复杂些，比如，通过深雕表现微微收合、彼此交搭的

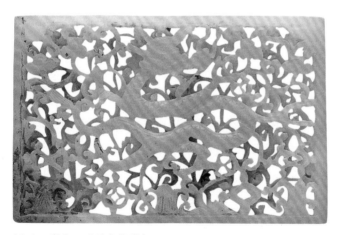

图五　明白玉透雕龙纹带板

图六　青玉花鸟纹带板

花瓣，立体感更强一些。

　　早在宋金时期，有些以花鸟和植物为题材的玉器，便采用双层透雕的方式表现图案的层次感。如青玉透雕折枝花锁[10]，此器以透雕的手法描绘了相互交接的两枝折枝花，缠绕的枝梗自然流露了层次感，体现了宋代玉器崇尚自然、不事雕琢的审美情趣。金代玉器在吸收宋代玉器成就的基础上，还创造了多层透雕技法，使表现的对象生动活泼，富于变化。在金代代表性玉器春水玉、秋山玉中，有一些作品就是以这样的手法完成的，如故宫收藏的一件春水题材的白玉带环，肥美的天鹅伸颈于荷叶下，头倚在莲茎上，小巧的海东青飞到天鹅身边，欲啄其脑[11]。元代将多层透雕的表现手法发展到极致，并开始以这种工艺雕琢玉带板上的图案，明代初年汪兴祖墓出土的龙纹玉带板依然具有浓厚的元代风格，这种技法在明代中期玉带板制作上已经衰落，前述彭泽墓花鸟纹玉带板似有"返璞归真"之感，重新以相对简单的双层透雕工艺表现比较富于立体感的纹饰，刀法纤巧快利，线条硬朗，与宋金时期双层透雕的流畅秀雅风格已很不同。这种风格大致持续到明代晚期偏早，艺博所藏的这块玉板便属于这一时期，但也就是在明代晚期，那种上下层十分分明的透雕玉带板出现，成就了明代富于个性的风格。

注释

[1] 有关图片可参见古方主编：《中国出土玉器全集(9)》，科学出版社，2005年。

[2] 江西省文物工作队：《江西南城明益定王朱由木墓发掘简报》，《文物》1983年2期。江西省文物工作队、南城县文物陈列室：《南城县明益定王朱由术墓发掘纪实》，《江西历史文物》1982年4期。

[3] [4] [5] [6] [8] [10] [11] 杨伯达主编：《中国玉器全集（中）》，河北美术出版社，1993年。

[7] 丁叙钧：《古玉艺术鉴赏》，上海科技教育出版社，2004年。

[9] 甘肃省文物管理委员会：《兰州上西明彭泽墓清理简报》，《考古通讯》1957年1期。

（原载《万寿寺·北京艺术博物馆》，天津人民美术出版社，2010年）

辽代玉带综论

辽是契丹族于 916 年在中国北方建立的一个强大的少数民族政权,与中原的北宋王朝呈对峙之势。1125 年,辽为金所灭,立国长达 218 年之久。辽王朝一方面保持着本民族的文化特色,另一方面吸收中原先进的政治、思想与文化,同时,又与西夏、中亚保持着贸易往来。因此,辽代文化呈现出多元一体的特点。

辽代玉器是基于中原的尚玉传统发展起来的,此外,突厥文化、波斯文化和佛教文化都对辽代玉器产生过影响[1]。在不同的发展阶段,辽代玉器所体现的主流文化因素并不相同。辽代早期,玉器更多地体现了本民族的特色;中期,无论造型、纹饰均显示出浓郁的唐、宋文化气息[2]。玉带作为辽代玉器的重要组成部分,既体现了少数民族的生活习俗,也反映了汉文化的影响。

辽代玉带板的发现主要见于内蒙古自治区和辽宁省。内蒙古自治区的重要出土地点包括:哲里木盟奈曼旗陈国公主与驸马合葬墓[3]、科左中旗小努日木辽墓[4]、赤峰市阿鲁科尔沁旗耶律羽之墓[5]、巴林右旗辽代窖藏[6]、昭乌达盟翁牛特旗解放营子辽墓[7]、宁城县小刘杖子辽墓[8]、敖汉旗萨力巴乡水泉辽墓[9]。辽宁的重要出土地点包括:建平唐家杖子辽墓[10]、阜新海力板辽墓[11]、义县清河门 4 号墓[12]、朝阳姑营子耿氏墓[13]、耶律延宁墓[14]、赵氏族墓(赵匡禹墓)[15]、北票水泉一号辽墓[16]和凌源小喇嘛沟辽墓[17]。此外,吉林省扶余县西山屯辽墓[18]也出土玉带板。

辽代玉带的带鞓或多或少的保存下来,有的为革鞓,有的为丝鞓。玉带板的出土数量较多,既有成套出土的,也有零星出土的。本文拟依据辽玉带板的出土资料对辽代玉带板的组合形式、纹饰、玉带形制与规制以及辽代玉带与唐代玉带的关系进行综合探讨。

一、玉带板的组合形式

根据玉带板的形制和彼此之间的组合特点,辽代玉带板的组合形式可分成三型:

A 型 玉带板上带古眼,且有古眼的带銙数量居多。可细分为二式。

A1 式 玉带板主要由方形或长方形銙组成。属于此式的玉带板包括内蒙古哲里木盟奈曼旗陈国公主与驸马合葬墓和内蒙古解放营子辽墓出土的玉带板。

陈国公主与驸马合葬墓为辽代中期，此墓出土了 5 条腰带，其中 2 条为金蹀躞带，形制不同，分别束于驸马与公主的腰部；1 条银蹀躞带，置于主室地面的东北侧；2 条玉蹀躞带，1 条置于驸马尸体右后侧的尸床下，另一条置于公主与驸马头部上方的尸床上。玉蹀躞带中的玉銙丝鞓蹀躞带属于此式。

玉銙丝鞓蹀躞带的带鞓为丝质，已腐朽，仅存玉带板和铜带饰。玉带板是主带上的饰物，蹀躞小带上也有玉饰件，玉带板和玉饰件均通体光素。

主带上的玉带板由 11 块方形銙，3 块桃形銙和 1 块圭形铊尾组成。方形銙为白玉质，大小相同，边长 3、厚 0.8 厘米。边缘起凸棱，正面四角各有 1 个穿孔，孔内均有鎏金圆头银铆钉，背面垫以方形铜片。方形銙中有 9 块带长方形古眼，古眼长 1.4、宽 0.3 厘米。桃形銙也为白玉质，长 2.9、宽 2.8、厚 0.7 厘米，正面并排有两个穿孔。圭形铊尾为青白玉质，长 5.7、宽 2.7、厚 0.5 厘米，正面有 3 个穿孔。主带上除了玉带板外，还有铜带饰，包括鎏金铜带箍 1 件，镶玉鎏金铜带扣 1 件。

蹀躞小带上的玉饰包括 15 块桃形饰和 8 块圭形饰。桃形玉饰长 2.4、宽 2、厚 0.5 厘米，正面并排有两个穿孔。圭形玉饰长 3.2、宽 2.1、厚 0.5 厘米，正面并排钻 2 个或 3 个小穿孔，背面垫有与带饰形制相同的铜片。蹀躞小带上除玉带饰外，还有一些附属的铜带饰，包括鎏金小铜带箍 8 件，鎏金小铜带扣 4 件，鎏金葫芦形铜带饰 2 件。

内蒙古解放营子辽墓也是辽代中期墓葬。此墓出土的玉带革鞓已经腐朽，仅存玉带板，包括方形銙 10 件，半圆形銙 1 件，圭形铊尾 1 件，其中方形銙上有"古眼"，带扣缺失。古眼数量越多，说明佩系的物品越多。

A2 式 玉带板主要由半圆形銙组成。属于此式的玉带板见于内蒙古科左中旗小努日木辽墓、辽宁建平唐家杖子辽墓、内蒙古赤峰市阿鲁科尔沁旗耶律羽之墓和辽宁义县清河门 4 号墓。

内蒙古科左中旗小努日木辽墓为辽代中晚期墓葬，出土的玉带饰均为青白玉质。从尺寸来看，一部分较大，为主带上的玉带板，另一部分较小，为蹀躞小带上的饰物。

主带上的玉带板包括 12 件半圆形銙和 1 件圭形铊尾。半圆形銙长 3.1、宽 2、厚0.5厘米，下方有长方形古眼，古眼长2.1、宽0.5厘米，带銙正面有3个穿孔，孔内残留铜铆钉。圭形铊尾长5.4、宽2.3、厚0.4厘米，正面有3个穿孔，内穿铜铆钉。此外，还有1件长方形玉带箍和1件玉带扣。玉带箍长3、宽2、厚1.5厘米；玉带扣通长4.3厘米，扣孔椭圆形，有活动别针，扣身平面无纹饰，2个穿孔，孔内残留铜铆钉。

蹀躞小带上的玉饰包括11件圭形玉饰，40件桃形玉饰和10件半圆形玉饰。圭形玉饰中有9件长3.5、宽1.6、厚0.6厘米，2件长2.8、宽1.5、厚0.5厘米，正面有2个或3个穿孔，孔内残留圆头铜铆钉。桃形玉饰中，一种正面有2个穿孔，孔内残留铆钉，另一种无孔。大多数桃形玉饰长1.5、宽1.3、厚0.4厘米，仅有3件长1.9、宽2、厚0.3厘米。半圆形玉饰长1.6、宽1.2、厚0.5厘米，正面有2个穿孔，孔内残留铆钉。

辽宁建平唐家杖子辽墓为辽代中期契丹族墓葬。此墓出土的带板非玉质而是石质，一组13件。简报中写道："一种白色的石头磨制而成，均为扁体，厚0.6～0.7厘米。有细长条形、圆角长方形、大半圆形、弧边三角形、鱼形等。其上均有小孔，内有锈蚀的铁钉。这些石饰件原装饰于皮带之上，因带子腐朽而散乱。"由这段描述并结合发表的图片可以看出，所谓圆角长方形石饰件实为圭形石带板；弧边三角形石饰件实为桃形石带板；鱼形石饰实为蹀躞小带上的饰件。如此，这条腰带亦由主带和蹀躞小带组成。主带上的石带板由半圆形銙、桃形銙和圭形铊尾组成。其中半圆形銙的下端有长方形古眼，正面向背面对穿3个孔；桃形銙和圭形铊尾有2个穿孔。蹀躞小带亦有石质饰，饰件上带古眼。

耶律羽之墓是辽代早期墓葬，此墓出土的带銙为白玉质，椭圆形，长3.7、宽2.3、厚0.7厘米，下有长方形"古眼"，背面对钻三组暗孔，内穿银丝与带鞓连接。

辽宁义县清河门4号墓为辽代中期兴宗重熙十三年（1044年）前后的墓葬，此墓出土玛瑙带銙，包括半圆形銙4件、铊尾1件，带銙上有凸字形古眼。

B型 玉带板中只有少数銙带古眼，如吉林省扶余县西山屯辽墓出土的玉带板。

吉林省扶余县西山屯辽墓出土的玉带板包括长方形銙12块，桃形銙6块，圭形铊尾1块，其中2块长方形銙有古眼。此外，还有金带扣1件，金带箍1件。在所有玉带板中，只有2块銙设古眼，下垂小带的佩系物品应该比较少。

C 型　玉带板不带古眼。按有无纹饰可分为二式。

C1 式　有纹饰。属于此式的玉带板包括内蒙古自治区敖汉旗萨力巴乡水泉墓、辽宁朝阳姑营子耿氏墓和内蒙古自治区昭乌达盟宁城小刘杖子辽墓出土的玉带板。

内蒙古自治区敖汉旗萨力巴乡水泉墓为辽代早期墓葬。此墓出土青白玉带板 9 块，包括 8 块方形銙和 1 块圭形铊尾。方形銙长 6.55 ~ 6.9、宽 6 ~ 6.1、厚 0.8 ~ 0.9 厘米，铊尾长 12.6、宽 6.7 ~ 6.9、厚 0.6 ~ 0.8 厘米。玉带板上装饰胡人伎乐纹。

辽宁朝阳姑营子耿氏墓为辽代中期墓葬。此墓出土白玉玉带板 13 块，包括方形銙 4 块，半圆形銙 7 块，桃形銙 1 块，圭形铊尾 1 块。玉带板上浅浮雕山形纹饰。

内蒙古昭乌达盟宁城小刘杖子辽墓为辽代晚期契丹人的墓葬。此墓出土玉带板 16 块，其中 7 块为长方形，上刻花瓣纹，边缘随花瓣之形成曲状；5 块为圭形，3 块椭圆形，1 块圆形中穿方孔。玉带板均厚 0.5 厘米，高 5.5 厘米，上有小孔，孔内残存铁丝。

C2 式　光素无纹。属于此式的玉带板包括内蒙古哲里木盟奈曼旗陈国公主与驸马合葬墓、辽宁朝阳耶律延宁墓、辽赵氏族（赵匡禹）墓和辽宁北票水泉一号辽墓出土的玉带板。

辽宁朝阳耶律延宁墓为辽代早期墓葬。此墓出土的玉带板为青玉质，包括 5 块长方形銙和 3 块圭形带板。长方形玉銙长 2.4、宽 1.6、厚 0.4 厘米，背面有一对鼻形穿孔，孔洞相通，可以穿系。出土时，玉带板衬有同样大小的铜片，中间夹衬皮革。铜片用细铜丝穿过鼻形小孔与玉带板系结。圭形玉带板中最大的一件长 4.3、宽 2.85、厚 0.5 厘米，带板背面有鼻形小孔。

陈国公主墓为辽代中期墓葬。此墓出土了一条玉銙银带。带鞓为银片制成，由长短两段组成。银带上的玉带板包括长方形和方形銙 14 块，桃形銙 1 块，圭形铊尾 1 块，此外，还有 2 件长方形金带扣。

辽宁朝阳辽赵氏族（赵匡禹）墓为辽代中期墓葬。此墓出土玉带板 2 块，白玉质，长方形，长 4.5、宽 3.9、厚 0.6 厘米，背面四角各钻一弯孔。

辽宁北票水泉一号辽墓为辽早期墓葬。此墓出土玉带板 2 块，方形，长 4.7、宽 4.4、厚 0.6 厘米。四角各有两个相连通的圆孔眼。石料呈紫色，因起化学变化表面有很薄一层白色钙质层。

还有几座墓葬出土的玉带板因数量少，形制不明，而无法归入上述型式，包括内蒙古赤峰市巴林右旗窖藏出土的玉带板，以及辽宁建平县两处辽墓、凌源小喇嘛沟辽墓和阜新海力板辽墓出土的玉带板。

辽宁阜新海力板辽墓是辽代早期的墓葬。此墓出土 6 件玛瑙带板，玛瑙带饰出土时即位于男性墓主的腰部。玛瑙为乳白色，当为玉髓。其中包括方形銙 2 块，半圆形銙 1 块，圭形铊尾 1 块，燕尾形銙 1 块。方形銙长 2.8、宽 3.2、厚 0.5 厘米，一端有长 2.2 厘米的凸字形穿孔。半圆形銙长 1.9、宽 3.2、厚 0.5 厘米，一端有长 1.6 厘米的凸字形扁孔。圭形铊尾长 5.9、宽 3、厚 0.6 厘米。燕尾形銙长 3.3、宽 2.8、厚 0.7 厘米，一端有一长 1.7 厘米的凸字形穿孔。这些不同形状的带銙背面均镶有同样形状的铜板，其中方形带銙上还遗有隔衬的粗布纹痕迹，方形銙的四角各镶有一个鎏金铜卯钉，其他形状的带銙上皆镶有三个鎏金铜卯钉。但是，未发现蹀躞小带上的玉饰件。

通过对辽代玉带板组合形式的分析，我们会发现辽代玉带板的组合主要为 A 型与 C 型，A 型以带古眼的玉銙为特色，C 型则以不带古眼的玉銙为标志。玉带板的不同组合形式与辽代玉带的形制紧密相关，既反映了辽代文化的民族性，又体现了辽代文化所受到的汉文化影响。但在辽代历史的不同发展阶段，玉带板的组合形式并不相同，呈现出阶段性的不平衡性。

辽代早期出土的玉带板数量较少，玉带板的组合形式包括 A2、C1 和 C2 式。A2 式，玉带板的形制以带古眼的半圆形銙为主；C1 和 C2 式，玉带板的形制一般以不带古眼的方形銙为多，銙面或素面无纹，或雕琢纹饰。

辽代中期出土的玉带板数量较多，玉带板的组合形式包括 A1、A2、B 、C1 和 C2 式。A1 式，玉带板的形制以带古眼的方形或长方形带銙为主，且古眼的数量较多；A2 式，辽代早期就已出现，辽代中期继续佩用；B 型，玉带板的形制以长方形銙为主，带古眼的玉銙数量很少，多数玉带銙不带古眼，B 型界于 A 型与 C 型之间的一种类型，既有 A 型所具有的玉带板上带古眼的特点，也具有 C 型的以不带古眼的玉銙为主的特点，兼容其他两型的主要特点。C1 和 C2 式在辽代早期就已出现，辽代中期继续使用，但 C1 式的纹饰题材显然发生了明显的变化。

辽代晚期出土的玉带板数量非常少，比较明确的是内蒙古自治区昭乌达盟宁城小刘杖子辽墓出土的玉带板。

玉带板在辽代发展过程中出现的不平衡性，在很大程度上可能说明玉带在辽代早期始兴，中期兴盛，晚期则进入衰落阶段，辽代玉带发展的这一阶段性特点与辽代历史的发展节奏相吻合。

二、玉带板的纹饰

辽代玉带板以素面居多,雕琢纹饰的很少,仅有三个地点发现的玉带板有纹饰。与唐代玉带板上的装饰不同,辽代玉带板的装饰题材与工艺体现出极大的差异性,装饰题材涉及胡人伎乐纹、山形纹和花瓣纹,这三种题材的装饰手法也各不相同。

(一)胡人伎乐纹

胡人伎乐纹见于内蒙古自治区敖汉旗萨力巴乡辽早期水泉墓出土的玉带板,以剔地阳起加阴线刻的手法表现。方形銙和铊尾上的胡人形象基本相同,但姿势有所不同。胡人头梳长发,发尾上卷,颔下有密密的胡须。上身穿窄袖衣,下身着裤,裤纳于靴内,腰系裙,裙身收束于双腿间,足蹬尖头高靴,以短阴线刻出满身的衣纹。身上的飘带自双腋下穿过,或飘于身体两侧,或环于头部。除铊尾外,胡人皆坐于圆毯上,毯子边缘以阴线刻出边穗,边穗以内再以交叉的阴线刻成网格纹,表示坐毯表面的纹路。根据带板上胡人行为的差异,可以把玉带板上的胡人伎乐纹分为五种情况:

其一,胡人吹奏管乐器。有3块这样的方形銙。一块方形銙上的胡人面部呈正视状,坐于圆毯之上,一腿曲一腿向斜上方半支起,双手捧横笛,专注地吹奏。另一块方形銙上的胡人身体微侧,双腿的姿势与前一块銙上的胡人基本相同,左手在上,右手在下,持筚篥而吹。还有一块方形銙上的胡人双腿弯曲,两脚相对,双手执笙,捧于右侧而吹。

其二,胡人演奏打击乐器。有3块这样的方形銙。一块方形銙上的胡人左腿弯曲放于地,右腿微向斜上方竖起,两脚相对,颈部挂毛员鼓垂至胸前,双手向两侧张开,正欲击打鼓面。一块方形銙上的胡人右腿盘曲,左腿向斜上方微竖,左手执拍板于头之左侧,右手作拍打状。还有一块方形銙上的胡人也是左腿微竖起,右腿盘曲,左腿与左腋间夹一鸡娄鼓,左手摇鼗牢,右手执杖欲击之。

其三,胡人弹奏弦乐器。有一块这样的方形銙。銙上的胡人右腿盘曲,左腿微竖,左手执四弦琵琶颈,右手持拨子欲拨动琴弦。

其四,胡人饮酒。有一块这样的方形銙。胡人面部呈正视状,双腿盘曲交脚而坐,左手拄于膝盖之上,右手执酒杯至胸前,正欲端至嘴边饮杯中之酒。

其五，胡人跳胡腾舞。这种纹样装饰于铊尾上。铊尾正面刻两人，一人为跳胡腾舞者，头向右侧，右腿弯曲抬起，左腿踏于圆毯之上，左臂上扬，抚飘带，右手略垂，亦抚飘带。此人的右下角有一身材矮小者，一腿跪，一腿支起，双手捧浅盘，盘内放一宝珠，呈献宝之姿。

（二）山形纹

山形纹见于辽宁朝阳姑营子辽代中期耿氏墓出土的玉带板，其上以浅浮雕的手法表现山形纹。

（三）花瓣纹

花瓣纹见于内蒙古昭乌达盟宁城小刘杖子辽代晚期契丹人墓葬出土的玉带板，带板上以阴线刻出简单的花瓣纹，边缘也随花瓣的形状做成曲状。

从上面的叙述可以看出，胡人伎乐纹见于辽代早期，山形纹见于辽代中期，花瓣纹见于辽代晚期。有纹饰的玉带板虽数量有限，但装饰题材却涉及多个方面，既有人物纹，也有与自然有关的题材。

三、玉带的形制与规制

上文，我们把辽代玉带板的组合分为三型，A 型，玉銙有较多古眼；B 型，玉銙的古眼很少；C 型，玉銙不带古眼。玉带是带板与带鞓结合的产物，因此，玉带的形制与玉带板的形式及其组合有很大关系，同时，也受到带鞓形式的影响。所以，在综合考虑各种因素的基础上，我们把辽代玉带的形制大体分为两种情况：一种为玉銙蹀躞带，具有浓郁的少数民族风格，A 型与 B 型玉带板皆可归入此种情况；另一种为没有古眼的玉銙和铊尾作为带饰的玉带，更具有定居生活的汉民族特点，C 型玉带板属于此种情况。

（一）玉銙蹀躞带

玉銙蹀躞带的方銙或半圆形銙上有古眼，自古眼穿系小带，小带上再装饰很小的玉饰件，并佩系物品。古眼的数量不同，所系的小带数量也不同。玉带板表面通常有穿孔，孔内遗留有铆钉的痕迹，说明带板与带鞓、衬板的联结是通过这些穿孔借助铆钉完成的，方形或长方形玉带板一般四个角均有穿孔，桃形、半圆形玉带板一般有两个穿孔，铊尾上多有三个穿孔。因此，玉带表面是可以看到系结用的金属钉的。带鞓的质地不同，玉带的具体形制亦有所不同，据此又可细分为两种形式。

第一种形式，带鞓为革带。带扣或为玉质，或为金质，形制相同，基本为椭圆形，有扣针。带箍也是如此，或为金质，或为玉质。上文 A、B 两型玉带板除陈国公主墓出土的玉带板外，其他玉带板所属的玉带均可归入此种形式。举一例以示。内蒙古科左中旗小努日木辽墓出土的玉銙蹀躞带，革鞓已朽坏，与革鞓连接的玉带板以带古眼的 12 块半圆形銙为主，这些半圆形銙当一字排开，自玉带扣向后顺延，铊尾附在革鞓的末端，使用时，自玉带扣和玉带箍穿过，起到系束的作用。自半圆形銙的古眼垂下的蹀躞小带或为 12 条，有些小带可能从实用功能中解脱出来，纯粹为了增强装饰效果，小带上装饰数量不等、尺寸很小的桃形、长方形、半圆形及圭形的小玉件，有些小带可能仍具有很强的实用功能，用于佩系日常使用的小型工具等。吉林扶余西山屯出土的玉带板，其方形銙只有两件带古眼，下垂的小带数量应较少，腰带上佩系的物品也会较少。

第二种形式，带鞓为丝质。仅见一例，为陈国公主墓出土。这条玉銙丝鞓蹀躞带的一端为镶玉鎏金铜带扣，其后紧随的是鎏金铜带箍，再后面依次是 11 件方形玉銙、3 件桃形玉銙，玉带的另一端为铊尾。自主带上下垂的小带为 9 条，装饰于其上的有桃形小玉饰、圭形小玉饰以及一些铜饰件，如鎏金小铜带箍、鎏金小铜带扣和鎏金葫芦形饰。

除陈国公主墓出土的一例外，玉銙丝鞓蹀躞带可能还有其他形式，比如，没有带扣和铊尾，直接将丝绦系于身后，但玉銙上佩物依然。内蒙古察右前旗豪欠营六号墓出土的腰带即是这样，虽然它不是玉銙，但也向我们暗示玉銙丝鞓蹀躞带的另一种系结方式或许存在着[19]。

（二）玉銙带

玉銙带的带鞓绝大多数没有保存下来，那些已经腐朽的带鞓的质地不得而知，或为革质，或为丝质，抑或有其他质地。保存较好的有一条，即陈国公主墓出土的玉銙带，带鞓为银质，估计不是实用之物，而是专为随葬制作的玉带，但其制式必以实物为依据，不会随意改变。这类玉带带銙的穿孔位于背面，与带鞓连接的方式显然不同于玉銙蹀躞带，它们借助缝缀之类的方式与带鞓固定在一起。从形制看，玉銙带又可细分为两种形式：

第一种形式，双带扣单铊尾玉带。这种玉带的形式很少见，实为单带扣单铊尾带的加长型，由一条长带和一条短带组成。长带就是一条完整的单带扣单铊尾带，带身中部缀方銙，其后缀铊尾。短带的前端缀带扣，带鞓上穿若干孔（或缀以桃形銙）。平时穿着较薄或腰围细者束带时，无需用短带，仅束以单带扣单铊尾带。若加穿厚袍或腰围粗者束带时，将长带一端带扣上的卡销穿在短带革鞓的孔眼或桃形銙的中孔内，便连接成一条加长的腰带[20]。

陈国公主驸马合葬墓出土的玉銙银带保存较好，属于此种形式。长带是一条完整的单带扣单铊尾带，全长163.7、宽4.4厘米。带身中部缀长方形和方形玉带銙14件，其后缀桃形玉带銙1件，带身两端分别有圭形玉铊尾和长方形金带扣。短的一段仅长28.2、宽4厘米，其一端有长方形金带扣，带身穿6件小圆孔，末端截成圆弧形。

辽宁朝阳姑营子耿知新墓（一号墓）出土的玉带板若复原的话，很可能也属于此种形式。此带的带鞓已朽，仅存带具。鎏金银带扣2件，可能分别是长带用的带扣和短带用的带扣。此外，圭形铊尾1件，是长带上的玉饰件，用在与鎏金银带扣相对的另一端。带扣与铊尾之间装饰的是各种形状的玉带銙，包括长方形銙4件，半圆形銙7件，桃形銙1件。桃形銙的数量与陈国公主驸马合葬墓出土的玉銙银带相同，可能也是在其他形状的玉带銙排列完成之后，附在一侧的点缀。与陈国公主驸马合葬墓出土的玉銙银带不同的是，这条玉带上的带銙形制并非单纯的长方形或方形，而是形式更多样些，既有长方形，也有半圆形。至于长方形和半圆形玉带銙之间又如何排列，就无法确切知道了。

第二种形式，单带扣单铊尾玉带。单带扣单铊尾玉带是玉銙蹀躞带的简化形式，玉銙上不留古眼，带下不再佩系任何物品。其具体形制当如上述双带扣单铊尾玉带中的长带之形，带鞓一端连接带扣，另一端缝缀铊尾，其间连缀玉带銙。

还有一些玉带板资料，由于不甚完整，我们无法搞清玉带的具体形制。因此，还需要随着出土资料的积累进一步加以研究。

据史书记载，宋、辽在舆服制度方面承袭唐、五代之制，但对于辽代玉带的使用制度，文献中并无记载。唐代的用带制度是否完全适用于辽，我们不得而知[21]。对于上述第一种形式的蹀躞带，带銙除玉质外，还有金、银、铜等数种材质，带銙的数目则5、7、11、12不等,究竟哪种品级官员束系哪种制式,目前还不能遽断。就目前的发现看,这种蹀躞带只在契丹贵族墓内发现,应是高级官员在正式场合束佩的腰带,至于玉銙蹀躞带到底为何种身份的人系佩,还需更多的资料支撑。但从金属銙蹀躞带出土数量多,玉銙蹀躞带出土数量少,而且,像陈国公主墓这样的高级贵族墓既出土金属銙蹀躞带又出土玉銙蹀躞带的情况看,玉銙蹀躞带当属于更少数和高级贵族所有,当然,这些高级贵族也同时拥有金属銙蹀躞带。而对于第二种形式的蹀躞带来说,带銙的质地也并不唯一,既有金属质的,也有玉质的,从出土墓葬的主人来看,为契丹贵族妇女系佩。由此,我们可以笼统地说,玉銙蹀躞带是契丹高级贵族使用的腰带,体现着他们尊贵的身份。

玉銙带的使用情况略有一些复杂。陈国公主与驸马合葬墓除了出土蹀躞带以外,还出土玉銙带,说明契丹高级贵族也使用玉銙带。辽代汉人墓内一般不埋藏尸体,只葬火化的骨灰,随葬物品中往往没有衣饰腰带,只有与契丹贵族通婚的汉人墓内才随葬衣饰腰带等物[22]。由此,我们可以认为玉銙带使用者或许有两类人,一类是契丹高级贵族,另一类是与契丹高级贵族通婚的汉人。

玉带属于服饰的一部分。辽代因俗而治,百官分为北面和南面两大体系。《辽史·仪卫志》记服饰制度称:"北班国制,南班汉制,各从其便焉。"国制是指契丹服,宋人曾称作番服;汉制是指中原地区汉人所穿的汉服。但是,《辽史·仪卫志》记载的服饰制度多有遗漏,甚至谬误百出。"实际上,辽代的汉服,不仅南面官穿,皇帝也穿;乾亨之后,在举行大典时连北面官也穿,这种礼制直到辽朝灭亡"[23]。"我国古代北方各族习惯在腰带上系佩刀子、解锥等游牧生活所必需的生产工具和生活用品,蹀躞带是他们的传统服饰,而没有系佩功能的玉銙带更适宜定居的汉人使用"[24]。因此,辽代玉带的形制体现了少数民族与汉民族文化特色的融合,这一点与文献中记载的服饰的两大体系相合。可以说,辽代玉带是辽代文化中本民族特色与汉文化共生状态的产物。至于它们与服装怎样搭配使用则不可确知,穿契丹服时是否一定匹配蹀躞带,而穿汉服时一定匹配玉銙带,尚不可匆匆下结论。

四、辽代玉带与唐代玉带的关系

公元 3 世纪，契丹从东胡独立出来，正式有了自己的名号。916 年，耶律阿保机建辽，1125 年辽为金灭。契丹民族在此期间的发展，都与中原王朝有着千丝万缕的联系。北魏至隋，契丹一直与向中原政权进行朝贡。唐初，政府设松漠都督府，把契丹人的活动区域囊括进大唐的管辖范围。五代至宋，特别是北宋时期，辽与中原的冲突时有发生，在这种情况下，双方依然保持着政治、经济和文化的交流，商贸的往来也从未中断过。同时，战争使中原北方的部分土地沦入契丹人之手，大批的汉人流入辽境，直接将中原文化带入辽地。因此，辽代工艺不可避免地继承了唐代工艺的传统，并受到北宋工艺的影响[25]。而在玉带方面，辽代玉带更多的是受到了唐代玉带的影响，所以我们有必要讨论一下两者的关系。

辽代与唐代均存在玉蹀躞带，但是，它们的形制与所占的地位显然不同。唐代的玉蹀躞带有两种形式，一种是九环蹀躞带，这种玉带形制出现较早，可早到北周时期，沿用至隋唐；另一种玉蹀躞带是直接在半圆形銙的一端做出古眼。前一种玉带不见于辽代，但后一种玉带则存在于辽代。

唐代的玉蹀躞带出土数量很少，就现有的出土资料看，仅有 2 条。蹀躞带起源于北方少数民族，因逐水草生活，需随身携带常用的小型工具，蹀躞带非常适合这种生活状态。自北朝以来，中原人士也使用蹀躞带，唐代更成为男人常服中的必备部分。但是，对于过着定居生活的汉人来说，工具随时可取用，随身带着反倒妨碍活动，因此，唐代的玉蹀躞带数量并不多，特别是盛唐以后。但是，辽代的玉蹀躞带情况与此不同。辽代是契丹族建立的，与汉族生活方式不同，玉蹀躞带更适合他们的生活习惯，所以，辽代的玉蹀躞带数量相对多些。

唐代玉带与辽代玉带的銙面均以素面为主。此外，它们都有带装饰纹样的玉带板。唐代玉带板上的装饰纹样更为多样，包括胡人伎乐纹、狮子纹、花卉纹和双鹿纹，其中又以胡人伎乐纹和狮子纹较为流行。辽代玉带上的装饰纹样也有胡人伎乐纹，这一题材与唐代玉带板上的装饰纹样非常相似，是受唐代玉带影响的结果。此外，辽代玉带板上还有山形纹、花卉纹，有人认为山形纹可能与辽代中期道教的发展有关，如果此说不误，可以认为山形纹是间接接受汉文化影响的结果。花卉纹见于小刘杖子墓出土的玉带，带銙近方，荷花形，中心斜刻交叉直线纹表示花心，由花心向銙四周以细阴线条呈放射状刻饰曲线，銙边亦随形做成曲状，这在唐代是不见的，类似的装饰风格见于以后的明代玉带板。

唐代的玉带銙底大面小，形成四侧面呈斜坡状的造型，剖面呈等腰梯形。所装饰的纹样一般采用剔地隐起的技法，纹样看上去略向上凸起，但实际与四边平齐。辽代的玉带銙与之不同，其不再是底大面小，而是底面与顶面大小相等，剖面呈长方形。所装饰的纹样系浅浮雕而成，图案微凸于銙面，与唐代的减地浮雕不同。

总之，辽代玉带与唐代玉带既有相同之处，又有所区别，体现了辽代对唐代文化的继承，同时，辽代文化又根据本民族的特点，做出了一些发展和创新。

注释

[1] [2] [6] [11] [12] [17] [21] [25] 许晓东：《辽代玉器研究》，紫禁城出版社，2003 年。

[3] 李逸友：《辽代带式考实——从辽陈国公主驸马合葬墓出土的腰带谈起》，《文物》1987 年 11 期。

[4] 通辽博物馆：《内蒙古科左中旗小努日木辽墓》，《北方文物》2000 年 3 期。

[5] 内蒙古文物考古研究所等：《辽耶律羽之墓发掘简报》，《文物》1996 年 1 期。

[7] 项春松：《内蒙古解放营子辽墓发掘简报》，《考古》1979 年 4 期。

[8] 内蒙古自治区文物工作队：《昭乌达盟宁城小刘杖子辽墓发掘简报》，《文物》1961 年 9 期。

[9] 古方主编：《中国出土玉器全集（2）》，科学出版社，2005 年。

[10] 吕学明：《建平唐家杖子辽墓清理简报》，《辽海文物学刊》1997 年 1 期。

[13] 朝阳地区博物馆：《辽宁朝阳姑营子辽耿氏墓发掘报告》，《考古学集刊（3）》中国社会科学出版社，1984 年。

[14] 朝阳地区博物馆：《辽代耶律延宁墓发掘简报》，《文物》1980 年 8 期。

[15] 邓宝学等：《辽宁朝阳辽赵氏族墓》，《文物》1983 年 9 期。

[16] 辽宁省博物馆文物队：《辽宁北票一号辽墓》，《文物》1977 年 12 期。

[18] [19] [20] [22] [23] [24] 李逸友：《辽代带式考实——从辽陈国公主驸马合葬墓出土的腰带谈起》，《文物》1987 年 11 期。

一件青白玉龙首螭纹带钩的解析

中国古代玉器的断代，存在着阶段性的不平衡现象。唐代以前的玉器，由于出土数量较多，年代序列梳理得比较清晰，传世玉器的断代有较为充分的对比资料。而唐代以后的玉器，由于出土数量相对不足，使得某些类型的传世玉器的断代较为模糊。当然，近些年随着发掘出土玉器的不断积累，这一状况也在逐步好转。顺应这一趋势，我们有必要接纳和吸收新出土资料，并借助这些标准器，重新审视馆藏玉器中的某些鉴定结论，推进相关器物的研究，为更好地展示馆藏玉器打下坚实的基础。

在北京艺术博物馆馆藏玉器中，有一件青白玉龙首螭纹带钩（下文简称为馆藏玉带钩）（图一），藏品账目据以前的鉴定意见把这件玉带钩标为明代。根据近年来的出土资料，这件玉带钩的年代有必要重新考量。此外，本文还对这件玉带钩的使用方式和相关文化背景进行简单的讨论。

一、馆藏玉带钩的年代

通过馆藏玉带钩与出土的元代玉带钩在造型、纹饰和工艺方面的比较，我们大致可以界定其年代。

（1）造型

馆藏玉带钩长 14.2、宽 4、厚 2.8 厘米。整体呈琵琶形，钩首较为扁平，钩颈弧度较大，钩腹宽大，钩身较厚，钩纽呈中间穿孔的梯形，即所谓的桥形纽，钩首几乎与钩体平行，钩首与钩腹高浮雕螭纹的头部不太远也不太近，较为适中。

类似造型的玉带钩见于江苏无锡钱裕墓出土的青玉莲荷纹带钩[1]（图二），长 7.4、宽 2 厘米，琵琶形，钩首椭圆扁平，钩纽呈中间穿孔的梯形。但是，它的钩首上昂，与钩体形成较大的夹角。钩首与钩腹高浮雕花纹距离适中。

甘肃漳县元汪世显家族墓出土的青玉子母螭纹带钩与馆藏玉带钩也具有可比

图一　青白玉龙首螭纹带钩

图二　青玉莲荷纹带钩

性[2]。这件玉带钩长12厘米，琵琶形，钩首扁平，几乎与钩体平行，钩首与钩体之间的垂直距离很小。但是，它的钩纽为圆形，纽柱较矮，钩首与钩腹上的高浮雕螭纹距离较远。

通过比较可以看出，馆藏玉带钩与上述出土的元代玉带钩存在着较大的共性，如整体琵琶形，钩首扁平等。而且，馆藏玉带钩与江苏无锡钱裕墓出土的青玉莲荷纹带钩有区别的地方，却与汪世显家族墓出土的青玉子母螭纹带钩存在共性，反之亦然，这种现象进一步说明，馆藏玉带钩在造型上具有元代的风格。

（2）纹饰

馆藏玉带钩的钩首为龙首，龙的面额部平坦不起凸；阴线刻双目近菱形，减地阳起的双眉作对称弯曲，末端若逗点状；直鼻两侧刻鼻孔；双耳连接成U形；

双角并排后展，近末端分叉；双角之下阴线刻毛发分两股下垂。钩腹高浮雕螭纹，潜伏状，面部方折，眉布于直鼻两侧，位于面部的下方三分之一处；额部较宽，阴线刻"王"字，减地阳起的双眉对称布于额部两侧，看上去很夸张；双耳较大，耳尖向下，棒形发弯转肩头；螭的肩部与胯部较宽，背部阴刻一条脊线，胯部横向刻短阴线表示脊椎骨；歧尾分叉回卷；四肢胫骨处以细阴线刻出腿毛。

类似纹样的带钩见于西安南郊电子城元墓出土的青玉龙首螭纹带钩[3]。这件玉带钩长 12、宽 3.6 厘米。钩首为龙首，龙额部平坦，阴线刻双眉向上作对称勾云状；阴线刻圆形双目；龙吻部阴线刻上下排牙，侧面对钻一孔，表示口腔；双耳连接成 U 形；双角平行后展，角根部阴刻"丰"字形纹；短发分两股列于颈部两侧。钩腹高浮雕一螭，螭首面部方折，棒状发弯转，螭背阴刻双脊线和肋骨线，四肢胫骨阴刻胫毛；螭口衔灵芝。螭头与龙首相背。

通过上文的描述，可以看出馆藏玉带钩与西安南郊电子城元墓出土的青玉龙首螭纹带钩具有很大共性，如龙首的整体形状，五官多以阴线刻表现，口部特点，螭纹的造型有一些细部特征等。当然也有些许差别，比如，馆藏玉带钩的龙角上未见阴刻"丰"形纹，螭纹为单阴刻脊线而非双脊线，龙首与螭首相对而非相背，但这些细节上的区别显然无法掩盖它们的诸多共性。

（3）工艺

馆藏玉带钩在雕琢工艺上运用了浮雕、阴线刻和减地阳起等技法，但我们要关注的是这件玉带钩上的时代特征。钩背上螭纹的颈肩部、后腿与螭身的接合处均施以重刀，给人以将要断开的感觉，棒形发与身体的接合处桯钻一孔，孔缘钻痕明显，不加打磨，而且这件带钩抛光也不强烈，这些都体现了元代玉器的特点。比如，陕西西安南郊何家村出土的圆形螭纹牌上的螭纹，在脖颈、腿根部位可以看到下刀很重，似乎要刻断[4]（图三）；陕西户县张良寨贺胜墓出土的玉粉盒的盒底外面和盖面上均浮雕一对鸳鸯，两只鸳鸯神态不同，但颈与身体接合处、腿与身体的接合处和尾与身体接合处均施刀明显，两腿之间钻一近圆形的孔，钻痕十分明显（图四）[5]。

通过以上的比较，我们可以看出，馆藏玉带钩与元代出土的同类玉器具有较多的共性。遍查明代出土的玉带钩，与馆藏玉带钩差别较大。所以，馆藏玉带钩断代为元更合适。那么，我们又怎样界定这件元代的玉带钩呢？换言之，馆藏玉带钩与元代玉带钩相比，又具有哪些个性呢？

图三

图四

　　首先，馆藏玉带钩保留了宋代玉带钩的一些特征。比如，龙首面额平坦，以阴线刻双眉向上对称弯曲；双角平行后展，末端分叉；龙吻部刻上下排牙，侧面钻一孔表示口腔等。保留有宋代甚至是更早期的某些特点是元代玉带钩的一个特点，比如，陕西西安高新区刘逵墓出土的元代玉带钩[6]（图五），其螭首与龙首相背就是汉代以来玉带钩的纹饰特点。馆藏玉带钩的螭纹不是以双阴线刻脊线，两侧附冰纹的形式，而是"丰"字形阴刻线，这种风格可以在宋代出土玉带钩的龙角上看到。

　　其次，馆藏玉带钩与特别典型的元代玉带钩既有共性又存在一些区别。特别

貳　美玉逸趣

典型的元代玉带钩可以西安市小寨南乡瓦胡同出土的带钩为代表[7]（图六），
这件玉带钩体现出元代玉带钩的一些突出特点：钩体浑厚，龙首面额因纹饰刻划
需要起伏较大，不似先前平坦；龙眼被安置在眉下，给人以重眉压目之感；蒜鼻
明显增高；腮帮呈块状肌肉，增厚加大；龙角为单角向后分叉，角根部刻纹为"二"
字形；钩背上的螭首与钩首相对峙；螭发为阴刻发丝，向后飘曳；钩纽为长方形
环孔状。馆藏玉带钩与之的共性在于桥形纽，龙首螭首相对，带钩体量较大等，
而其他方面存在一些区别。

　　馆藏玉带钩所体现出来的上述两点个性一方面说明它的非典型性、保守性，另
一方面也说明它在元代玉带钩的发展过程中可能处于元代晚期阶段甚至是末期。此
外，还有一点需要提及，在我们以前的认识中，元代玉带钩的钩首的龙吻与钩腹的
螭首相去较远，而且钩纽较高，但由馆藏玉带钩和上面提到的甘肃漳县元墓出土的

图五

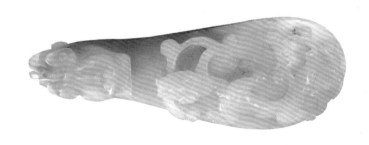

图六

玉带钩可以看到，这些造型上的特点不是绝对的，典型特征之外，还有个性特点的存在，对于一件玉带钩的年代判别应该是着眼于整体，而非局部的个别特征。

二、馆藏玉带钩的使用方式

在以往的研究中，带钩被认为是与革带搭配使用的系结物。但元代的出土资料表明，玉带钩也系结在丝绦上，如甘肃漳县元墓出土的玉带钩就附在绦带上。

根据元代以前的带钩使用方式，并结合元代的出土资料，元代玉带钩的使用方式大致存在三种情况。第一种是与圆形环搭配使用（四贤图），即带子的一端固定环，另一端固定带钩，钩扣环以起到系结的作用。这种钩环配的系结方式由来已久，早在战国时期就已出现，比如河南大司空村131号战国墓中人骨架腹部出土的铜带钩与玉髓环套在一起[8]。山西孝义张家庄汉墓玉带钩与玉环同出[9]。元人画《名贤四像图》中的虞眉庵像可以看出是钩环配[10]。第二种是与带扣搭配使用。这种带扣是以环为托，其上双层次透雕花纹，题材以鹘捕天鹅等具北方少数民族特色的纹样为主，侧面留一穿孔，以纳带钩的钩首。典型的例子就是江苏无锡钱裕墓的玉带钩与带扣，其钩首昂起，以便于纳于带扣的扣眼之中[11]。第三种是在带子上直接留下穿孔，带钩的钩首直接钩入孔中。这种使用方式也很久远，比如，四川成都天回山东汉墓出土的陶俑上，即可看到以带钩直接钩住腰带上穿孔的例子[12]。

馆藏玉带钩会是哪种使用方式？从其长方形的钩纽造型和钩纽高度较矮考虑，这件玉带钩更可能是与丝绦带相连接。其扁平、较宽、较长的钩首表明它不太可能是与带扣相搭配，更可能是与带环相配使用，因为与带扣的搭配要求带钩的钩首上昂，而此件带钩钩首并不上昂，而是与钩体平行，但钩颈弧度较大，钩首夹紧钩颈宽松的造型既能使用带环有活动的余地，又能防止带环滑脱出来。因此，馆藏玉带钩是钩环配的使用方式，与之相配的环是玉质的还是金属的，可能永远无法知道了。

三、馆藏玉带钩的相关探讨

我们对于玉带钩的个体研究除了断代、功用外，还应包括把它放在更为宽广的文化背景中的解释。在此就馆藏玉带钩的相关文化内涵总结如下：

第一，馆藏玉带钩在玉带钩发展史中的定位。玉带钩的发展自良渚文化始现，战国、汉代达到一个高峰期。魏晋南北朝至隋唐时期，玉带钩的发展转入低潮。宋代，玉带钩作为仿古器出现，但出土和传世品数量很少，或许意味着玉带钩在宋代刚刚走上复兴之路。元代继承此传统，并将之发扬光大，不仅出土数量较多，传世品也不鲜见。此外，元代玉带钩的造型和纹饰生机盎然，这种状况一直影响到明代中期。明代晚期玉带钩做工甚粗，清代中期的玉带钩虽做工精细，但神韵欠佳，清代晚期的玉带钩做工又趋沉沦。因此，馆藏玉带钩是玉带钩复兴过程的一个例证。

第二，馆藏玉带钩折射的元代文化特质。馆藏玉带钩所具有的宋代遗风体现了元代玉带钩对宋代玉带钩的直接继承，除了造型与纹饰上的认同感，更深刻的应该是一种怀旧情绪，如果说宋代通过制作拟古玉带钩抒发一种怀旧情怀，并在怀旧情怀中逃避现实的话，元代则把这种怀旧更向前推进一步，赋予这种拟古器更为广泛的实用功能，使玉带钩完成从拟古到复兴的转变。事实上，这种转变不仅仅是一件物品的重新利用，而是一个时代文化特征的缩影。蒙元时期的十四位帝王，大多对汉族文化传统奉行严厉的种族政策，他们珍重自己的传统文化，倾慕伊斯兰文明，主流文化艺术一改宋代风格，比如，青花瓷器体现了对精美华丽的追求，与清秀典雅的宋瓷相去甚远。但是，在主流文化的发展过程中，传统汉文化仍然发挥着重要作用，除了人们熟知的嘉兴雕漆、哥窑青瓷等，还有一个便是对中国玉文化的继承与发展，玉带钩便是浩瀚玉文化中的一个点，折射出了蒙古人统治下的元朝文化传统的一面。

注释

[1] 《中国玉器全集》编辑委员会：《中国玉器全集·隋唐—明（5）》，河北美术出版社，1993 年。

[2] 甘肃省博物馆：《甘肃漳县元代汪世显家族墓葬》，《文物》1982 年 2 期。

[3] 西安市文物管理委员会：《玉器》图 118，陕西旅游出版社，1992 年。

[4] 西安市文物保护考古所：《西安文物精华·玉器》，世界图书出版社，2004 年。

[5] 古方主编：《中国出土玉器全集（14）》，科学出版社，2005 年。

[6] [7] 古方主编：《中国出土玉器全集（14）》第 227 页，科学出版社，2005 年。

[8] 马得志等：《一九五三年安阳大司空村发掘报告》，《考古学报》第 9 册。

[9] 解希恭：《山西孝义张家庄汉墓发掘记》，《考古》1960 年 7 期。

[10] 转引自徐琳：《元代带钩系带方法及其定名的探讨》，《出土玉器鉴定与研究》，紫禁城出版社，2004 年。

[11] 徐琳：《元代带钩系带方法及其定名的探讨》，《出土玉器鉴定与研究》，紫禁城出版社，2004 年。

[12] 刘志远：《成都天回山崖墓清理记》，《考古学报》1958 年 1 期。

（原载《文物春秋》2011 年 3 期）

叁 清玉雅赏

在从事系列展之前，笔者曾从事过一段时间的藏品保管工作。熟悉藏品，是保管员的必修课。北京艺术博物馆收藏有一定数量的古代玉器，自史前至明清都有一些，但清代玉器数量最多。以功能而分，涉及饮食器、生活用器、陈设器、文房用品、装饰品等几类。它们沉默着，却分明在告诉你自己是历史的见证。

"清玉雅赏"就是在对馆藏清代玉器分类的基础上试图让它们讲述历史的尝试。

清代玉器二题

——北京艺术博物馆藏玉饮食器和生活用器

　　清朝（1644～1911）国祚267年。其间，工艺美术的发展大致可以概括为三个阶段：恢复期（由顺治福临建立政权始，至康熙玄烨时代止）、繁荣期（由雍正胤禛始，经乾隆弘历至嘉庆颙琰止）和衰落期（由道光旻宁始，至宣统溥仪止），它们基本上与清王朝的建立、兴盛和走向衰落的早中晚三个时期相吻合。明末清初，伴随着经济的恢复与发展，工艺美术也经历了同样的过程。特别是康熙后期，经济有了很大发展，工艺美术开始全面复苏。清中期，工艺美术呈现出全面发展的新局面。各种工艺门类都取得了显著成就，成为工艺美术史上的重要发展时期。清晚期，社会动荡，经济衰退，许多工艺美术门类趋向衰落。

　　清代琢玉工艺的发展也经历了恢复、兴盛和衰退的过程。乾隆以前，清政府致力于恢复经济，产玉的新疆和田未能被政府有力控制，玉料来源受阻，因此，玉器制作几乎处于停滞状态。从清代早期贵族墓的出土情况来看，随葬玉器大部分属于明代或更早时期。乾隆时期，琢玉工艺达到鼎盛，遗留下来的玉器作品数量之多，种类之广，在历史上首屈一指。因此，清代中期玉器是清代玉器工艺的体现者。乾隆朝以后，琢玉工艺步入了低谷，在艺术性和制作工艺方面都无法与中期相比。

　　清代传世玉器中既有清代中期的玉器，也有清代晚期的玉器，还有一些玉器很难进行中、晚期的严格界定。但是，若要概观清代玉器的整体状况，为日常实践提供可资比对的器物，还是有必要全面认识这个时期的玉器的。

　　北京艺术博物馆收藏的玉器中，清代玉器占多数。对它们的整理与研究，不仅有利于对馆藏玉器的整体认识，发挥它们的最大社会效益，而且有利于为玉器研究者、爱好者和收藏者提供可资比对的实物资料。本文仅就玉饮食器和日常生活用品进行梳理。

一

　　玉饮食器主要是供给皇室和贵族使用的，由杯、盏、壶之类的饮酒、饮茶之器和碗、盘之类的食器构成。因使用者的特殊身份，饮食器的用料具有块度大、对净度和颜色的均匀性要求高的特点，再配以精美的做工，成为财富的一种象征，同时也给使用者带来视觉上的愉悦。不过，玉饮食器并不是日常使用的器皿，只有特殊的场合才拿出来用，所以，从某种意义上，玉饮食器还具有礼仪性质。

　　玉制食器的历史可以追溯到商代，商代妇好墓出土2件玉簋和1件玉盘[1]，它们的造型和纹饰与当时的青铜器非常相似，体现了商代玉器对青铜礼器的追摹。最早的玉制饮器当推秦代阿房宫遗址出土的高足杯，杯腹饰谷纹，杯口和下腹部刻柿蒂纹和云纹，雕工精湛，纹饰纤细华丽，为宫廷或高级贵族用玉[2]。馆藏清代的玉饮食器包括玉碗、玉杯和玉攒盘等。

　　早在宋辽时期，玉质或玛瑙质地的碗已有较多出现。明清时期，玉碗的数量和形制更为多样。馆藏品中有清代玉碗3件，均由翡翠琢制。其中2件形制相同，为弧腹素面碗（图一）；还有1件为八棱形素面碗。口径均在20厘米左右（图二）。弧腹素面碗为敞口、弧腹、圈足的造型，所用玉料透明度较低，属于颗粒比较粗的翡翠，造型规整，抛光精细。八棱形素面碗为敞口，折沿，圈足，器腹与器足都为八边形，但起棱的位置不同。所用玉料泛紫，是十分难得的紫罗兰品种，兼以一定的透明度，整个器物清雅脱俗。

　　如上文所言，早在秦代就已出现高足玉杯。西汉时期的玉杯形制更为多样，除了高足杯，还有角形杯、镶玉盖杯和镶玉卮等。宋元时期的玉杯造型各式各样，如花果式杯、双耳杯、单柄杯、托杯等。花果式杯流行于宋、元、明、清时期，宋元作器一般体积略小，镂雕的器柄也显得简练朴实。明代玉杯的形式更为多样，主要有花果式杯、双耳杯、单柄杯、镂空式杯、托杯、仿古玉杯、斗杯、八方杯等。花果式杯在继承宋元特点的基础，形成了自己的风格。清代玉杯是在明代玉杯的基础发展起来的，但用材、造型与纹饰均与明代不同。

　　馆藏清代玉杯包括单柄杯、斗杯、双耳杯、兽首杯等。青玉龙柄杯为单柄杯之类，玉料带黄褐色斑，杯壁很薄，敞口，垂腹，圈足，腹部以阳线饰仿古卷云纹，云纹的上下方各有一道凸弦纹。杯柄镂雕成龙形，龙口略张，胡子与杯沿相连，

图一　翡翠光素碗

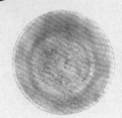

图二　翡翠八棱形光素碗

弓背翘尾，前爪伏于杯沿，后爪蹬于杯壁，似在窥视杯中美酒，神态自然生动。此杯曲线优美，纹样古朴，明代常以双螭、双龙作为杯柄，此器沿袭了明代遗风，但为单柄（图三）。碧玉兽面纹方杯的杯体呈斗形，口大底小，口沿外壁阴刻回纹一周，杯口一侧平出横錾，阴线刻仿古兽面纹，其下似夔龙之躯（图四）。黄玉耳杯系仿汉代漆器双耳杯之形，造型颇具古意。玉质光滑润泽，杯体呈椭圆形，两侧对称置半月形耳，平底（图五）。白玉羊首杯具有仿生特点，玉质细润，杯体九曲，呈现出具有动感效果的起伏线条，一端变窄，雕成回望的羊首，圈足也随器身起伏有致，平面若叶片之状。羊首杯所用玉料为和田玉籽料，局部带美丽的皮色，玉质细腻纯净，具有很强烈的温润感；其造型显然受到痕都斯坦玉器的影响，但雕琢细腻的羊首与素朴的器身形成鲜明的对比，体现出张弛有度的汉人审美取向，是不同文化因素的集合体。

攒盘又称"拼盘""全盘"。《说文解字》释为"攒，聚也"，攒盘就是数件盘相聚组成的一套东西。此外，"攒"还有"移动""攒动"之意，"攒盘"就是"可以移动的盘子"。攒盘的历史可以追溯到明万历年间，清康熙和乾隆年间较为流行，嘉庆、道光以降甚至民国时期仍在使用，不同时期的攒盘构成数量、造型和纹饰各不相同。从质地看，瓷质攒盘多见，玉质攒盘出现于清代中期，为攒盘中的珍品。馆藏玉质攒盘2套，用材、形制和配盒完全相同，用料为青白玉，直径33.5、高8.5厘米。由一个圆盘和八个扇形盘组成，盘皆有矮圈足。整体光素无纹饰（图六）。配装于木胎识文描金八宝纹漆盒内。玉质极其莹润，色泽纯正，雕工精细考究，造型规矩。

二

玉生活用品非普通日用品，不是一般人能使用的。常见的有存储用的玉盒，置帽用的冠架，吸食鼻烟的烟壶、烟碟，照明用的烛台，薰香用的香薰等。馆藏的清代玉生活用品有香薰、香囊、冠架、盒、花插、鼻烟壶和烟碟等。

香薰之类，是盛放点燃香料的容器，自史前至明清绵延不绝。制作香薰的材料有玉石、陶瓷、青铜等。不同时期的香薰形制不同，笼统而言，有的做成鸭、鹤、狮等动物之形，有的做成莲花、桃、灵芝等植物之形，有的做成盒、鼎、钵等器皿之形……香薰的使用功能可以从两个方面来理解，一种是解决生活中的实际问

图三 青玉龙柄杯

图四 碧玉兽面纹方杯

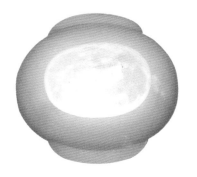

图五　黄玉双耳杯

图六　青玉攒盘

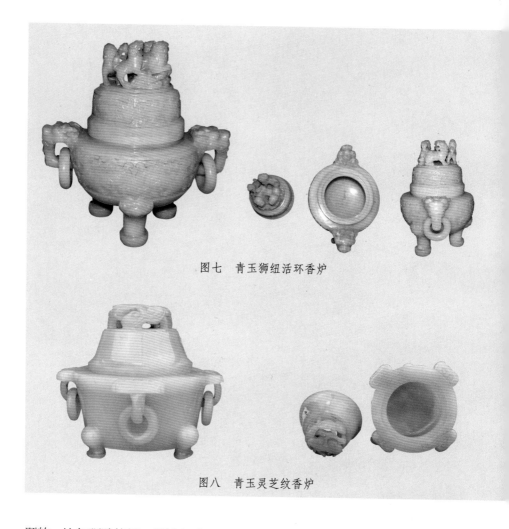

图七　青玉狮纽活环香炉

图八　青玉灵芝纹香炉

题的，比如驱除蚊蝇、提神醒脑、薰衣留香；另一种是具有礼仪意义的，比如宗教仪式上的燃香、祭祀活动中的燃香，都具有非常强烈的形式意义。馆藏玉香薰的造型为两种，一种是香炉，另一种是盒式香薰。青玉狮纽活环香炉通高25厘米，炉身最大径25厘米。盖顶圆雕四只姿态各异的狮子，炉身浮雕夔龙纹，兽头形双耳衔活环，兽首形柱状足，显得稳健有力（图七）。整器古朴大方，雕琢精美。青玉灵芝纹香炉的体形更小一些，直径11、高9厘米，由器身和器盖两部分组成。盖顶中部有一圆孔，盖纽镂雕成灵芝形。器身口沿琢成台阶式，对称地出四个灵芝形耳，耳衔活环；斜腹下收，四个兽足（图八）；云龙纹香薰为青花料制作，整体呈倭角长方形，子母口，盖面镂雕云龙纹，龙在祥云中穿行，龙首在云层之

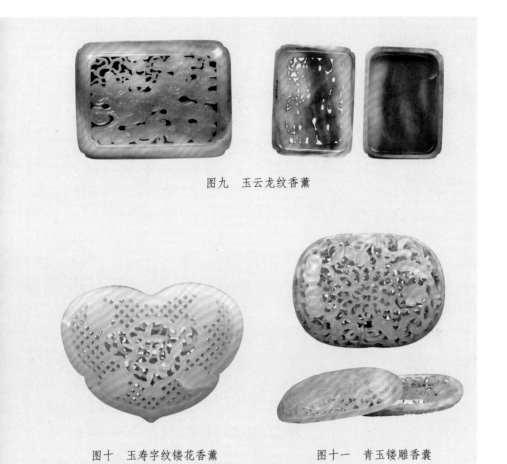

图九　玉云龙纹香薰

图十　玉寿字纹镂花香薰　　　　图十一　青玉镂雕香囊

上，云纹砣碾层次分明而流畅（图九）。

香囊供盛放香料或干花之用，一般系于腰间，也有悬于床帐或挂在车辇上的。在历史的长河中，小小香囊，蕴含着丰富的人文内涵：其一，驱病避邪；其二，定情信物；其三，馈赠礼物。香囊多为丝织品制作，以玉雕镂，为其中之上品，非一般人所能使用。清代的镂雕玉香囊，造型与纹饰各不相同，适用的人群也有所区别。馆藏的玉香囊均由青白玉制作，一剖为二，合二便为一，两部分的形状与纹饰完全相同，宽在5、6厘米左右。其一为透雕花卉寿字纹香囊，整体心形，中部开光，内以多层透雕之法饰花卉纹，花枝相互交搭，花朵与花叶浮于表层，显得既层次丰富，又主题鲜明；周围透雕成方格纹，间饰四个篆书团寿字，充满吉祥寓意（图十）；其二为透雕花卉纹香囊，整体椭圆形，中心部位为一平面化的莲花纹，风格纤巧细碎，其周围透雕串枝花卉瓜果纹，叶片、花朵、灵芝与瓜果等装饰元素以较为粗放的手法表现，与中心部位的装饰风格形成鲜明对比，从而显得十分突出（图十一）。与上一件香囊相比，这件香囊刀锋毕露，磨工欠佳。

冠架又称帽座，是官员放朝冠的家具，大多数是瓷制，也有珐琅的、玉的。虽各朝各代的官员都戴朝冠，但冠架迟至清代才出现。冠架在支撑朝冠的同时，也使朝冠上的顶子所代表的官品得到彰显。冠架的顶部为帽伞，这个部位常常设计巧妙，比如做成花形或瓜状，里面放上香料，朝冠架于其上，也被香气薰透，从而散发出悦人的香味。如上文所提到的，薰香是一种很重要的礼仪形式。馆藏的青玉云蝠纹冠架的帽伞分上下两段，上段碗状，可放入香料；下段插三只云蝠纹S形脚，以撑冠帽。除了帽伞，冠架还有梃手和底座两个部分。梃手也由上下两段组成，上段截面圆形，浮雕螭纹；下段截面呈方形，素面无纹。底座部分等距离分布三只云蝠纹足（图十二）。整个冠架由青白玉制成，造型沉稳大方。

玉盒的制作早至汉代，广东南越王墓就出土1件圆形子母口玉盒，装饰花瓣纹、勾连涡纹、勾连雷纹和双凤纹等纹样，纹饰雕琢精细，通体打磨光亮[3]。唐代玉盒较为多见，瓷的、玉的、金银质的，不一而足。瓷的多为素面，而玉盒则装饰着图案，如陕西省西安市宫城遗址内出土的唐代玉盒，就装饰着花卉纹和戏水鸳鸯纹[4]。宋辽时期的玉盒依然制作，河北省定州市静志寺真身舍利塔塔

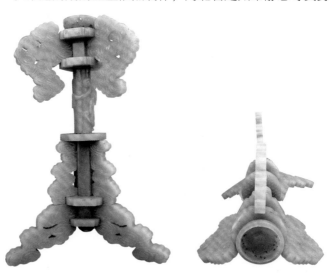

图十二　青玉云蝠纹冠架

基地宫出土的北宋玉双鸟衔绶纹腰圆盒，盒略做心形，盒盖阴线刻双鸟衔绶纹[5]；辽陈国公主墓出土有双鹅交颈造形的青玉盒[6]。馆藏的清代玉盒有白玉龙凤纹盒和青白玉牡丹纹盒等，大小有所不同。青白玉牡丹纹盒呈圆形，直径16.4厘米。盖、底为子母口咬合，底有一矮圈足，足内光素。器盖顶平，砣出一条弦纹把盖顶与盖身分为两个纹饰区间，饰浅浮雕牡丹花纹（图十三）。白玉龙凤纹盒直径5、高2.7厘米。白玉质，细腻莹润。盒圆形，上下开启、圈足。盖顶部浅浮雕龙凤纹图案，盖与身相交处起棱，盒身腹部与足交界处浮雕一圈莲瓣纹。圈足，盒内光素（图十四）。

　　花插为插花之器，玉料制作的花插是此类器物中的精品，除了实用功能，其本身就具有陈设装饰效果。目前所见的玉花插主要是明清至民国时期的作品。明代的玉花插植物题材的造型，比如灵芝形、玉兰形等，风格简练紧凑。清代玉花插的质地有和田玉、玛瑙、水晶等。造型更为多样，有树桩形、花果形、动物形等。风格或工致写实，或简洁明快。馆藏之青玉双连竹筒形花插显然属于后一种风格。它为青玉质地，表面有自然色和烤色，形如彼此相依的两节竹根，主体纹样为鸟立竹枝图，鸟一腿弯曲，一腿直立，站于枝头，挺胸回首；竹枝弯曲侧伸，竹叶修长，或伸或垂，将花插的两个部分连接起来。近花插底可见岩石或侧倾，或相叠，石上孔洞或大或小，或长或圆，表现逼真（图十五）。这件花插以竹筒入器，以竹枝小鸟和竹根部杂石入纹，器形与饰纹有机相融，浑然一体，足见巧妙的构思。

图十三　青玉牡丹纹盒

图十四　白玉龙凤纹盒

图十五　青玉双连竹筒形花插

图十六　青玉簸箕纹鼻烟壶　　图十七　青玉双鱼纹鼻烟壶

鼻烟壶是盛鼻烟的容器，小可手握，便于携带。随着鼻烟在明末清初传入中国，鼻烟壶也应运而生，成为集合多种工艺门类特色的一种物品。鼻烟壶的材质多种多样，比如瓷、铜、象牙、玉石、玻璃等。除了满足盛装鼻烟的实用功能，鼻烟壶还用于馈赠和显示身份。烟碟为清代富贵讲究人家之实用器，与鼻烟壶搭配使用，用小匙将鼻烟粉舀出放在烟碟上，将鼻子凑近吸取鼻烟。烟碟多以各种玉石制成，是富贵人家的讲究之器，除了供吸烟，还能让吸烟者查看鼻烟的品质。馆藏品中有青玉簸箕纹鼻烟壶（图十六）和青玉双鱼纹鼻烟壶（图十七），它们的造型一个丰满一个瘦长，纹饰也各具特色，一为剔地凸雕的簸箕纹，琢磨细致，虽装饰元素单一，却排列规整有致，再加上细致的雕刻工艺，可谓上品之作；另一为俏色双鱼纹，巧妙地利用玉料上的墨色之局部，雕刻出两条头上尾下的鱼纹，颇显设计之妙，但做工稍显粗放，底足刻成花朵之状。烟碟之属在馆藏品中并不多见，有一件为花玛瑙烟碟，以玉料自身的花纹取胜，并略加阴刻线。

综观馆藏清代玉饮食器和日常生活用品，会发现它们在玉料的使用要求方面存在一些共性，一般要涉及掏膛这道工序，所以需要选择具有一定块度的玉料，且尽量保持颜色上的均匀性，净度方面也要尽量减少瑕疵。此外，我们还可以通过馆藏清代玉器，窥见清代玉器生产的一些特点：

第一，器物类型和纹饰的延续性。清代玉饮食器和生活用品的器类具有很强的继承性，大多数器类在玉器的发展长河中已经存在，清代玉器在此基础上进一步发展。纹饰方面，馆藏清代玉器也体现出很强的传承性。比如鱼纹、串枝花纹等，便是沿袭旧有的传统图案。

第二，文化基因的传承性。以玉载礼的观念产生于新石器时代晚期，当时文明之光初露，玉器在充当祭祀神灵和天地的媒介的同时，也成为世俗社会中区分身份和地位的标志物。进入历史时期之后，玉以示礼的性质虽逐步淡化，却从未退出历史舞台，各个时期的玉器都程度不同的体现着这种文化基因。馆藏清代玉器对此也有体现，比如玉饮食器仅限于皇室或贵族使用，玉日常生活用品一般较其他质地的用品更能体现出使用身份的与众不同，这些都是玉之礼性在数千年中沉淀的结果。

第三，仿古特征。仿古是清代玉器的一大特点，馆藏清代玉饮食器和日常生活用品对此也有所反映。狭义的仿古不包括为了经济利益而做假的伪古玉，而是指出于对古代文化的喜爱追求古意而已。上文提到的青玉狮纽活环香炉在造型上模仿商周青铜鼎的形制，黄玉耳杯模仿汉代耳杯的造型，而青玉龙柄杯上的卷云纹则是追摹战国玉器纹饰的题材与布局特点，它们恰体现出清代仿古的两个主要特征：或器形仿古，或纹饰仿古。当然，也存在器形与纹饰皆拟古的玉器。

第四，创新性。清代玉器在继承传统的基础上也在努力创新，如馆藏品中的玉制冠帽架、攒盘、鼻烟壶便属于此类，它们在清代以前的玉器群中是不见的。创新的动力一方面源于新需求的刺激，另一方面也得益于对其他工艺门类的借鉴。创新的程度体现了一种艺术或工艺的活跃和发达程度，清代玉器特别是乾隆时期的玉器，在努力呈现古意的同时，也积极在融入本朝的东西，从而把中国的玉器制作推向顶峰。

第五，融入外来文化因素。痕都斯坦玉器是清代玉器群中一个重要而独特的组成部分，它们来自历史上位于今印度北部和巴基斯坦东部的莫卧儿王朝，以器形中融入动物造型、强调轻薄的质地和纤巧繁缛的花草类纹样为特色，深得乾隆皇帝的喜爱。清代朝廷不仅从原产地输入痕都斯玉器，而且在造型和纹饰方面仿制痕都斯坦玉器，上述所提到到白玉羊首杯便是其中一例，它以兽头装饰器物的特点具有鲜明的痕都斯坦玉器风格，但厚厚的器壁一反痕玉轻薄的特点，体现了清代中期玉器不惜玉料的特点。

注释

[1] 中国社会科学院考古研究所：《殷墟妇好墓》，文物出版社，1980 年。

[2] 杨伯达主编：《中国玉器全集（下）》，河北美术出版社，2005 年。

[3] 参见古方主编：《中国出土玉器全集（11）》，科学出版社，2005 年。

[4] 参见古方主编：《中国出土玉器全集（14）》，科学出版社，2005 年。

[5] 参见古方主编：《中国出土玉器全集（1）》，科学出版社，2005 年。

[6] 参见古方主编：《中国出土玉器全集（2）》，科学出版社，2005 年。

[原载《北京艺术博物馆论丛（第 2 辑）》，北京燕山出版社，2013 年]

诗情画意

——北京艺术博物馆藏陈设玉器

  陈设玉器的概念不太好明确界定。在现实的操作中，面对同一件器物，有人把它归入陈设用玉，有人则把它放在日常生活用品中。产生这种混淆的原因，是因为有些玉器既具有装饰性陈设功能，又具有实际用途。在此，我们把陈设玉器定义为安放于室内主要用于装饰室内环境的玉器，有的兼具实用功能或其他功能。观赏性是区别陈设玉器和实用器的首要条件。

  与装饰用玉比较起来，陈设用玉出现得较晚。商代玉器中，有一类被称为艺术品，它们中有的可能就是陈设器，不过，其宗教色彩不容忽视。汉代玉器中，陈设用玉已构成一个独立的类别。数量虽然不多，但意义非常重要，它是玉器功能由神性和礼性为主转变为服务于世俗生活的一个重要标志。汉代的陈设用玉有圆雕动物、人物、外郭带透雕附饰的大型玉璧，及玉座屏等，其中的一些玉器带有比较明显的厌胜压邪性质。宋代仿古玉器盛行，有一部分很可能是纯粹的陈设品，满足人们追旧怀昔的愿望，如安徽朱晞颜墓出土有仿古玉卣[1]。元代继承了宋代仿古之风，如范文虎墓出土有螭纹玉卣[2]。明代，陈设用玉有了较大发展，明人绘画中常见桌几上设有花觚、香炉，传世玉器中能见到较多的明代的瓶、觚、卣，说明明代玉陈设品在富有人群中是普遍使用的。

  清代，特别是清代中期，为陈设玉器发展的黄金时期。乾隆二十年至二十四年（1735～1739年），清政府两次平定了准噶尔部和回部的叛乱，使新疆的和田玉料能够源源不断地运到内地，为玉器的发展奠定了物质基础。乾隆皇帝本人十分爱玉，他对清代中期玉器的审美风格起到一定的引导作用，创出了名副其实的"乾隆风格"。他提倡"仿古玉器"和"画意玉器"，前者模仿大内仓库中的古代青铜器，后者则以宋元绘画为蓝本，认为"玩器最憎雕丽鸟"[3]，甚至公开指责市场充斥着华而不实、做工粗俗的玉器。当然，清代陈设用玉的发展与社会上众多的富裕客商的需求和能工巧匠的精湛技艺是分不开的。

  北京艺术博物馆所藏的清代玉器中，陈设用玉占有一定数量。根据造型的不同，这些陈设器大致包括这样几类：仿古彝器、仿生器、玉山子和玉家具，无法归入上述类型的陈设器我们暂时纳入其他类。由于岁月的流逝，有些陈设品附带的底座已不复存在，但有的则能保存下来。带底座的玉陈设品为我们欣赏其整体原貌提供了条件。本文拟对这些玉陈设器分类梳理，并通过归纳其特征体现其对清代玉器特点的折射。

一、仿 古 彝 器

前文提到，自宋代开始，仿古玉风盛行，仿古彝器就是仿古玉中的一大类型。清代的仿古彝器主要制作于乾隆、嘉庆时期，又以乾隆时期的作品为多，虽为仿古，但造型与纹饰或多或少都带有时代的气息。仿古器的风格多庄重严谨，沉稳脱俗。北京艺术博物馆的清代玉器藏品中，仿古器的造型有瓶、壶、匜、觚和豆，其中以玉瓶为多。

以玉制作仿古瓶在元代就已出现，如椭圆形、高颈、宽腹的贯耳瓶，古意盎然。清代的玉瓶造型繁多，是宫廷的重要陈设品，有琮式瓶、葫芦式瓶、长颈瓶、梅瓶、圆腹瓶、八棱瓶、方瓶等，较多的是宝月瓶。玉瓶的制作对玉料要求很高，大多选用质地坚硬致密、色泽均匀、质感凝重、纯净无瑕的和田玉，制出不同风格的青白玉、青玉、墨玉等作品，使玉瓶具有很高的欣赏价值。

馆藏的清代玉瓶粗略可分为三型：其一，瓶与动物或人物结合的造型，有青白玉凤驮瓶、青玉胡人戏狮纹瓶等。青白玉凤驮瓶高 13.8、宽 12.1、厚 4.8 厘米。瓶直口，长颈，颈两侧对称置双耳衔扭丝纹活环。颈部以剔地阳起和阴线刻手法饰相向蝉纹，中间夹涡纹条带。瓶腹做凤形，凤昂头翘尾，以浅浮雕、镂雕等技法琢翅膀，翅膀回卷至器底之下，凤之双足为器足（图一）。青玉胡人戏狮纹瓶高 11.8、宽 9.7、厚 3.4 厘米。整体分为两部分，一部分为六棱瓶，另一部分为胡人戏狮纹。瓶直口、斜肩、斜直腹、圈足；胡人双手托绣球于左耳侧，右脚踩狮背，神态威武自信；狮子趴于地，昂首翘尾，眼看绣球，似在听从戏狮人的召唤（图二）。其二，带镂空附饰的造型，如水晶镂雕花鸟纹瓶。此瓶高 14、腹径 13.5 厘米。瓶体扁圆形，直口、平肩、斜腹、圈足。瓶两侧镂雕花鸟纹风格较为粗放，但磨工欠佳（图三）。其三，比较单纯的玉瓶，如青玉御题诗瓶。此瓶高 8.4、宽 6、厚 2.6 厘米。小口、长颈、扁圆腹，长方形圈足。颈两侧对称镂雕夔龙耳，腹部

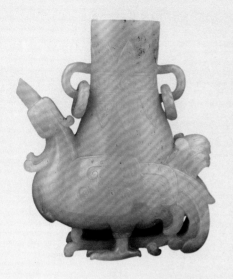

图一 青白玉凤驮瓶

图二 青玉胡人戏狮纹瓶

图三 水晶镂雕花鸟纹瓶

图四　青玉御题诗瓶

一面浅浮雕罗汉飞龙纹，另一面刻所谓的乾隆御题诗："一生如龙一生虎，接翼呼风飞且舞。劫魔偶堕尘外缘，灵光时见因中果。尊阿罗汉宾头颅，手持百八圆明珠。从来我佛神通大，摄受众生归正果。"（图四）这三种玉瓶造型各异，在一定程度上反映出清代玉瓶造型的多样性和变化性。

　　壶类器物中，除有柄的执壶外，其他壶的造型与瓶有很多相似之处，甚至于有些壶与瓶都难以严格区分开来。比如上面提到的元代贯耳瓶，也有称之为贯耳壶的。可以说玉壶的发展轨迹与玉瓶是交融在一起的。馆藏品中的玉壶是一件带盖的扁壶，宽9、高7、厚1.8厘米，青玉制作。平口、宽肩、敛腹、平底。壶盖顶部琢出椭圆形扭丝纹捉手，盖上双耳均雕绳纹。宽肩两侧各圆雕一螭，两螭对称，姿态相同，独角长及背部，张口，前肢抱颈，后肢攀于腹部，长尾末端分叉（图五）。

　　与玉瓶相比，清代的玉匜、玉觚和玉豆具有更为强烈的仿古特征。

　　匜原本是先秦时期青铜礼器中的水器，有流、单耳、圈足，与盘组合使用，匜用来注水，以手承接，水落盘中。匜之造型，最早见于西周中期，流行于西周晚期和春秋时期。瓷质的匜出现年代虽较青铜匜晚，较玉匜出现要早得多，汉代即已出现，唐宋元均有烧制。玉匜的出现大约是在宋代，安徽省肥西县岗集乡范岗出土过一件宋代玉匜，仿青铜匜的造型，底部边缘有一圈凸弦纹，杯身两侧近流处对称浮雕两只凤鸟。馆藏清代玉匜以青玉制成，长12.4、宽5、高4.5厘米。

整体椭圆形，口沿外侈，弧腹，圈足，足上起两道凸棱。口沿及腹下部各阴刻一圈回纹，其间剔地阳起密集的卷云纹。方折夔龙鋬，鋬上阴线刻兽面纹（图六）。

　　觚之造型源于商周青铜器中的一种敞口、细腰、圈足的酒器。明清时期，瓷觚的制作较多，玉觚的数量虽远不及瓷觚，但也构成仿古器中的一个重要类型。清代玉觚的造型有繁简两种，繁者附饰较多，简者仅制作觚之基本造型。馆藏品中有 2 件清代玉觚，分别代表了繁与简的两种风格。繁者为青白玉蟠龙纹觚，口径 9.2、底径 5.7、高 19 厘米。觚中部外鼓，上面浮雕兽面纹；觚的一侧镂雕一龙，作攀爬状，龙首高昂，另一侧有一圆珠，珠下高浮雕一螭，应为龙螭共同戏珠纹（图七）。这件玉觚既继承了传统的觚的造型，又通过高浮雕、镂雕等技法融入了时代的特色，堪称一件艺术佳作。简者为青玉兽面纹觚，觚体分为上中下三段，各段之间以束腰形式加以区别，四角出扉棱，各段四面中部起条状脊，上面阴线刻"×"形纹。上段呈喇叭形，"×"形纹两侧阴线刻鱼骨形纹；中段呈筒形，刻兽面纹和回字形纹；下段呈梯形，所刻纹饰与上段相同（图八）。

图五　青白玉双螭纹壶

图六　玉匜

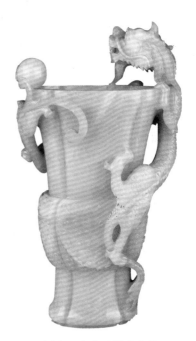

图七　青白玉蟠龙纹觚

图八　青玉兽面纹觚　　　　　　　图九　青玉镶尖晶盖豆

　　豆即高足盘，用于盛放食物。最早的豆为陶质，出现于新石器时代晚期。商周时期，青铜豆是重要礼器之一。直到汉代，豆依然是一种重要器类。但汉代以后，豆基本退出了历史舞台。清代的仿古之风也带动了玉豆的制作。馆藏品中有一件清代的青玉镶尖晶盖豆，直径3.7、高5.8厘米。青白玉质，细腻润泽。半圆形盖；器身直口，深弧腹，高足外撇，盖顶部、外壁口沿下和足端皆等距离嵌红色尖晶石（图九）。这件豆造型规整，玉质莹润，再加上红色宝石的点缀，给人一种富丽华美之感。

二、仿生玉器

　　仿生玉器包括对人物、动物、植物等题材的表现，在形象的准确性方面较明以前的作品有很大提高。宫廷画院在绘画中引入了欧洲画法，玉器雕刻的造型中也随之融进了写生的元素。与仿古玉器不同，仿生玉器的风格多灵巧活泼，富于浓郁的生活气息。以题材而论，馆藏清代玉陈设器中的仿生器有玉雕人物、动物和植物，但以植物题材的玉器为多。

　　玉雕人物据其表现题材有人面、立像或坐像，以及人形纹饰之别。人面像往往以透雕的手法表现轮廓，以阴线技法刻画细部特征。立像或坐像常常以圆雕或半圆雕手法进行表现。而人形纹饰的刻画有浮雕、线刻、透雕等多种技法。玉雕人物最早见于距今五六千年的史前文化中，比如凌家滩文化、红山文化、良渚文化等。之后，历代都可以看到玉雕人物，较为突出的有唐宋辽时期的飞天，宋至清代的执莲童子，以及一些佛教题材的雕像。

清代玉雕人物以圆雕居多，人物形象也较此前更为多样，有老翁、童子、仕女等，表现的内容有太白醉酒、童子戏猫或逗狗、布袋和尚等，他们姿态各异，或蹲或坐或站，形象生动，神态逼真，为历代所不及。馆藏的青白玉渔翁对此有充分的反映。此像高15.7、宽7.2、厚3.9厘米。渔翁高挽发髻，身背斗笠，面带笑容，双手托一条大鱼。他微屈的双腿暗示鱼有些分量，额头的几道皱纹和颏下的几绺长须透露了几多沧桑，圆润流畅的衣纹和轻扬的衣角使老翁的衣着充满质感（图十）。渔樵耕读是乾隆诗中常常歌咏的对象，清代中期有一些以农耕和渔民为题材的作品，用以表现大清统治的太平盛世，颇有政治意味。

动物形玉雕在新石器时代也已经出现，红山文化以肖生玉器为特色，石家河文化也有较多的动物形玉器，反映了人类早期和动物相互依存的关系。在随后的历史中，动物玉雕题材越来越广泛，作品越来越多，人们赋予这些动物玉雕许多吉祥寓意。清代的动物形玉雕题材更为多样，常常以谐音等形式寓意吉祥。馆藏清代动物形玉器有青白玉牧童戏牛、青玉瑞兽和岁岁平安摆件等。青白玉牧童戏牛底长15.2、高7.5、宽8.3厘米。牛的双角弯曲，三条腿跪卧，一前腿半支起，头侧向，目视前方；童子趴在牛背上，右手抓着牛角，左手拿笛并拢住缰绳，抬头向前看（图十一）。这件作品的造型生动质朴，饰纹简练。牧童戏牛是清代玉器中常见的题材，代表着太平盛世、农民安居乐业的景象。青白玉瑞兽长10、宽6、高3.5厘米。瑞兽四腿蜷曲卧于身下，圆目翘鼻独角，头向右侧上仰，嘴衔灵芝，尾分三叉，以阴刻线琢出身体上的细毛，四肢浅浮雕琢出羽毛，显示出它非尘世之物，是人们想象出来的动物（图十二）。玉雕岁岁平安摆件底径13、高8.5厘米。两只鹌鹑口衔谷穗之茎相依而卧，谷穗垂在鹌鹑身旁，谷穗侧旁雕两只苹果，谐音"岁岁平安"（图十三）。

植物题材的陈设用玉包括葫芦、佛手、莲荷等，都是一些传统题材。葫芦纹是明代丝织品的流行纹样，谐音福禄。佛手，也叫佛手柑，是一种带有甘苦味道的果实，但能散发出清新的香气，数百年来人们习惯在厅堂和卧室中摆放此物，以玉为佛手，视觉效果比真的更具吸引力，即使没有香气从中出来，弥补的方法

图十一　青白玉牧童戏牛

图十二　青白玉瑞兽

图十　青白玉渔翁

图十三　玉雕岁岁平安摆件

是在玉佛手中点燃粉状香料。此外，佛手因谐音福寿而成为明清时期的常见图案，又与石榴、桃在一起组成"三多图"，即多福、多子、多寿。莲荷也是一个有着很长历史的表现题材，文人爱莲，因其高洁；百姓爱莲，因此多子，与中国传统的子嗣观念相和；此外，莲花与佛教有着密切关系，是佛家八吉祥之一。

馆藏品中的葫芦以红白相间的两色玛瑙制成，高10厘米，造型为圆雕的一大两小三个葫芦，葫芦间藤蔓环绕，叶片低垂，配以镂雕的绿松石底座，下又有嵌银丝回纹木座承托，三种不同的质料搭配在一起十分和谐（图十四）。花生也以玛瑙制作而成，造型为带钩支撑花生之形。整体长9.6、宽2、高3厘米。通过俏色工艺，以黄色的玛瑙皮浮雕出栩栩如生的四粒花生，表皮坑坑洼洼，显得十分粗糙；以红色玛瑙做出带钩的样子，下有圆形钩纽和弧形弯钩，若底座般支撑着花生（图十五）。佛手系圆雕，以带褐色皮子的青白玉制成，长11、宽8、高6.5厘米。佛手长着一根根手指般的瓣，它们或长或短，相互攒簇，雕刻得十分自然。佛手外围镂雕着桃、石榴和枝叶，叶片肥厚，单阴线刻叶脉纹（图十六）。青白玉莲荷摆件无论用料还是做工都更为形象，长7.5、宽4、高2.6厘米。玉质光亮润泽。圆雕成饱满的莲蓬，籽粒毕现，旁附莲花，下承莲叶，一只蝴蝶，展开双翅，落于荷花之上（图十七）。

三、玉 山 子

玉山子是一种山形玉器，其雕琢往往因材施艺，随玉料的形状以不同的技法雕琢出山峰、林木、流水、花草、人物、动物等景观，呈现出绘画般的效果。"玉山子"一词最早见宋代，《宋史·礼乐志》中提到宋真宗皇帝在观赏御花园中的石头山子后曾做诗以留纪念，宋代玉雕工匠受到启发，随将玉雕成山状，始有"玉山子"之名。但是，宋代至明代的玉山子结构简单，加工粗糙，作品表现的或是景色的一角，或一人、一兽。清乾隆年间，玉山子的制作达到极高的艺术水平。除小型玉山子外，宫廷玉器中还出现了巨型玉山子，如大禹治水图、会昌九老图、关山行旅图等，以大块玉料表现气势宏大的场景。小型玉山子在立体绘画般表现景色方面也有更进一步的发展，所用玉料多为上品，籽料往往留皮。

馆藏品中有几件清代玉山子，它们所呈现的画面各具特色。白玉山水人物纹山子长10.1、高5.7厘米。整体若山峰林立，两面以浮雕、阴线刻等技法琢

图十五　玛瑙花生

图十四　玛瑙葫芦

图十六　青玉佛手

刻纹饰。一面为山水人物纹，远处苍松挺秀，亭台半遮飞檐；近处，溪水潺潺流淌，一老者拄杖回首，一童子捧寿桃上前，具有敬老、祝寿的文化内涵。另一面，皮色若霜染山林，山坡上沟壑毕现，雌鹿静卧回首，雄鹿站立前望，灵芝挺立于石上，双鹿灵芝纹具有长寿福禄的美好寓意（图十八）。这件山子的题材、构图具有明显的山水画痕迹，同时融入了清代玉器习惯表达的吉祥内涵。青白玉山水山子长 8.5、高 11 厘米。玉料表面留黄色玉皮。整体比较圆浑，两面皆以多层浮雕技法琢纹：一面，山间空地上，一匹马正要饮水，另一匹马正在打滚儿，不知名的树木结满了果实。另一面琢松鹿纹，远处，一鹿静静站立，

图十七　青白玉莲荷摆件

图十八　白玉山水人物纹山子

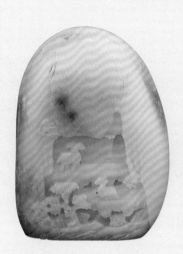

图十九　青白玉山水山子

图二十　青玉松鹿纹山子

稍近，一鹿卧地前视，再近，松树挺秀（图十九）。青玉松鹿纹山子长 8.5、宽 5、高 14 厘米。玉料多处有黄色、棕色玉皮。以圆雕、浮雕、镂空等雕刻技法琢制。一棵松树缘山石而生，树冠遮住顶部及山子的两面：一面，近处，一鹿站立回首，远处，一鹿伏身下望；另一面，一猴坐于松下，左手挠头，回首上望，树顶之上更有云气蝙蝠（图二十）。三件玉山子各随料形而琢，形状各异，但题材方面也可以看到一些共性，即都以松鹿入画，体现出清代玉器中某些装饰元素的符号性作用。

四、玉家具

　　玉家具主要是指嵌入硬木框架中使用的玉嵌件，在时间流逝过程中，木框架往往留存不下来，只剩下了玉质嵌件。最常见的是屏类玉器，此外，宝座、桌、椅、床、榻等也有的镶嵌玉件。

　　屏类玉器包括嵌入屏风、插屏、挂屏、座屏等家具上的玉嵌件，根据需要，切割成不同的形状。插屏或大或小，小的为桌屏，是摆放在桌案上使用的，一般根据作用不同，又衍生了不同的名称，如灯屏或砚屏，小插屏或成对用，或单独用。大的插屏有底座的，底座安装有竖立的屏柱，屏柱的内侧挖槽，玉屏扇只能有一扇，顺着挖槽由上至下插下，大的插屏是成对的，放在门的两侧使用，可以一字排列，也可以相对摆放。挂屏是纯粹的装饰性的家具，有单扇的，也有成对的，还有四扇一组的，屏的形状有圆形的、横幅的和立幅的。它们通常摆放在中堂，中间一个大的挂屏或是镜子，两边是对子，上边是横幅的横批。

　　从本质上说，屏类玉器也是玉图画，玉山子是立体的图画，而屏类玉器是在一个平面上表现的玉图画。这种性质的玉器最早亦是见于宋代，估计与宋代绘画艺术的发展密不可分。清代的屏类玉器往往通过高浮雕、浅浮雕、阴线刻等多种技法来表现自然风景、人物故事，有的还有附诗文，俨然是绘画的翻版。

　　馆藏品中的此类玉器以形状而论，有圆形和长方形之别。圆形者如青白玉凤凰牡丹纹嵌件和碧玉花鸟纹嵌件；长方形者如青玉描金山水纹嵌件和青白玉山水纹嵌件等。青白玉凤凰牡丹纹嵌件，直径12、厚1.2厘米。圆板上以浅浮雕、阴线刻雕凤凰牡丹纹。凤昂首站于岩石之上，对天鸣叫，尾拖两根长羽，双翅收合。岩石一侧盛开着一高一矮两枝菊花，另一侧一株牡丹正在绽放。空中飘着祥云，长长的云脚。凤凰为瑞鸟，寓意吉祥，牡丹是富贵的象征，画面表达了富贵吉祥之意（图二十一）。碧玉花鸟纹嵌件直径8.6、厚0.7厘米，两面均以浮雕和阴线刻的技法琢制纹饰。一面为山林景色，山石险峻，松树挺拔，一亭建于崖边，两只仙鹤相背而立，灵芝、兰草、菊花点缀山石间，具有"松鹤延年"的寓意；另一面雕山石灵芝纹，刀工极简（图二十二）。青玉描金山水纹嵌件为长方形，长16.3、宽13厘米。一面以阴线刻加描金技法饰纹，远处树木环抱之中，房屋高低错落。近处，水波微兴，柳枝低垂，松树耸立于石间，不知名的树茂盛地生长；

图二十一　青白玉凤凰牡丹纹嵌件

图二十二　碧玉花鸟纹嵌件

图二十三　青玉描金山水嵌件

图二十四　青白玉山水纹嵌件

另一面阴刻行书《快雪堂记》，文字周围有内外边框，其间饰串枝花纹。图案受中国山水画的影响，以刀代笔，描绘出一幅清幽宁静的画面。清高宗弘历为贮存快雪堂帖刻石而建"快雪堂"，并亲撰《快雪堂记》，详细记载了得石经过（图二十三）。青白玉山水纹嵌件长 11.7、宽 7.8 厘米。正面以多层浮雕、阴线刻等技法琢山水纹。远处山峦起伏，与水相依；稍近，亭子翘起飞檐，两棵大树枝繁叶茂，主干虬曲相错，单拱小桥横跨于河面，一级级台阶清晰可辨；再近，河流一侧的岩石上沟纹毕现，另一侧有两人驻足，似在交谈。图案采用远山近景构图法，层次分明，雕工较好，局部可见钻孔痕迹（图二十四）。

五、小　结

由上文而知，馆藏清代陈设玉器可分为四种类型：仿古彝器、仿生器、玉山子和玉家具。通过这四类玉器，我们可以对清代陈设玉器有一个概略的认识：其一，构成陈设用玉的四类玉器呈现出不同的风格。仿古彝器沉稳凝重，古风浓厚；仿生器生动活泼，富于生活气息；玉山子和玉家具画意盎然，俨然是玉质的画作。其二，在用料方面，四类玉器除仿生器用料较小外，其他三类玉器的用料都比较大，这与清代玉料来源充足的事实吻合。其三，玉山子和玉家具虽一个立体一个平面，但都属于画意玉器，都以绘画为蓝本，虽源及宋代，但兴盛发达于清代。其四，仿生器和仿古彝器的渊源更早，前者早及新石器时代，后者可追溯至商周时期，但其兴盛程度都远远超过前代，反映了清代玉器生产的发达。

[1] [2] 杨伯达主编：《中国玉器全集（中）》，河北美术出版社，2005 年。
[3] 张丽瑞：《官廷之雅——清代仿古及画意玉器特展图录》第 25 页，台北故宫博物院，2007 年。

[原载《北京艺术博物馆论丛（第 3 辑）》，北京燕山出版社，2014 年]

玉论

闲情逸趣 文房雅品

——北京艺术博物馆藏玉质文房用品

　　文房用品是指书房里的用具和摆件。文房用品中首当其冲的是笔墨纸砚，其他用品多围绕文房四宝展开，是为了保护和美化它们。明代屠隆在其所撰的《文具雅编》中逐条介绍了除文房四宝以外的43种其他文房用具[1]，有的沿用至今，如笔格、笔筒、笔洗等；有的已经让人陌生，如贝光、廖、韵牌等；有的不属于文房用具，如剪刀、如意、镜等。

　　概而观之，除文房四宝外，常见的一些文房用品有这样几类：其一，砚用类，如砚匣、砚床、研山等；其二，墨用类，如墨匣、墨床；其三，纸用类，如镇纸、裁刀等；其四，笔用类，如笔格、笔床、笔挂、笔筒、笔洗、笔掭等。其五，其他类，如水注、水丞、臂搁、印盒等。除此以外，还有界尺、诗筒、书刀、糊斗、蜡斗、书灯等，都是一些不常用的文房用品。

　　制作文房用品的材料多种多样，有竹木、牙角、陶瓷、玉石、金属等，玉料为其中颇具个性的一类，这与玉所承载的人文内涵密切相关，但不是所有的文房用品都会把玉选为制作材料。关于玉制文房用品最早见于何时，尚有不同的说法。张广文先生在《明清时期的玉器摆件》[2]一文中提到："汉代玉器中有较多的玉文具，如笔屏、水丞、洗、镇等，至宋、明做成气候"，作者显然认为，玉质文房用品早至汉代。但此说的根据似有不足，东汉时期虽发明造纸术，但纸的普及是若干年后的事情了，或许隋唐时期才真正普及。所以，汉代虽有压席之镇，但未必有专用的镇纸。此外，玉质文房用具的出现是在书画艺术成熟的大背景下文人以崇尚和追求美玉来抒发闲情逸致的风气有关，而汉代似乎也不具备这种社会条件。

　　关于玉质文房用品出现的最早时代还有另外一种看法，即认为"目前科学发掘出土最早年代的玉质文房用品，是在史绳祖（1274年卒）的墓葬中发现的"，"大多数传世的玉制文房用品，制作时期不早于南宋"[3]。史绳祖墓出土的玉文房用品包括玉笔搁、水晶笔搁、荷叶砚滴、卵形印泥盒、玉印章、玉兔形镇纸，数量各一。内蒙古奈曼旗辽陈国公主墓里出土了玉砚[4]。

玉器发展到明代，文房用品的种类变得十分丰富。屠隆在《文具雅编》记述的文具品种中，其中一些为玉料制成。清代，玉质文房的品种更为多样，包括笔搁、水丞、砚滴、笔洗、印盒、笔杆、臂搁、镇纸、镇尺、玉砚等。

在北京艺术博物馆的馆藏玉器中，清代玉质文房用品的数量较少，种类涉及笔洗、镇纸、镇尺、墨床、臂搁等。现分述如下：

一、玉 笔 洗

笔洗是存水以洗残留余墨之笔的器具。晋唐时期就已使用。笔洗的造型多为敞口，腹或深或浅，常常给人以小巧精致之感。晋唐至元代，瓷笔洗颇为流行。而玉笔洗最早见于宋代，上文提到的南宋史绳祖墓出土一件青玉荷叶形洗，洗身造型如一大荷叶，卷曲的茎为洗柄和洗足，一小叶片覆盖柄顶[5]。这件玉洗构思奇巧，富于大自然的气息，可谓明清时期玉质仿植物形文具的先声。元代的玉笔洗承宋代之风，仍以植物题材为造型依据。比如江苏无锡钱裕墓出土的青玉桃形洗，造型为写实的桃子之形，柄为桃枝、桃叶透雕而成，枝叶蔓延至器底，叶上阴刻叶脉[6]。明代，"笔洗，玉者有钵盂洗，长方洗，玉环洗，或素或花，工巧拟古"[7]。清代玉笔洗的形制更为多样，除方圆之类的几何造型外，仿自植物之形的洗子也较多，比如荷叶洗、桃式洗、瓜形洗等，其中以荷叶形玉洗最为典型。

图一　青玉龙纹洗

图二　青玉洗

玉论

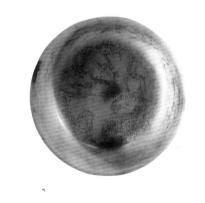

图三　青玉描金山水纹洗　　　　　　图四　青玉螭纹洗

　　馆藏清代玉笔洗5件，以口部区别，可分为敛口、直口和敞口三种形式：其一，敛口式，即形似钵盂的洗子。如青玉龙纹洗，直径11.7、高5厘米。整体扁圆，敛口，鼓腹，圜底，器壁很薄。腹部以阴线刻加描黑技法饰二龙戏珠纹，龙张口露齿，长须有胡，双角向斜后方伸，发后飘纷披，四爪。底部有阴文"乾隆年制"四字，楷体（图一）。从玉质和雕工来看，应是清后期的一件仿品。其二，直口式。如青玉洗、青玉描金山水纹洗等。青玉洗口径8.5、高3.2、底径6.5厘米。圆形。直口，直腹，圈足。腹外壁琢两道凸弦纹，其间浮雕变形的三角形云纹和回纹，颇具古意。底部阴线刻篆书"乾隆年制"（图二）。青玉描金山水纹洗，口径13.6、高3.8厘米。圆形。直口，弧腹，平底。洗外壁浮雕八吉祥纹，洗内底阴刻描金云纹和山水纹，山水纹中有桃树、云中有蝙蝠，是传统的福寿平安图（图三）。内外壁纹饰风格与工艺相异，或为不同时期琢刻。其三，敞口式。如青玉螭纹洗。此洗口径9.8、底径7.4、高3.6厘米。敞口，斜腹。内底高浮雕螭衔花卉纹，外壁光素。底无纹，有五个小矮足（图四）。

二、玉 墨 床

墨床的作用是置放未干之墨锭。多为木、玉、瓷所制，形状或为榻式，或为几案式。墨床产生的具体年代不可考，文献亦鲜有记载。

目前所见的最早墨床为明代器物，多呈几案形，线条劲挺，棱角分明，通体不加任何雕饰，明代朴素浑厚之风极为明显。明代墨床除玉质外，还有木嵌玉墨床，但传世品极为少见。

清代墨床以瓷质为多，玉质墨床有的纯粹以玉制成，有的则是嵌玉墨床。清代玉墨床也多为几案形，但较明代的雕工更显细腻。此外，清代玉墨床的床面多有纹饰。如一件玉墨床，为造型简单的几案形，案面雕东坡游赤壁图，浅浮雕的技法纯熟，纹饰层次分明，为清代玉墨床中的精品；嵌玉墨床多以玉为床面，如一件嵌玉墨床，红木座上嵌有白玉牌，雕饰有花丛鹦鹉纹，红白相衬，别有韵味。墨床在文房用具传世品中最为少见。

馆藏品中有一件清代白玉松纹墨床，长 8.8、宽 3.6、厚 2.7 厘米。此墨床为嵌玉墨床，案形木底座，白玉床面，床面上浅浮雕松树纹。松树的主干苍劲有力，自左向右倾斜，松针攒簇，缀于枝丫之上（图五）。此器构思巧妙，以长方形玉料为画纸，纹饰截取松树局部加以表现，颇有中国画的意味。

三、玉 镇 纸

镇纸，又称书镇，主要以重压纸张或书册使之保持平整。镇纸所用材料有金银、玉石、竹木、牙、瓷等。镇纸源于镇。魏晋以前古人席地而坐，坐卧有席，为了防止起身落座时折卷席角，用镇压四角，所以镇多四枚一组。有的床上置帷帐，帷帐四角也常用镇来压住。西汉时，镇的使用和制作达到了鼎盛时期，其造型除少量人物外，大都为动物，常见的有虎、狮、豹、龟、鹿、羊等，以金属玉石制成。唐代，随着纸绢上书写作画的兴起，镇的使用范围日益扩大，并开始步入文房用品行列。至宋代，镇纸的使用已较为普遍。到明清时期，镇纸已成为文房书案上的重要实用器具。

玉镇纸的出土最早见于唐代墓葬。西安东郊唐代韦美美墓出土过一件兔形玉

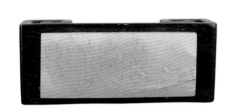

图五　白玉松纹墨床　　　　　　　图六　白玉双羊镇

镇纸[8]，其下为长方形底座，上雕拱背伏卧之兔，造型生动简约。南宋史绳祖墓也出土过一件兔形玉镇纸，圆雕，线条简练，形态逼真，雕琢细腻[9]。明代玉镇纸，在屠隆的《文具雅编》中有载："古玉彘，古人用以挣助殉葬者，有白玉卧狗，有卧螭，有大样坐卧哇哇，有玉兔、玉牛、玉马、玉鹿、玉羊又有玉蟾蜍，其背平斑点如洒墨色，同玳瑁，无黄晕，俨若虾蟆背状，肚下纯白其制古雅肖生，用为镇纸，摩弄可爱"。这一记载说明了明代玉镇纸使用的多样性，玉彘即古人殉葬的猪形玉握，握于死者手中，明代人用为镇纸，可见镇纸的使用原则是求实用，求古朴精致。清代玉镇纸的造型更为多样，人物、动物、花卉、瓜果等，不一而足。

　　馆藏清代玉器中有一件白玉双羊镇颇具代表性。长7.5、宽2.9、厚5厘米。圆雕成两只相依而卧的羊，大羊弯角，上饰扭丝纹，随形向后弯曲，大耳下垂，有胡，下额抵小羊的额头，充满母爱；小羊前视，小耳下垂，弯角亦饰扭丝纹，温顺乖巧。羊背部、腿部和两羊之间均浅浮雕云纹（图六）。两只羊形神兼备，寓意吉祥，抛光细腻，云纹的装饰为写实的题材增添几许浪漫色彩。

四、玉 镇 尺

镇尺，也称压尺，作用与镇纸类似，但为长尺形，有的还做出动物形或几何形的纽，以便于提携。镇尺的实物最早见于宋辽时期。比如，江苏淮安宋墓出土有漆制镇尺一对[10]，内蒙古昭乌达盟巴林右旗辽代窖藏中出土一对页岩石镇尺[11]。元明时期的镇尺一如宋代，往往成对出土，且带有兽形纽。清代的镇尺或长或短，但所用材料更为多样，包括玉石、竹木、牙、珐琅等，尺上的纽造型更为丰富，或圆雕成小兽，或浮雕成花卉，或长条至整个器身。

关于玉镇尺，明屠隆在《文具雅编》中记载"有玉碾双螭尺"，这类作品的下部为长条形玉尺，尺上凸起双螭为纽，但目前所见的作品多为清代制造。馆藏品中有玉镇尺一件，即青玉螭纹镇尺，是一件颇具时代风格的作品。其长14.5、宽2.3、厚1.7厘米。正面居中高浮雕螭纹，钻孔痕迹清晰可见，螭的身体向一侧弯曲，首尾几乎相触，凸目圆耳，独角短颈，尾分两股，均回卷，较长的一股自一腿下穿过。两侧各浅浮雕一螭纹，两螭相向，细阴线刻长发后飘，两后肢一屈一伸，肢体肘部刻涡纹。侧面阴线刻回纹（图七）。

图七　青玉螭纹镇尺

五、玉臂搁

　　臂搁，又称秘阁、臂格。用毛笔写字时垫于臂下，以免将墨迹蹭污。宋代林洪在其所著的《文房图赞》中就有了臂搁的记载，但迄今我们并未见到过出土实物。目前所见的最早的臂搁实物，收藏于故宫博物院，是一件双螭纹玉臂搁，长10、宽3.4厘米，片状，两侧下卷，表面浮雕双螭纹，双螭相对，口衔灵芝[12]。目前公布的宋代玉器考古发掘资料中，尚不见螭衔灵芝纹，但元代玉器中并不少见，这件具有宋元风格的作品，目前被定为元代作品。明代，玉臂搁并不鲜见。明代高濂《遵生八笺》有记："臂阁，有以长样古玉璏为之者，甚多，而雕花紫檀者亦常有之。近有以玉为臂阁，上碾螭文、卧蚕、梅花等样，长六七寸者；有以竹雕花巧人物为之者，亦佳。"这段文字说明，明代所用玉臂搁，其一为古代遗留下来的玉猪，其二，为带螭纹、卧蚕纹和梅花纹的玉臂搁。

　　清代，玉质臂搁常常仿竹节式臂搁制作。故宫遗玉中有一批玉秘搁，片状，两侧下卷，前后两端呈等距离的斜 S 状。作品的长度、宽度不同，大致有透雕云螭纹、浅浮雕竹叶、花草或花鸟纹，并阴线刻诗句等不同图案，其中一些带有"子刚""子昂"款，这些作品分别属于明、清早期及清中期制造的作品，从图案来看，其中的浅浮雕且有阴线相间图案的作品应具有明代风格，浮雕图案圆润复杂的作品，应为清代制造[13]。带有浮雕诗句及粗阴线诗句的，应属于明—清早期作品。

　　馆藏品中有一件白玉竹节纹臂搁（图八），长6.2、宽3.9、高1厘米。片状，两侧内卷，整体若剖开的竹筒。正面两端雕竹节纹和乳丁纹，正中浅浮雕部分竹竿和竹叶。背面竹节浮雕三道阳棱，并阴刻篆书"乾隆年制"。

　　中国的古代文房用具，历经唐宋元明之后，至清代形成了鼎盛时期。与前代相比，清代文房用品在满足实用功能的同时，也非常重视其观赏性，故有"文玩"之称。清代文玩不仅存世量最多，而且构思精巧，设计独到，达到了登峰造极的地步。清代文玩的流行与繁荣，除了文人精心追求，营造一个窗明几净、赏心悦目的书斋环境外，在很大程度上，也是清室康雍乾三朝皇帝的爱好与推动。

　　北京艺术博物馆藏的清代玉器中，文房用品的数量虽较少，种类也不够全面，但也在一定程度上反映了清代此类器物的特点：其一，装饰纹样具有画意，与文玩类作品的使用环境十分契合。比如上面提到的玉墨床，装饰着松树纹的局部，

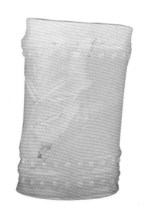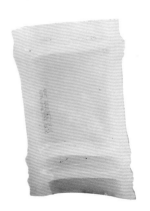

图八　白玉竹节纹臂搁

留白较多，是南宋夏圭、马远绘画中以小见大、以偏概全传统之遗绪。清代，特别是清代中期，由于皇帝的倡导，许多工艺门类的作品都融入了绘画之风，竹刻、牙雕、玉雕等都是如此，呈现出高雅的审美情趣。其二，有些玉器具有吉祥寓意。清代玉器一般是图必有意、意必吉祥。清代玉质文房用器亦不能免俗。如白玉双羊镇，就选取了代表吉祥的物化形象——羊。不过，虽寓意吉祥，但在形象的表达上，却毫无俗气之感，细腻的雕工、温顺的形象与书斋环境十分匹配。其三，仿生造型。玉质文房用品从产生之初，就与植物、动物等仿生题材结下了不解之缘。清代玉质文玩依然沿袭了这样的传统，馆藏品中的玉文玩对此也有体现，比如竹节形的臂搁、双羊造型的玉镇等，充满了朴素自然的审美情趣。其四，融入仿古因素。仿古玉是清代玉器的一个重要类型，或造型仿古，或纹饰仿古，或造型与纹饰都仿古。馆藏品中的清代玉文玩以纹饰仿古为特色，比如玉镇尺和玉洗子上的螭纹、青玉洗上的云纹等，纹饰古风盎然。

注释

[1]　[7] 屠隆，字长卿，又字纬真，号赤水，鄞县（今属浙江）人，明代戏曲家、文学家。作《荒政考》，描述百姓灾伤困厄之苦。有《栖真馆集》《由拳集》《采真集》《南游集》《鸿苞集》及《考盘余事》《游具杂编》《文具雅编》诸集。

[2]　张广文：《明清时期的玉器摆件》，《文物天地》2010 年 4 期。

[3]　刘明倩：《中国古玉藏珍》，广西美术出版社，2006 年。

[4]　内蒙古自治区文物考古研究所、哲里盟博物馆：《辽陈国公主墓》，文物出版社，2000 年。

[5]　[9] 崔成实：《浙江衢州市南宋墓出土器物》，《考古》1983 年 11 期。

[6]　无锡市博物馆：《江苏无锡元墓出土一批文物》，《文物》1964 年 12 期。

[8]　呼林贵等：《西安东郊唐韦美美墓发掘记》，《考古与文物》1992 年 5 期。

[10]　罗宗真：《江苏淮安宋墓出土的漆器》，《文物》1963 年 5 期。

[11]　巴右文等：《内蒙古昭乌达盟巴林右旗发现辽代银器窖藏》，《文物》1980 年 5 期。

[12]　故宫博物院：《故宫博物院文物珍品全集·41》图 132，香港商务印书馆，1994 年。

[13]　张广文：《明代玉器》，紫禁城出版社，2007 年。

（原载《收藏家》2014 年 7 期）

美玉饰身

——北京艺术博物馆藏清代玉佩饰概观

　　玉佩饰，大多为悬挂于人的身体上、具有美化功能的饰件，也有挂于器物上作为坠饰的。就具体功能而言，有些玉佩饰只具有装饰性，而有些玉佩饰则兼具礼仪功能。

　　八千年的用玉史，以玉佩饰为先声。我国最早出现玉器的兴隆洼文化，便是以耳部佩戴的玉玦和颈部佩戴的珠管为特色。其后的红山文化、良渚文化及更晚的石家河文化都有许多玉佩饰出现。史前时期的玉佩饰往往具有浓重的原始宗教色彩。

　　商代，随着礼仪用玉的衰退，佩玉变得更为发达。妇好墓出土的玉器中，玉佩饰占了很大比重，其纹饰规整严谨，充满了一个集权国家的专制色彩。西周时期，流行组玉佩，佩玉在很大程度是政治表态，而不是个人好恶。儒家随之对玉德的总结实现了玉的天然属性与君子的道德规范之间完美结合，奠定了其后几千年佩玉不衰的思想根基。另外，史前时期先民赋予玉的天地之精华、可通天礼神的特性也沉淀在用玉文化中，史前用玉的宗教色彩成为古人以玉为神物的永久记忆，汉代道教对玉的推崇强化了历史时期佩玉可去灾避邪的观念。因此，中国古代玉佩饰之盛行，既有着坚实的思想基础，也包含着中国古人的信仰观念。

　　在古代玉器的功能分类中，佩饰最为多样，种类也比较庞杂。大致说来有直接饰于身体部位的玉饰物（头部玉饰、项部玉饰、耳饰、指、腕及臂部玉饰等）、服饰饰玉（冠帽饰、项饰、带饰、佩坠类挂件等）、器物上的玉饰件（剑柄、轴头等）。

　　但是，佩戴于身的玉饰件要符合两个基本条件：一，体量不能太大；二，要有穿孔，可系绳穿挂。在实际操作中，有些玉佩具有明确的佩挂位置，比如，头部玉饰、项部玉饰、指、腕和臂部玉饰及玉带饰；有些则缺乏特别明确的佩挂位置，比如，玉牌、玉坠之类的饰件。北京艺术博物馆藏的清代玉器中，玉佩饰的数量较多，笔者拟做三篇文章分别述之。本文即是对具有明确佩挂位置的玉饰件的综合论述。

一、头部饰玉

　　头部饰玉出现很早。良渚文化时期，便有镶嵌于梳背儿上的玉饰件，梳子是插于头上的，玉梳背自然也成了头部装饰的一部分。山东龙山文化中，已出现镂空透雕的扇面形玉簪首，做工比较精致。商代妇好墓出土的动物形玉器中，有学者认为其中的一些为头部饰玉。

　　头部饰玉在男人和女人有所不同。唐代以后，妇女的头部玉饰出现有簪、钗、梳、步摇等，还有一些金质或银质的簪、钗，首端装饰为玉质，称为玉簪首。到了清代，则有玉扁方。男人的头部饰玉有簪、冠、帽正等。北京艺术博物馆所藏的清代玉佩饰中，头部饰玉可分为两类，即发部饰玉和玉冠饰。

（一）发部饰玉

　　馆藏品中，发部玉饰有扁方、挑簪和梳。

　　清代，上层社会的满族妇女流行梳颇具民族特色的"两把头"，即发分两股，结成横长式的发髻，再将后面的余发结成燕尾式长扁髻，压在后脖领上，使脖颈挺直。在横长式发髻中起骨干作用的工具便是扁方。清代早中期，满族妇女把真头发梳成两把头；清晚期，"两把头"改成了青缎制作，安在头顶上，它与真头发梳成的头座的连接也是仗着扁方起作用。扁方的形制统一，皆呈长条形，一端卷起，另一端圆弧状。常见的有玉扁方、金扁方等，常常通过镂空的手法装饰喜字、团寿字或变形万字等纹样。此外，还有金镶玉、金镶碧玺、珍珠或其他宝石的扁方。

　　馆藏品中有玉扁方2件，一件为白玉扁方（图一），另一件为青玉镂雕花蝶纹扁方（图二）。白玉扁方无任何装饰，通过良好的抛光，突显纯净莹润的质感。青玉镂雕花蝶纹扁方则竭力避开玉料本身色泽不均、有绺裂的瑕疵，通过镂空透雕繁复的装饰纹样取胜，纹样主题为花蝶纹，花朵五瓣，正在盛开，蝶儿展翅，翩跹于花朵旁，动静结合，俨然一副热闹的春天小景，当为清代中期作品。

　　簪是横穿过头发和冠冕的针状用具。先秦时期称笄，从汉代起称簪。簪的历史非常悠久。史前时期的人们便已使用骨簪。在数千年的发展过程中，簪的长针状造型变化不是太大，但横截面有扁平长方形、圆形、椭圆形、不规则形等。制作梳子的材料多样，骨质、象牙、木质、银质、金质、玉质等，在不同的时期呈现出不同的特点。

馆藏品中有清代玉簪 2 件，均为白玉质，造型相同，整体呈扁平长针状，顶端附圆凹状掏耳勺。但它们的装饰手法不同，体现出不同的审美情趣。白玉镂花挑簪给人一种轻巧玲珑之感，镂空透雕出缠枝花，虽空间有限，却也呈现出枝繁叶茂之态（图三）。白玉嵌宝石挑簪则追求华美与贵气。簪之主体部位设计呈节状，以四瓣花相隔，花与花之间呈椭圆形，上面镶嵌各色宝石，如红宝石、绿翡翠、粉碧玺等，多样的色彩在白色玉料衬托下，极富装饰效果（图四）。

梳子在古代，既是一种重要的发上饰物，也是一种满足梳理需要的实用工具。有学者认为，梳子很可能源于笄，它出现的虽比笄晚，但史前时期也已经出现，迄今有 6000 多年的发展历史[1]。梳子在最早出现时，功能可能更以固发为重，比如良渚文化发现的玉背梳子，就被认为是反映了史前时期良渚人的插梳习俗。之后，梳理头发等其他方面的功能才日益显现出来[2]。隋唐时期，妇女以发上插梳为时尚，成为梳子发展史上特别突出装饰功能的阶段。馆藏清代玉器中，有玉梳 1 件，青白玉质，洁净无瑕，抛光明亮。梳的一端雕向上昂起的龙头，另一端琢低垂的凤首。龙头的体积远大于凤首，使梳子有了明显的首尾之分，即龙首凤尾。器虽小，但集圆雕、镂雕、阴刻等多种技法于一身，堪称佳作。从长 8.9、宽 3.4 厘米的尺寸来看，这件玉梳无法满足实用功能，应是妇女插于头上的饰物（图五）。

（二）冠饰

馆藏中，冠部玉饰仅见玉翎管。这种玉饰比较特别，它是作为区分官员品级的玉饰出现的，因此，名贵贱、标等级的功能更显强烈。

清朝是满族人建立的，在冠服制度上清朝的统治者竭力保持本民族特色，因此，形成了与明代不同的冠服制度。清代冠服制度的变革自顺治始至乾隆时期才告完成。官员的冠帽有冬帽和夏帽，材质不同，但样式相似，均为圆锥状，帽顶有镂雕金座，不同品级的官员在金座上的嵌珠不同，与底座相连的还有翎管，其作用是插入翎子。清朝的官员戴上冠帽后，翎子就垂在脑后。不同品级的官员所用的翎管和翎子不同。文官至一品镇国公、辅国公用翠玉翎管；武官至一品镇国将军、辅国将军用白玉翎管。佩戴翡翠翎管和白玉翎管常为一品文武高官的象征。可惜馆藏品中没有白玉翎管，仅有青白玉翎管（图六）一件，玉质光亮润泽。翎管长 7.1 厘米，截面圆柱形，一端细一端粗。顶部雕突起的纽，纽上浮雕双龙，并有圆孔，用以穿系。管体上部浮雕卷体云纹，中间部位阴刻锦纹，下部光素无纹饰。

图一　白玉扁方

图二　青玉镂雕花蝶纹扁方

图三　白玉镂花挑簪

图四　白玉嵌宝石挑簪

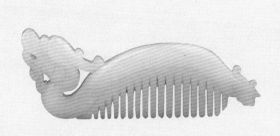

图五　玉梳

图六　青白玉翎管

二、项部饰玉——朝珠

朝珠是清代皇帝、皇后和大臣们穿朝服、吉服时必须佩戴的饰物。朝珠既是装饰品，又是等级的象征。朝珠很可能与佛教的数珠有渊源关系。朝珠均为108粒，间以4粒结珠，称为"佛头"，结珠把108粒朝珠分成四个部分，每部分有珠27粒，结珠中有一粒与塔形珠相连，此珠称为佛头塔，佛头塔连带，上系背云一颗，下垂坠角。佛头塔两侧共有纪念3串，一串在左，两串在右，每串有珠10粒，最下边系坠角一粒。佩戴时，佛塔紧后颈，背云恰在与心相对之处，纪念垂于胸前两侧。佩戴朝珠时亦男女有别，两串纪念在一侧方为标准，男的在左边，女的在右边。

朝珠的质地很多，有东珠朝珠、珊瑚朝珠、碧玉朝珠、密蜡朝珠。以粉碧玺制作的朝珠，颜色鲜艳，是清代宫廷后妃上朝或大典时佩戴的饰物。青金石朝珠为清代宫廷帝、后祭天时佩戴的饰物，红珊瑚朝珠为祭日时佩戴的饰物，届时，皇帝佩戴一串，而皇后、皇太后等人则要戴两串，分别左右交叉在胸前，中间再戴一串东珠朝珠。

馆藏品中有琥珀朝珠（图七）一串，周长158厘米。朝珠为102粒琥珀珠（或失6粒），4粒粉碧玺珠其分为四段，两段26粒，两段25粒。佛头塔亦为粉碧玺制成，下坠一块镶嵌在珐琅内的椭圆形碧玺。三串纪念均由10粒小粉碧玺珠串成，末段皆有翡翠坠角。

三、指、腕部玉饰

（一）玉指饰——搬指

搬指，又写作搬指、班指，呈筒状，套在大拇指上，是射箭时勾弦之器向装饰品转变的结果，同时具有崇武尚武的寓意。满族人入关以前，是一个以骑射为主的少数民族，射箭时会在拇指上套上革或其他质料制作的搬指，以防止拉弓射箭时拇指损伤。清代帝王入关之后，仍对拉弓射箭极为推崇，在清宫紫禁城内还专门建一座箭亭，供帝王平时练习射箭用。帝王一般情况下是不参加实战的，但也经常去狩猎，所用猎具主要是弓箭。故亦和古人一样，在练习射箭或狩猎时，戴上搬指。此外，搬指也作为一种鼓励习武的珍贵礼品在上层阶级中相互赠送，

图七 琥珀朝珠

或以帝王名义赐赠给那些有功臣民。人们在提到搬指时，常把它与中国古代的鞢联系起来，认为它们之间有渊源关系，其实未必如此，满人也射箭，自然也要护拇指。

搬指在清代大量制作，非常盛行，质地以白玉、青玉、翠玉为多，也有金质、琥珀、金珀等，有的还饰有花纹、图案和诗句等。在清代的许多绘画作品中，可以见到许多男人手戴搬指或骑马射箭，或作一些其他的活动，是清代的达官显贵极为喜爱的手上装饰品，也体现了满人对过去生活的一种记忆和怀念。

馆藏品中的清代玉搬指数量较多，既有素面的，也有饰纹的，质地以白色细腻的和田玉为主，特别是一些带美丽皮子的籽料，其次是碧玉。此外，还有以玛瑙、琥珀制作的搬指。这些玉搬指多来自清代中期，清代后期也有制作，但用料低劣，琢工粗糙。以饰纹与否为标准，可以把这些搬指分为两类：一类为素面搬指，另一类为饰纹搬指。

（1）素面玉搬指

素面玉搬指着力突出材质的美感，或纯白如雪，或美丽如花，或白地黄皮相映，分外华贵。从造型看，玉素面搬指有两种形式。第一种形式为标准的圆筒形。有白玉搬指和玛瑙搬指各一件。白玉搬指直径 3.7、高 2.7 厘米，玉质莹白光亮。一端平齐，另一端由内壁向外壁呈弧圆周的坡状（图八）。玛瑙搬指直径 3、高 2.5 厘米，一端由外壁向内壁呈斜坡状，另一端呈凸弧形，素面，但玛瑙表面自然形成的漂亮花纹足以打破中规中矩造型带来的单调（图九）。第二种形式为一侧成坡状或直壁的筒形，为保留玉皮随形而成，玉质极佳，玉皮形状有别，浓淡相异，让人回味无穷。有白玉搬指三件：其一，直径 3.6、高 2.7 厘米。玉质光洁细腻。整体呈一面坡的圆筒状，中间的贯通孔，上小下大，外壁一侧留有呈长方形分布的黄皮，艳丽的黄，浓淡相间，如云似雾，为此器增添了一种梦幻般的感觉。随形的造型，使规矩中隐含着一种追求自然的个性（图十）；其二，直径 3.4、高 2.7 厘米。玉质细腻温润。整体呈一面直壁的圆筒形，中间的贯通孔，上小下大，直壁为随形做就，表面留下漂亮的黄皮，皮子略浓淡差异明显，如苦干丝缕的汇聚，有一种说不出的张力（图十一）；其三，直径 3.4、高 2.4 厘米。随形而就的特点更为明显，一端小一端大，器壁一侧厚一侧薄，只为留下器表的黄皮。玉皮的分布与形状较上述两件更趋自然，或如薄雾般弥漫，或随绺裂而生（图十二）。

（2）饰纹玉搬指

饰纹玉搬指的造型多为直筒状，一端平齐，或由外而内呈斜坡状，另一端多呈凸弧形，只不过凸的程度或大或小。但如果是籽料加纹饰，往往为留玉皮而随形做成一面坡的直筒形。也有呈鼓形者。装饰纹样各不相同，装饰手法有镂雕、阴线刻、浅浮雕、俏色等技法。此类搬指可分为四种情况，即以镂雕手法为主装饰的玉搬指、以阴线刻纹手法为主装饰的玉搬指、以剔地阳起手法为主装饰的玉搬指和以俏色手法装饰的玉搬指。

①以镂雕手法为主装饰的玉搬指

这类搬指镂雕纹饰，玉质精，琢工细，给人一种玲珑剔透之感。有黄玉"乾隆年制"搬指和白玉镂雕搬指各一件。黄玉"乾隆年制"搬指，口径 2.8、底径 3、高 2.5 厘米。玉质细腻润泽。器外壁满饰图案。近上下口缘以阴线刻回纹带，回纹转折明显。回纹带之间以锦地开光的形式饰主题纹样，地纹镂空透雕成方格四瓣花式，似建筑中的窗棂格，又若织锦中的背景纹样，主纹为圆形开光内篆书"乾隆年制"，四字减地阳起，浑厚稳重，刀法有力（图十三）。白玉镂雕螭纹搬指，口径 2.9、高 2.2 厘米。玉质莹润细腻。镂雕子母螭纹，两螭相对，共衔瑞草，宽额，独角，橄榄形目，叶形耳，身体呈 S 形随器壁上下翻腾，歧尾。这件搬指与其他搬指的上下缘有所不同，它的上下边缘也随纹饰而略有起伏，呈花边状（图十四）。

②以阴线刻纹为主装饰的玉搬指

这类搬指多以文字为饰，也有白描般的小景，其风格以刀代笔，融玉雕与书法、绘画为一体，颇有文人意味。

A. 乾隆御题诗文搬指

碧玉乾隆御题诗搬指（图十五），口径 2.8、底径 3、高 2.5 厘米。碧玉质，色深绿夹有黑色斑点。圆筒状，上下边缘阴线刻回纹带，回纹之间阴线刻"乾隆己丑夏日御题"七言诗："结绿徒闻宋作珍，何如包贡识来宾，截昉点漆都无似，韭叶瓜皮信有伦。艺器常年不离手，德材真觉可怡社，自惭连中难同昔，空腹长言刻泳频。"诗文所用字为楷体，笔画转折有力，方正规矩。

白玉乾隆御题诗搬指（图十六），直径 3.2、高 2.6 厘米。白玉质，纯白细腻。鼓形，中有一端大端小的贯通孔。搬指外壁阴线刻"乾隆丁未年御题"五言诗："疸来诗酒兴，月满谢公楼，影闭重门静，寒生独树秋，鹊惊随叶散，萤远入炬流，今夕遥天未，清光几□愁。"诗文用字为隶书。

B. 一盒 3 件诗文或刻字搬指

白玉格言搬指（图十七），直径 3.1、高 2.3 厘米。白玉质，质细光润。圆筒状，

图八　白玉搬指　　　　　　　图九　玛瑙搬指

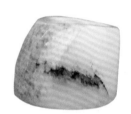

图十　白玉搬指　　　　图十一　白玉搬指　　　　图十二　白玉搬指

图十三　黄玉"乾隆年制"款搬指　　图十四　白玉镂雕螭纹搬指　　图十五　碧玉乾隆御题诗搬

图十六　白玉乾隆御题诗搬指

图十七　白玉格言搬指

图十八　白玉诗文搬指

图十九　白玉百寿字搬指

图二十　琥珀山水人物纹搬指

图二十一　白玉"乾隆年制"
　　　　　款搬指

图二十二　白玉梅花纹搬指

图二十三　白玉海水红日纹搬指

中孔一端大一端略小。外壁上下边缘阴线刻一周回纹，回纹之间阴线刻格言"立百福之基者只在一念慈祥也"，满汉双文，汉文为楷书体。格言末尾刻一圆一方两印。

白玉诗文搬指（图十八），直径3、高2.5厘米。白玉质，纯净洁白。圆筒状，中孔一端大一端略小。外壁上下边缘阴线刻一周回纹，回纹之间阴线刻楷书七言诗："不比青珉混世尘，几经雕琢几番新，晶莹幻出身边蹀，温润磨成掌上珍，坚外钩弦光密栗，虚中著指德浮筠，芄蘭咏刺童蒙佩，寄与成人郑重伸。"诗尾刻"玉瑛"二字。

白玉百寿字搬指（图十九），直径3、高2.5厘米。白玉质，洁白细腻。圆筒状。外壁阴线刻篆书"寿"字，写法各异。以寿为饰充满了吉祥含义。

C. 琥珀雕山水人物纹搬指

该搬指直径3.1、高2.8厘米（图二十）。琥珀质，色黑而不透明。器外壁以细阴线刻山间行旅图。画面之中，有远山近树，一人正骑马前行，仆人携物跟在身后。整个画面若国画中的单勾白描，简单素朴，却意味浓厚。

③以剔地阳起手法为主装饰的玉搬指

白玉"乾隆年制"款搬指（图二十一），口径2.7、底径2.8、高2.2厘米。白玉质，纯净润泽。圆筒状，中孔一端小一端大。外壁上下留窄边，中间大面积剔地阳起饰主纹：四个八角形开光，每个开光内阴线刻篆书一字，连起来便是"乾隆年制"四字；各字之间为迦楼罗伏龙图案，充满佛教意味。地纹为阴线刻回纹，繁缛细密。开光内饰纹疏朗，开光外纹饰细密，亦疏亦密的布局，体现了精心的设计布局。

白玉梅花纹搬指（图二十二），直径3.1、高2.6厘米。白玉质，光亮润泽。圆筒状，中孔一端小一端大。外壁以剔地阳起并结合阴线刻的技法饰折枝梅，梅树的枝干自下而上斜出，枝上梅绽放三四朵，更有苦干花苞待放。折枝梅以外，留白不饰，给人一种清雅之感，构图显然以画入玉。

④以俏色手法装饰的玉搬指

白玉海水红日纹搬指（图二十三），直径3、高2.4厘米。白玉质，光亮细腻。随形而成，做一侧坡面的筒形。外壁巧妙运用皮色，浅浮雕一轮红日，正跃海而出，天上云朵也染成了红色，以细阴线刻划的海水纹此起彼伏。此器妙用白玉籽之黄皮，表现了一副朝气蓬勃的画面。

图二十四　白玉扭丝纹镯

（二）玉臂饰——镯

镯是人类佩戴最早的饰品之一，其中玉镯在仰韶文化、良渚文化和大地湾文化时期的遗址中就有出土。早些年在浙江余杭瑶山良渚文化遗址曾出土玉镯，镯面浮雕的四个龙首令现代玉工们惊叹不已。商周至战国，玉手镯大量涌现；隋唐五代更出现白玉镶金手镯，女子戴臂钏（玉镯）之风盛行。

馆藏清代玉器中有一件白玉镯，直径7.8、厚1.1厘米。镯的圈口略扁，表面饰斜向阳线组成的扭丝纹，间距相等，弯曲弧度一致。扭丝纹至迟在春秋时期出现，战国时期扭丝纹较多见，且富于张力，此器上的扭丝纹虽不比战国，但施纹一丝不苟，十分规范（图二十四）。

四、玉带饰

玉带饰是以玉制成的带上的饰物，一般既具有实用功能，又具有装饰性，还是佩戴者身份的一个表征。玉带饰有带钩、带板、绦环、带扣等，但这些造型的玉带饰，出现的历史时间并不一致，有早有晚，扮演的历史角色也存在差别。其中，最早出现的是带钩，新石器时代晚期的良渚文化就已经出现，历经战国至汉代进入兴盛时期，有禽鸟形、长条形、多节形、四棱体形、琵琶形、异形等多种造型，其中琵琶形玉带钩对后代影响深远。魏晋南北朝时期，玉带钩的发展进入低谷。宋代，玉带钩以仿古玉器的面貌出现；元代继承这一传统，把玉带钩的发展推向一个新的高度；明清玉带钩的出土有一定数量，但大量的还是传世品[3]。不过，明清时期的玉带钩多为文房用品，实用功能大大减退。玉带板主要作为礼仪性装饰用品使用，自北朝时期的后周出现，经隋唐时期的发展，至明代兴盛数

图二十五　玉带饰

百年。绦环始见于元代，明代亦有所见，使用时需要与钩相配。带扣其实是钩环配的另一种形式，体型更为玲珑，见于清代，有的为实用器，有的仅为玩赏用品。

馆藏清代玉带饰有两种造型：一种为带扣，由钩体和扣体两部分组成，另一种为单纯的玉饰件。玉带扣2件，一件为白玉嵌玻璃带扣，另一件为青玉螭纹带扣。白玉嵌玻璃带扣长8、宽2.6、厚1厘米。白玉底托，嵌玻璃片。钩体为圆形附钩，圆形部分为直口，内嵌黄地红色螭纹玻璃片；钩也呈圆形，嵌扁圆形绿色玻璃；扣体呈带环扣的圆形，直口，内嵌黄地红色螭纹玻璃片。螭纹为浮雕，首尾接近，几成圆形。钩体和扣体背面均凸雕一圆纽（图二十五）。青白玉螭纹带扣长11.3、宽4.8、厚2.8厘米。钩体为龙首形钩，龙目圆睁，长眉上竖，如意形鼻，头部饰多条阴线。钩体和扣体的主体部分均镂雕螭纹，造型大同小异，螭口衔仙草，细阴线刻长发或后飘或后披，两后肢呈"弓"字形，尾从一后腿之下穿过，背部有一条阴刻脊线。钩体和扣体背面均凸雕一圆纽，用于与革带或丝带相连（图二十六）。

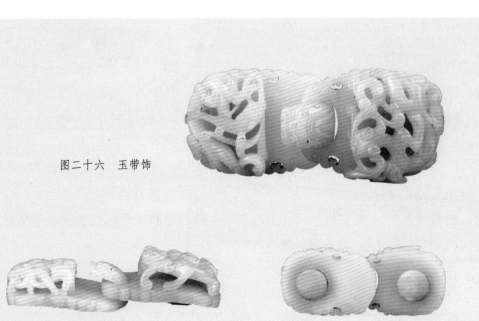

图二十六　玉带饰

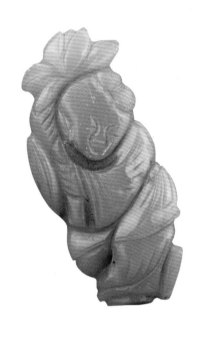

图二十七　青玉执莲童子带饰　　　　　　　　　图二十八　青玉币式带饰

　　单纯的玉带饰仅具装饰功能。馆藏品中见有不同造型的玉带饰，如童子形、布币形等。

　　青玉执莲童子带饰长8.3、宽4、厚2厘米。半圆雕，正面为执莲童子，背面光素，有 L 形钩，钩头钻一圆孔。童子头歪向一侧，梳一抓髻和一桃形发，眉、鼻和嘴连在一起，双手执莲高过头顶，腰束带，裤子较长，鞋子微露，左腿在前右腿在后交脚而行，以斜刀饰疏朗的衣纹。人物的神态、五官和双腿造型具有明代遗风（图二十七）。青玉币式带饰长6.1、宽3.6、厚1.1厘米。呈布币状，平首略呈倒梯形；双肩平直，约相当首部宽度的一半；近方形双足；裆较深，高度约相当通高的三分之一。正面随形剔地阳起凸缘，内琢阳文篆书"安阳"二字，二字中间以一道纵向凸棱隔开；背面有桥形穿和 L 形钩。此器的形制与纹饰均仿战国时期的布币，琢工精致，玉质莹润（图二十八）。

佩饰始终是古代玉器的重要类型。清代玉器类型十分丰富,主要由饮食器、日常生活用品、装饰品、陈设品、文房用品、宗教用品和玉家具构成。佩饰属于装饰品的重要组成部分。本文仅对具有明确或较明确的装饰部位的玉器进行了梳理,其基本涵盖了此类玉器的种类,但每一类玉器的造型却无法涵盖。虽其如此,它们也在一定程度上反映了清代此类玉器的特点:其一,制作佩饰的材料多样。除和田玉料外,佩饰的制作材料还有玛瑙、琥珀、玻璃、碧玺、翡翠等。玻璃作为玉料的辅料使用,通过镶嵌手法使佩饰的装饰感更强。碧玺、翡翠、琥珀通过搭配使用,呈现出多姿多彩的效果。其二,讲究玉料的选择,以白色为多,玉质细腻,光泽莹润。从上述的玉器资料可以看出,各类玉器有光素与饰纹两种,光素者对玉料品质的体现十分突出,玉料的净度非常好,通过磨光使玉料的质地与光泽显现出来。饰纹的玉料镂空透雕的手法,通过挖脏去绺,使质量更高的玉料通过纹饰的造型表现出来。其三,佩饰的类型具有本民族特色。满族人建立的清朝,在不断吸收汉族人先进文化的基础上,也极力在保持本民族的特色。玉扁方体现了满族人对汉族用玉文化的吸收,也体现了对本民族传统习俗的尊崇。玉搬指则是满族人对骑射技艺的热爱与留恋,虽不再用于实战,但那份记忆却通过对手指的装饰骄傲地保留下来。其四,对传统的继承与发展。执莲童子始自宋,元、明时期均有制作。清代除了制作用做坠饰的童子外,还设计出了带别子的童子,可直接系挂于带上,起到装饰的作用。玉梳虽由来已久,但把梳子两端装饰成如上文所提到的玉梳的不对称造型,此前未见。

注释

[1]　[2] 杨晶:《中华梳篦六千年》,紫禁城出版社,2007年。

[3] 周晓晶:《玉带钩的类型学研究》,《传世古玉辨伪与鉴考》,紫禁城出版社,2005年。

(原载北京艺术博物馆编:《仪态盈万方——中国明清女性生活》,河北出版传媒集团河北教育出版社,2015年)

清代玉带钩
——以北京艺术博物馆藏品为中心

　　带钩本为古人用来钩系束带的腰带头，考古发现表明，它也用于勾挂佩物，并在明清时期逐渐脱离实际用途，成为玩赏品。带钩的质地繁多，有金、银、铜、铁、玉等。玉质带钩最早见于良渚文化中晚期，整体呈长方形，一端有两面对钻的穿孔，另一端琢成弯勾状。商、西周时期未见玉带钩出土。春秋晚期的玉带钩数量也很少，其钩首已独立出来，但不具备钩纽。战国至汉代是玉带钩发展的兴盛时期，造型多样，有禽鸟形、长条形、多节形、四棱体形、琵琶形、异形等多种造型，其中琵琶形玉带钩对后代影响深远[1]。魏晋南北朝，玉带钩的发展进入低谷。宋代玉带钩以仿古玉器的面貌出现，元代继承这一传统，把玉带钩的发展推向一个新的高度，明清玉带钩的出土有一定数量，但大量的还是传世品。

　　在前人对玉带钩的研究中，清代玉带钩往往作为中国古代玉带钩或元明清玉带钩的一个组成部分进行概括性的特点总结，具体而详细的剖析显得不够。本文拟参考上述出土玉带钩资料，对馆藏清代玉带钩进行具体分析，总结其体现的时代特征，揭示其与明代玉带钩的区别，同时，为相关研究提供可资对比的传世玉器资料。

　　在以前的界定中，馆藏清代玉带钩30余件。据出土的明清玉带钩进行比较分析，其中几件可归入明代或明代晚期，故本文所涉及的馆藏清代玉带钩25件。据装饰纹饰主题的不同大致可分为三类，即龙首螭纹玉带钩、龙首花卉纹玉带钩和龙首纹玉带钩。

一、龙首螭纹玉带钩

　　龙首螭纹玉带钩的形制基本相同，钩首为龙首，钩颈极短，钩首与钩体几乎平行，钩体呈厚薄均匀的条块状，钩腹微上弧，纽柱极矮，一般镂雕螭纹，也有浮雕螭纹的。据装饰纹样特点的不同，龙首螭纹玉带钩可分为两大类。各类中又包括不同的造型，本文称之为型，以字母加型的形式来表示。

第一类：螭口衔灵芝草，纹样显得较为繁复。属于此类的玉带钩 13 件，可细分为五型，分别以字母 A、B、C、D 和 E 表示。

A 型 5 件。白玉或青白玉质，有的青白玉带糖色。龙首头额部宽阔，呈块状隆起，或光素无纹，或于两侧边缘起对称小凸块；龙目剔地阳起呈楔状，睛部外凸；多为一头圆尖一头较粗的棍形耳，有的阴线刻出耳窝；眼角的延长线与耳根的延长线可成一条直线，或上下错落；两腮部剔地阳起成三块或两块肌肉；嘴侧面一般对钻成一圆孔，嘴拱多斜杀，也有较为平直的；鼻子平面呈 M 形，侧面看若三角形向上凸起；双角 V 形后展，末端回卷；多无发，也有的发分三股，中股较长，稀疏地披于脑后。螭额部宽阔，鼠耳上耸，或呈凸块状，或上凸起窝；阴线刻长眉向斜上方挑，口鼻集中于面部下端；胡须饰阴刻线，与钩体相连；细丝长发披至肩部；身体圆浑；背脊、四肢均起棱状凸线；尾部一般二歧；螭口所衔灵芝草较短，弯至肩部；四肢与身体接合处用重刀（图一）。类似玉带钩见于河北省献县清代陈瓒墓出土[2]。此型中有一件略有变化，即螭背以剔地法做出凸起的节状脊椎骨（图二）。

B 型 5 件。白玉、青白玉或青玉质。龙首头额部隆起，双目圆突于额前两侧，圆目上以阴线刻出瞳仁；双目之上减地阳起做对称的卷云形眉，卷勾在下端，以细密阴线刻出眉毛；棒状耳，耳尖深剔地做出耳窝；两腮部阴刻两条弧线，肌肉不明显；嘴角上下平直，大张；如意形鼻。螭圆目外凸，头额宽阔，阴刻两道向上的弧线示眉；耳较大；身体更显浑圆，背脊棱线不显；颌下也有胡，口衔仙草较 A 带钩更繁复更长些，一直绕至胯部，自腰上穿过（图三）。类似的玉带钩见于江西省南昌市湖坊村基建工地清墓[3]和安徽省岳西县李畈村清墓[4]出土。

C 型 1 件。白玉带糖。龙首头额部呈一端弧圆的长方形块状隆起，龙目分置于额部前端左右两侧，呈柱状向外突出，与耳连在一起，睛向外圆凸；螭口衔灵芝，与通常所见螭首与龙首相对不同，灵芝置于龙与螭之间，显得十分突出。螭无胡，身体较短，四肢的琢磨仅具其形（图四）。

D 型 1 件。白玉。龙额部上凸，较窄小，圆目外突，粗眉对称于双目之上，叶形耳后耸，中部施阴刻线示耳窝；双角略呈 V 形后展，两角之间夹稀疏短发；嘴拱略斜杀。螭口衔灵芝草，垂于颈下，无胡须；螭面部刻划与龙面相似；柱状角，细丝长发；胯部出勾状附饰；四肢和身体的棱状线不明显（图五）。

E 型 1 件。白玉。龙首头额部突起，圆目外凸，阴线刻出瞳仁；目之上阴

图一

图二

图三

图四

图五

图六

图七

图八

图九

线刻对称的卷云纹示眉；猫耳，内侧翼呈卷勾状；嘴拱上下略斜杀；两腮部剔地成两块明显外凸的肌肉；双角并排后展，末端回卷成勾状。螭头额部阴线刻立眉，圆目外凸；长角成节状；细丝长发后曳至肩部；颈部下塌，与钩体相连；背脊剔地成节状示脊椎骨；四肢饰简单阴刻线；尾三歧（图六）。

第二类：螭口不衔灵芝草，纹饰较前一类略简。属于此类的玉带钩3件，可细分为三型。

A 型 1件。白玉泛糖色。龙首头额部隆起，阴刻三道同向弧线表示额纹；圆眼外凸，与带阴刻线的眉连成柱状；鼻子平面呈M形；嘴张得很大，露舌露齿；两腮部剔地阳起两块肌肉；叶形耳，耳尖向下，剔地成耳窝；双角V形后展，末端回卷若云。螭体呈双S形扭曲，剔地阳起双目，双眉若V形上扬，叶形长耳后耸，有耳窝，棒形角右弯；螭体浑圆，背脊突起若棱；四肢的上半部粗壮，深刻两道阴线，小腿部以粗阴线琢出胫毛；螭体上的钻痕十分清晰（图七）。

B 型 1件。白玉质。钩体两侧呈节状，钩尾上卷；钩背凸雕一蘑菇形纽，纽两侧琢成对称的卷勾状。龙首头额部块状隆起，其上阴线刻纹；圆目突起，与阴线刻的粗眉连成一根柱状；棍状耳琢出小耳窝；两腮部减地阳起两块肌肉；嘴部两侧对钻一孔；龙角高凸，V形后展，末端向两侧卷曲。钩腹浮雕两螭，一螭在前，做回首状，圆头圆眼，四肢关节处减地阳起卷云纹；另一螭显得瘦小，头触及前一只螭的胯部（图八）。在形制具有典型清代风格，但纹饰或有汉代遗风。如河北邢台市北陈村刘迁墓出土的玉带钩，钩腹上浮雕两只螭纹[5]。

C 型 1件。白玉质。龙首额部隆起，对称阴刻两道上弧短线；粗眉极其醒目，眉端上弯，眉上以阴线刻出眉毛；双目似压眉下，圆睛，长眼角线；如意形鼻上翘；张大口，两腮肌肉明显：双耳突起，耳尖后耸；双耳V形后展，角端饰三道阴线和细小的短线，近角部饰两道短阴刻线；细丝龙发很长，分三股。螭纹浮雕，伏卧状，伸颈，阴线刻竖眉，窝形耳上凸；棒形角，细丝长发顺颈后曳；背脊略上突，腹部对称阴刻三组短弧线；胫部刻细线表示胫毛；四肢关节处阴刻卷云纹；螭体钻痕不明显（图九）。龙首的眉眼及螭体的一些特点体现了对元代同类器形的继承与追摹。具有继承或追摹元代之意。

二、兽首纹玉带钩

馆藏兽首纹玉带钩共8件。从兽首的题材看，有马首、龙首等，以龙首居多。

（1）马首纹玉带钩

1件。白玉质，光洁莹润。带钩的钩首为马首形，马首与钩体的夹角很小，钩腹部上凸明显，若螳螂肚状，饰三道凹弧面，钩纽极矮，在钩体靠近尾部三分之一处，钩尾触地。马首的面部较长，以单阴线示口，两小孔示鼻孔，阴线刻梭形目，脑后剔地阳起一缕缕鬃毛，但无细部刻划，鬃毛左右作两部分，略显生硬（图十）。

（2）龙首纹玉带钩

7件。龙首纹玉带钩即钩首为龙首形，钩体一般若螳螂肚，也有其他形制的，钩纽圆形或椭圆形，纽柱很矮。据龙首的造型特点，龙首纹玉带钩可分为五型：

A型 1件。白玉质。钩首为龙首形，钩体细长，腹部略上弧，钩纽矮，钩尾着地。龙额部凸起，较为狭长，深刻一对弧线纹；双目突出，眼角线很长，与向后耸的双耳几连成一条线；耳部深剔地成杏仁形耳窝；双眉做凸弦纹，细长；张口露舌；两腮剔地阳起三块肌肉；鼻尖上耸，角成V字形顺颈后弯，短发分三股，两股披于两耳侧，一股后垂，发丝划刻粗疏（图十一）。

B型 2件。白玉质。钩首为龙首形，钩颈硬折，钩腹似螳螂肚，钩纽椭圆形，钩尾尖圆。龙首面额隆起，深剔地做交叉阴刻线，龙目若柱状突起，竖直向后，一端阴刻成睛。龙嘴部方折，阴线刻出唇部分界，两腮部剔地阳起三块肌肉。合页形耳，双角呈八字形后展，角部剔地成三段，龙发稀疏垂于角下（图十二）。

C型 2件。一件白玉泛黄，绺裂较多。钩首为龙首形，做工很粗。龙首额部隆起，嘴部阴刻两条线，表示张开的嘴与露出的舌；眼睛剔地阳起，外凸明显，但形状不规则；鼻部仅略具其形；双耳也剔地外凸；两腮部外突明显；钩腹弧形上凸；双角呈V形向后伸展，角末端外撇明显。另一件为青白玉，与前一件不同之处在于它的嘴部只有一条深阴刻线，嘴部若张开，双角呈V形后展，末端外撇明显（图十三）。

D型 1件。白玉中泛糖色。钩首为龙首，钩身较厚，近龙首部分较细，后部变宽，委角，钩腹面减地阳起四组对称卷云纹，两组云纹之间夹呈正面放射状的四瓣花，花蕊饰多道阴刻线。龙额部、鼻部隆起，双目外凸呈虾米眼，双耳若三角形小凸块，耳尖后耸。双目的眼角线与双耳成一条直线。嘴部较长，阴线刻较长的嘴角线，嘴角线桯末端对钻一孔。两腮剔地作两块外突的肌肉。双角呈V形，末端外撇（图十四）。

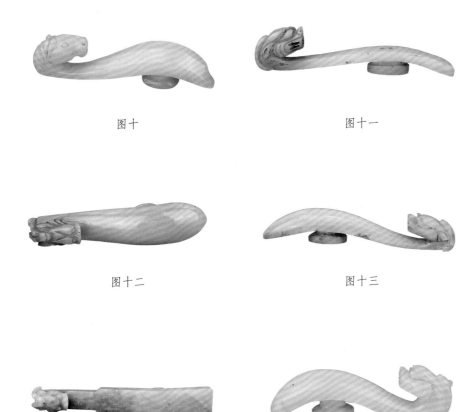

图十　　　　　　　　　　　　　　图十一

图十二　　　　　　　　　　　　　图十三

图十四　　　　　　　　　　　　　图十五

　　E 型　1件。白玉。钩颈弧曲，钩身较厚，钩腹弧形上凸，钩纽圆形，纽柱较高。龙首额部隆起，双目外突，长三角的耳朵微下垂，双角并排后展，角上阴刻短弧线，角末端外撇。钩尾圆弧形，琢出两个委角（图十五）。

三、龙首花卉纹玉带钩

　　这类玉带钩的钩首为龙首，钩腹上浮雕花卉纹，钩纽圆形，纽柱极矮。龙首额部隆起；剔地阳起的双目外凸若虾米眼，双耳做菱形凸块状；高浮雕双角显得

很突兀，并排后展，末端外撇；两腮外鼓明显。嘴部刻阴线，示上下唇的分界线。鼻部向上耸起，仅具轮廓。钩腹浮雕折枝花，花蕊阴刻网格纹，五个花瓣，另有一花苞，上面刻短阴线，桯钻的椭圆形孔钻痕明显（图十六）。

类似造型的玉带钩见于上海县新泾乡天山大队清墓出土，长7.9厘米。龙首面部器官作块状简化。钩腹浮雕荷花和盒，取谐音"和合"为吉祥语[6]。

通过对馆藏清代玉带钩的具体分析，我们大致可以总结出如下几点：

第一，玉带钩的用材普遍较佳，以白玉为主，兼有少量青白玉；玉质细腻，少数夹杂少量小石花。抛光普遍很好，呈现出柔和的光泽，个别有较强的玻璃光。

第二，带钩的造型以龙首螭纹带钩为主，钩首为龙首，钩腹一般镂雕螭纹，钩体一般呈厚薄较为均匀的条状板块，显然是延续了明代玉带钩的主体形制，偶见钩背带卷勾或长方穿的形制。此外，还有螳螂形带钩，但钩体近钩首部较明代要粗些。此外，还有一个现象值得关注。就笔者见到的明代出土玉带钩，螭口皆不衔灵芝草，而馆藏清代玉带钩中既有螭口衔灵芝草的，也有不衔灵芝草的，这个现象是否有断代方面的意义，还需要更多资料的支持。

第三，龙首的形象。龙首多光头无发，也有一些阴线刻发，发丝稀疏，往往有接刀现象；龙额呈块状隆起，一般与眼耳有明显界限；龙眼的最大特点是呈柱状突起，主要有两种形式，一种是圆目外凸，阴线刻睛；另一种是非常形象的虾米眼。此外，还可见到水滴形和不规则的眼形，但无论是何种眼形，一般都明显向外突出。眉形似与眼形相匹配，外凸的圆目或与饰有阴刻线的立眉连在一起，或为对称的卷云纹，上面饰阴刻线纹；虾米形眼常常没有相配的眼眉。这两种眼形在明代龙纹玉带钩上均可见到，但比较起来，清代玉带钩上龙首的双目凸起更高，甚至高于头额的高度。龙耳一般呈一端略尖另一端弧圆的短棍状，与明代玉带钩上龙耳多合页耳或猫耳的特点不同。

第四，螭的形象。螭的形象与明代差别不是太大，双眼琢于近口部的位置，多以快利的阴刻线简单琢出，或剔地阳起成小圆眼；双眉上弧；额头较宽；或为鼠耳，或为向上凸起的窝耳，也有的螭耳较为细长；细丝长发后曳于肩部甚至胯部，多无角，也有的有角；身体一般较明代浑圆；背部起棱状脊线，有些打磨得比较圆滑，有些则有十分明显的扎手感；四肢的上半部较粗壮，下半部明显纤弱；尾部二歧或三歧。

第五，螭纹多镂雕而成，螭体腾起较高。出土的明代玉带钩上的螭纹为浮雕或镂雕而成，但螭体腾起略矮些，螭略微趴下一些。馆藏玉带钩上多可见明显的琢磨痕迹，比如口部钻孔、螭体钻孔部分。

第六，龙首与螭首的距离可容小指或更小些。有种观点是龙首与螭首距离近的为清代，远的为明代。但是，就明清出土玉带钩与馆藏玉带钩的分析来看，龙首与螭首之间的距离仅是断代的关注点之一，而不是全部。比如，明代出土玉带钩中也有龙首与螭首距很小的。所以，它们之间的距离是断代考虑的特点之一，不是唯一。

在清代玉器的分类中，玉带钩往往被列入装饰品类。这种分类方式常常会让人产生误解，以为清代玉带钩也继承了新石器时代以来玉带钩的用途。实际上，清代玉带钩的造型特点（如钩颈极短、钩纽的纽柱极矮、钩首与螭首距离很近）已表明它们无法再完成束带的使命，成为文人雅士们追古怀昔的玩赏品。

注释

[1] 周晓晶：《玉带钩的类型学研究》，《传世古玉辨伪与鉴考》，紫禁城出版社，2005 年。

[2] 参见古方主编：《中国出土玉器全集(1)》第 229 页，科学出版社，2005 年。

[3] 参见古方主编：《中国出土玉器全集(9)》第 212 页，科学出版社，2005 年。

[4] 参见古方主编：《中国出土玉器全集(6)》第 220 页，科学出版社，2005 年。

[5] 参见古方主编：《中国出土玉器全集(1)》第 205 页，科学出版社，2005 年。

[6] 王正书 等：《宋元明清玉雕带钩的断代》，《中国隋唐至清代玉器学术研讨会论文集》，上海古籍出版社，2002 年。

（原载《文物天地》2012 年 1 期）

肆　古玉展览

　　时至今日，展览仍被一些人认为是把东西摆进柜子里的行为。事实上，展览是一个系统工程，包括方方面面的内容。北京艺术博物馆作为一个以古代建筑为展厅的博物馆，在多年的古代玉器展示中，既发现了一些问题，也找到了一些路径。行动、思考，再行动、再思考，以古玉为专题的系列展促使我们做出这样的努力。

　　"古玉展览"就是展览的回顾与反思，是获得经验与提升的一种途径。

"神圣与精致——良渚文化玉器展"的内容设计

2011年4月12日至6月12日，北京艺术博物馆举办了"神圣与精致——良渚文化玉器展"。对于良渚文化玉器，我非常喜欢，这一方面源于考古学的教育背景，另一方面源于自己近几年专门学习研究古代玉器的经历。搞古代玉器研究，良渚文化玉器是一个绕不开的话题，从物质层面说，历史时期的出土遗物中有时会包含良渚文化玉器，清代宫廷之中有良渚玉器的收藏，商周时期在继承同样的玉器类型；从意识层面说，良渚文化玉器所承载的一些文化因素融入了商周文化，并成为中华民族传统文化的构成因子。

良渚文化玉器展的内容既容易设计，又有一些难度。说其容易，是因为多年的积累，良渚文化玉器研究已硕果累累；说其有一些难度，就是如何在有限的展品中呈现这些研究成果，如何摆脱旧有的内容设计思路的束缚，让知名度比较高的良渚文化玉器以全新的面貌出现在观众面前。在这个展览的内容架构方面，笔者有如下几个方面考虑。

一、以用玉文化作为展览的切入点

一个展览，切入点的选择很重要。不同的切入点，会形成不同的展览框架和展品展示角度。古代玉器方面的展览，有的是通史陈列，以玉器的发展历程为线索；有的是专题陈列，以玉器的功能为展示线索。良渚文化玉器展的最初构想也试图以玉器的功能为出发点，把玉器分成礼器、装饰品等不同类别，但思考之后，觉得这样做有两大难点：一是许多玉器的具体功能并不明确，二是无法体现良渚文化玉器的精髓。与晚期的玉器更强调用料与做工不同，良渚文化玉器浓缩着文明社会初始时期的信仰，体现着那个时代的社会形态，在某种程度上可以说这些玉器更像是一些符号，通过造型与纹饰传达着先民的观念。所以，揭示良渚人的用玉文化更能体现良渚玉器本身的价值。

良渚人的用玉文化主要体现在三个方面：一是以玉事神，以玉别贵贱；二是性别不同，用玉也会不同；三是在技术落后的条件下，却奋力追逐着造型的规范与纹饰的精巧。良渚文化的玉琮、玉璧、玉钺、玉梳背、玉三叉形器为良渚文化独特的器类，它们是原始宗教活动中的重要道具，是取悦于神的圣物，并进而在现实生活中成为少数人昭示身份的象征。良渚社会的男性贵族与女性贵族在用玉方面彼此区别，体现了男女强烈的性别意识和社会分工，玉琮、玉钺、玉三叉形器、玉锥形器主要出土男性贵族的墓葬，而玉璜、玉纺轮、玉圆牌出自女性贵族的墓葬，玉串饰、玉梳背和玉带钩等为男女贵族墓葬都出土的玉器类型。良渚文化玉器不仅有专门的生产地点，而且形成了井然有序的工作流程，包括开料、设计、钻孔、琢纹、打磨和抛光等几个工序。这种较为专业的生产背后，既有强烈而炽热的原始宗教情感，也有在这种意识形态之上逐渐形成的管理模式，所以，良渚文化玉器的制作工艺不仅仅是一种物质存在，更深层次的是其蕴含的社会意义。蒋卫东先生对良渚文化玉器做了精练的概括：神圣与精致。就本人的理解，神圣言其制作目的，精致言其制作工艺；神圣居前，强调良渚玉器所体现的精神内涵的重要性，精致居后，是说精致是源于精神追求之上的工细；神圣造就精致，精致为了神圣。据此，展览设计了四个方面的内容以体现良渚的用玉文化，即"神秘纹饰""以玉载礼""乾坤有别"和"精工细琢"。

二、以良渚文化玉器的发现为先导

良渚文化玉器主要出土于太湖周围的遗址。在一个远离其出土地点的地方做相关专题展，非常有必要交代良渚文化玉器的发现，帮助观众了解玉器的出土背景。展览以"玉出高坛"为一单元，旨在通过几个点来概括性地展示良渚文化玉器的发现史：第一，良渚文化玉器早在战国时期就有出土，并成当时贵族的收藏品；第二，良渚文化的玉琮在宋代还成为瓷器模仿的器形；第三，以地图的形式形象而直观地展示良渚文化玉器的发现地点；第四，良渚文化玉器出土的地点多呈土丘状，或为自然形成，或为人工堆砌，玉器的出土环境与玉器的功能密切相关。展览当然不可能列数每一个土丘，只能以点带面地解剖其中具有代表性和影响力一个，即反山，这里选取了反山原貌图片与发掘后的图片，通过强烈的对比，给人以视觉的冲击力，产生深刻的印象。

三、考虑良渚文化玉器的时空坐标

一个展览应该努力拓展无形的容量，尽量避免仅仅局限于数量有限的展品。拓展展览容量的方式有很多，比如，有的展览积极运用现代科技手段，通过触屏容纳大量的背景信息和展品介绍。对于展陈场地有限、展览费用不足的展览，只能通过经济有效的手段向这个方向努力，比如，通过展板提纲挈领性延展时空，使观众能够在更宽阔的背景下理解或欣赏展品。良渚文化玉器展在内容设计中，特别考虑到了这一点，根据展品组织了"源远流长"单元，旨在揭示良渚文化玉器从何而来，又对后世有何影响，这无疑会延展良渚文化玉器的时间和空间，或者说，观众可以在更广的时空背景下审视良渚文化玉器。

良渚文化的一些玉器可上溯到马家浜文化，甚至是崧泽文化。如果对早期玉器有所了解的话，会很快想到红山文化玉器也走了一条相似的道路，不同地域相近时间段内的玉器文化的相似经历暗示了一种规律性的东西，即史前时期的玉器由简单向复杂的发展与社会结构的日趋复杂是同步的，所以，我们看到的尽管是玉器类型的继承与超越，背后还有更深层次的动因需要思考和探索。良渚文化的玉琮、玉璧等器物和神人兽面纹对商代文化产生了重要影响，它们承载的礼制文化因融入商周文化，进而成为中国传统文化组成部分。

四、试图在远古文化与现代文明之间找到结合点

一个关于数千之年的展览，绝不仅仅是为了展示曾经的辉煌，也不仅仅是为了迎合市场的需求。良渚文化玉器展除了要展示这个文化的玉特征外，还试图唤起观众对精神力量的感叹，在物质追求弥漫于各个角落的今天，呼唤精神追求的回归恰当其时。良渚文化玉器出现于距今5300～4300年的新石器时代晚期，一个遥远的过去，一个技术落后的时代，却制造出让现代人感叹不已的精致玉器，背后支撑的就是巨大的精神力量——对神的崇拜与信仰。树立理想与目标，并义无反顾地追求下去，不管贫穷与富有，不管赞美与责难，是超越时空的美德，是我们在远古文化与现代文明之间找到的契合点。为此，展览的结束语特别写道：良渚文化玉器被数千年的岁月改变了色彩，但精神寄托与物质追求杂糅的神圣与

精致却从未改变。于是，它们时隐时现的身影成为许多历史时期的一个情绪，吸引着学者、帝王或记录或吟咏。在看似朴素沉静的良渚玉器身上，行色匆匆的现代人，感悟到了什么呢？想来，不同的观众会有不同的感悟吧。

在79件（套）展品中试图做出上述尝试，或许带有一些奢望。但是，受这些浓缩着远古先民炽热情感的玉器的感昭，还是不揣冒昧去实践自己的构想，不管好与坏，也算是一种追求吧。

（原载《中国文物报》2011年6月1日）

"时空穿越——红山文化出土玉器精品展"的回顾与思考

　　文物展览是一个系统工程，涉及行政审批、资料收集整理、展览内容与形式设计、展览的学术提升和社会推广、媒体宣传，以及相关产品开发等诸项内容。展览的内容与形式设计是基础，是从事除行政手续之外的其他各项内容的支撑，有了这块锦，才可能在上面添上花。

　　2012年4月18日至6月18日，由北京市文物局、辽宁省文物局、内蒙古自治区文物局共同主办，北京艺术博物馆、辽宁省文物考古研究所和赤峰市巴林右旗博物馆共同承办的"时空穿越——红山文化出土玉器精品展"在万寿寺内北京艺术博物馆举行，展品共计104套（107件）。它是本馆继"神圣与精致——良渚文化玉器展"之后推出的展示中国玉文化的又一匠心之作。通过前后相继的这样两个展览，本馆希望能够把中国玉文化发展史上第一个高峰时期的南北两大玉文化精品展现给观众，让观众在对比中感受不同，在不同中感悟共性，在共性中体会中国文明的发展道路、中国玉文化的独特魅力及其源远流长的动因。

　　一个展览的结束是一个活动的终结，也是一段记忆的凝固。在此，总结过去的经历，反省得失成败，既是对记忆的抒写，也是对工作的重新思考。下面拟从六个方面概括红山文化出土玉器展的各项工作。

一、扎实做好资料的搜集与准备

　　"时空穿越——红山文化出土玉器精品展"的展期只有两个月，但它的起步始于2011年4月，而展览的动意则酝酿得更早，几乎与"神圣与精致——良渚文化玉器展"的展出同时，北京艺术博物馆便十分敏锐地捕捉到接下来可以做一个红山玉器展，因为只有二者在时间、空间和影响力上能够相提并论，不分伯仲。

　　展览的亮点当然是好的展品，但何为好的展品，不同的人有不同的理解。兼具观赏性和文化性的展品应该就是好展品，观赏性能产生令人愉悦的视觉效果，文化性能达到说明主题的目的。红山文化玉器由出土玉器和可靠的传世品构成，是选择出土玉器还是传世玉器？抑或是兼而有之？都是一个需要权衡的问题。针对红山玉器收藏的现状和出土玉器展示机会甚少的事实，以及出土玉器无可争议的真实性和标杆作用，我们最终选择只展出出土玉器，从而确定了展品的选择范围。

展品范围的界定并不意味着展品的最终确定，在这样一个范围内，选择哪些放弃哪些需要根据主题而定。红山玉器展虽是一个玉器专题展，但因其丰富的文化内涵，更适宜以用玉文化作为主题，而不是单纯地从玉料、造型、纹饰和工艺等几个方面展示物质层面的特征。

尽管我们以出土玉器作为展览对象，但为了更为全面地认识红山玉器，相关资料的收集并不仅仅限于出土玉器，而是对红山文化出土与传世玉器进行了全面梳理，从而明晰了这样几个问题：第一，红山文化的出土玉器和公认的传世玉器在国内见于辽宁省文物考古研究所、辽宁省博物馆、巴林右旗博物馆、巴林左旗博物馆、敖汉旗博物馆、克什克腾旗博物馆、翁牛特旗博物馆和赤峰市博物馆、天津博物馆、故宫博物院、首都博物馆、中国国家博物馆、中国社会科学院考古研究所、上海博物馆、陕西省考古研究院、凤翔博物馆等地，其中以辽宁省文物考古研究所藏的红山玉器最具代表性，考虑到红山文化主要分布于辽宁西部和内蒙古自治区东南部，因此，又把内蒙古最具代表性的巴林右旗博物馆作为了借展单位。第二，对红山文化玉器群的构成做到精确把握。既掌握大的分类，又对各类玉器的型式非常熟悉。比如，斜口筒形玉器，综览各种资料会发现，在整体形状差异不大的前提下，斜口筒形玉器的尺寸有所区别，高度分别是 15 ～ 19 厘米、10 ～ 15 厘米、5 ～ 10 厘米和 5 厘米以下，此外，在用料上偏于粗放，偶见质地细腻者，某些内壁具有工艺特征的筒形器尤其重要。知道了这些特点，我们在选择展品时就可以有的放矢。第三，对红山文化玉器研究历史与现状形成了较为全面的认识。诸多资料表明，学者们对红山文化玉器的认识还存在许多分歧，最具争议的包括勾云形玉器、带齿兽面形玉器、斜口筒形玉器等，它们的命名、创作原型和使用方式尚未达成共识。如何在展览中表现类似情况的玉器是一个需要思考的问题。

确定主题，圈定展品范围，掌握相关领域的学术发展脉络是做好一个专题展的重要前提，明确了这几个方面的问题，才有可能提炼概括出较为全面的内容。红山文化出土玉器展的前期工作就是围绕这些方面进行的，它为后来的工作奠定了较好的基础。

二、按照规定履行行政审批手续

行政审批是展览实施的有效保障。按照相关规定，履行相关手续是展览进行的必要前提。"时空穿越——红山文化出土玉器精品展"的行政手续可解析为两个方面：项目申报与评审及展览承办方向行政主管部门报批。

2011年4月，本馆填写了红山文化玉器展申报文本，内容涉及申报理由、专家论证与经费预算；9月，应上级部门的要求，对项目文本进行了补充，增加了绩效目标和可行性报告，丰富了专家评审报告的内容。次年，又接连几次按要求修改经费预算。因年度经费支付程序上的变化，项目虽已立项，但相关经费却迟迟无法到位。在北京市文物局垫支的情况下，红山玉器展项目逐步推进。2012年5月，红山玉器展项目通过评审，资金到位指日可待。评审所需的资料十分繁杂，包括经费预算所依据的各种材料：项目申报文本、展览协议书、展览运输协议、展览形式制作分包合同、图书出版合同、开幕式费用清单、学术报告会费用、创意产品制作协议、安防工程方案及预算、差旅费预算。至此，红山玉器展项目的申报与审批工作完成。

展览承办方由北京艺术博物馆、辽宁省文物考古研究所和赤峰市巴林右旗博物馆组成，它们各自完成向行政主管部门的报批手续，因展品中有一些一级品，他们还需向国家文物局上报备案，之后才能实现真正意义上的合作。北京艺术博物馆向北京市文物局上报关于举办这样一个展览的请示，随请示附送与合作单位草签的展览意向书和展品清单。辽宁省文物考古研究所向辽宁省文物局上报请示，其中包括北京艺术博物馆配合制作的文物安全保护方案和文物安全运输协议，以及北京艺术博物馆简介，此外还有展品清单和展览协议书草案。内蒙古自治区的报批手续有所不同，北京市文物局积极支持艺术博物馆的展览工作，特发函至内蒙古自治区文物局，函商共办展览事宜，随函附展品清单和展览策划书，以利于对方了解这个展览的状况与意义。内蒙古自治区文物局在调查研究之后，很快回函表示支持，并下发文件至巴林右旗博物馆，要求全力配合。至此，三个承办方应该履行的手续全部完成。

项目申报与评审为红山玉器展提供了资金保障，行政主管部门的协调与支持为展览提供了政策保障，因此，一个展览的成功举办，既是政府对积极推动文化事业大发展的体现，也是不同地区文物部门之间通力合作的结果。

三、展览内容与陈列形式策划

内容决定形式，形式服务于内容。内容与形式既相对独立，又密不可分。流畅的沟通是完成内容与形式完美统一的唯一途径。

（一）展览的内容策划

"时空穿越——红山文化出土玉器精品展"由五个部分组成，分别从不同的侧面展示红山文化玉器。第一部分名为"闪石为主，兼及其他"，主要是讲述红山玉器的用料。红山玉器的用料以闪石玉为主，以绿中泛黄、黄中带绿的颜色为特征色，据不同的造型又有玉料上的区别，这部分玉料一般认为产自辽宁岫岩。此外，玉璧、环镯类玉器的用料还涉及一些淡青色和青中泛白的玉料，它们与吉林、黑龙江地区的同类玉器用料相似，玉料有可能来自更远的北方。叶蛇纹石、绿松石、滑石等虽用得不多，但也能见到。第二部分"仿生为主，动物崇拜"与第三部分"几何造型，抽象莫测"都是讲述红山玉器造型的，并涉及玉器的功能。动物题材的玉器是红山玉器的代表性玉器，与良渚玉器以几何造型为主的特点相区别。红山文化时期虽以农业为主，但独特的森林草原环境中，渔猎经济仍是重要的生产方式。与动物的密切接触，以及由来已久的动物崇拜是红山玉器动物题材广泛的基础。勾云形玉器、带齿兽面形玉器和斜口筒形玉器是这两部分中最有争议的器类，多年以来，关于其创作原型与功能方面存在着各种各样的观点。本次展览既参考前人的成果，又融入办展者自己的思考，从红山文化玉器产生的背景与整体特征考虑，所谓的勾云形玉器与带齿兽面形玉器都应以动物作为创作原型。在红山文化玉器分类存在分歧的情况下，办展者更侧重对红山玉器大的器类的展示，而非对分类细节的关注。第四部分"玉以通神，器以载礼"，主要目的是概括红山玉器的社会功能。红山玉器首先是通神的用具，不同造型的玉器在具体的宗教仪式中具有不同的使用方式，发挥不同的神力。其次，红山玉器又是世俗社会中区别人们身份与地位的标志物，事死如生的理念，使它们最终长眠在使用者的身旁，并成为逝者在另一个世界中区分彼此的依据。第五部分是"玉器传统，继承创新"，红山文化玉器继承了装饰用玉的传统，环、镯类玉器较为多见。一般来讲，玉环、玉镯的形状没有太大区别，肉部剖面呈三角形，出土时佩戴在手腕上的就直呼为镯，否则以环称之。玉环更可能是身上佩饰。红山文化玉器虽然继承了早期的装饰用玉传统，但装饰的部位已从早期的耳部为主发展到腕部和躯干等部位。当然，红山人仍保留有佩戴耳饰的习俗，比如绿松石制成的半圆形耳饰和鱼形耳饰。

（二）展览的形式特点

一个关于远古的展览，一个称之为时空穿越的盛事，自然要在形式上设计出悠远神秘的感觉。"时空穿越——红山文化出土玉器精品展"的展出地点位于北京艺术博物馆大禅堂，平面长方形，展厅面积300平方米，是一个没有任何曲折感的空间。在这样一空间内展示远古的玉器是有一定的难度的。从总体来看，红山玉器展的形式设计关注了这样几个突出特点：第一，展厅内整体色调为深灰色，淡化整体性灯光，仅强调展示玉器的龛和展柜内局部灯光，一方面营造出展品神秘悠远的气氛，另一方面也利于突出所要展示的展品。为了保护展品，直接照射展品的灯一律采用LED冷光源。从观众反应来看，大家普遍认为此次展览灯光运用得比较好，红山玉器的玉质感和若隐若现的纹饰都得到了很好的表现。第二，展厅内的前言版设计是展览陈列设计的重要部分。前言版的立面居中是红山文化典型器物玉猪龙的艺术化变形，中心圆利用了玻璃元素的通透感，目的是突出展览主题的"时空穿越"的概念。两侧的平面部分采用了红山文化得以命名的赤峰红山全景图与玉猪龙相结合的方式，也与展览题目密切呼应。第三，展柜以壁龛的形式为主，辅以卧式柜和矮柜。龛式柜很适合体量不大的玉器，在整个展厅内容易形成光带，保持展线的连续性，同时，展柜形式的变化又丰富了展线，使方正正的展厅不至于过分单调与沉闷。另外，龛式展柜适宜观众近距离观察展品，使他们能够清晰地感受玉器的用料（颜色、光泽、质地等）、造型、纹饰与工艺特征。第四，展托采用的是透明亚克力材料，与厚重的材料相比，这种材料本身无色，更利于突出展品，淡化展品的背景，使观众的目光集中于展品。由于时间关系，无法一一量身定制，而是根据红山玉器圆雕、片雕等不同的造型特点，分别制作了平台式展托、斜面式展托和立体式展托等几种形式，玉器的造型和需要展示出来的特点不同，使用的展托也有所不同。

四、展览的学术提升和社会推广

"时空穿越——红山文化出土玉器精品展"的学术提升和社会推广基于两条

途径，一是相关图书的出版，二是学术报告会的举办。

（一）出版相关图书

展览是一段时间内的行为，随着展期的结束，展览也将闭幕。与展览配套的图书，却具有恒久性，它把短暂凝固成永远，是重温展览和提升社会效益的很好方式。为此，我们特别编辑了《时空穿越——红山文化出土器精品展》一书，期望能够在很长的时间里保持着一份温馨的记忆。书中的内容由三个彼此相对独立又密切相关的部分组成：第一部分是玉器图片，以形象的方式凝固红山文化玉器的辉煌；第二部分是论述部分，以文字的方式从学术角度考察红山文化玉器；第三部分是资料部分，收录了为完成这个展览参考的所有文献，它们承载着图书编辑者对所有红山文化玉器研究者最深沉的敬意，是他们的研究奠定了"时空穿越——红山文化出土玉器精品展"的基石。

（二）举办学术报告会

为提升红山文化出土器展的学术含量，构建展览与学者、玉器爱好者的平台，配合"时空穿越——红山文化出土玉器精品展"，本馆组织了学术报告会。红山玉器展学术报告会邀请了业内的五位专家从不同的侧面阐释了自己对红山玉器的研究成果。参加报告会的人包括玉器研究者、爱好者和北京人民大学、北京民族大学在校学生以及北京市文物局青年论坛、博物馆和合作单位的相关业务人员。

中国文物鉴定委员会委员、辽宁省文物考古研究所名誉所长郭大顺先生做了名为《红山文化玉器的几点新认识》的报告，郭先生主要从选料、工艺、造型、功能以及红山玉文化与中华文明起源的关系等方面对红山文化玉器进行了多角度分析，提出了一些新的观点与认识。郭先生认为红山玉器在选料方面重视河磨玉的使用，红山文化玉料存在多种来源（辽东山地和外贝加尔湖地区）的可能性；红山玉器既有同一时期共用工艺（如钻孔、平雕与圆雕等）的超水平发挥，也有新技法（片切割与起地阳纹）的率先使用，重视发挥玉的自然属性和慎用纹饰的做法，导致了加工技术的飞跃；在器型方面，郭先生提出了红山玉器的"超前性"概念，先生认为红山文化玉器所表现的写实与抽象的熟练运用、规范中求变的设计思想，都反映了造型高于工艺以及人文与技术的完美融合。此外，郭先生还从中国文明起源的高度阐释了红山玉文化与中华文化和文明起源的关系。

辽宁省博物馆研究员、玉器专家周晓晶女士做了名为《辽西地区史前玉器的传承与发展》的报告，她从更广阔的时空范围内认识了红山玉器的源与流。周晓晶女士认为兴隆洼文化和红山文化在地域上基本吻合，在时间上有先有后，在文化面貌上有一定的相似性，兴隆洼文化是红山文化的源头之一。辽西地区与红山文化大致同时或稍后，还分布着小河沿文化和夏家店下层文化，它们都出土了玉器，它们之间的传承与发展关系值得关注，对它们之间关系的研究有助于我们对红山文化玉器的理解。

辽宁省文物考古研究所研究员王来柱先生的报告题目为《红山文化出土玉器的新发现——田家沟红山文化墓群的发掘与初步研究》。这个报告介绍了田家沟红山文化墓群的发掘情况与阶段性研究成果，使听众不仅看到了红山玉的最新发掘资料，而且深切体会到了红山玉的埋藏特点、出土环境和彼此之间的共存关系，所有这些对深刻认识红山玉器都是十分重要的。这个学术报告还包含了对出土玉芯和玉璧的再认识、玉镯与玉环的定名与传承问题的研究，以及蛇头形玉耳坠与《山海经》相关记载问题关联性的研究，所有这些都会推动学界对红山文化玉器的重新审视。

故宫博物院副研究员徐琳女士的报告题目是《故宫博物院藏东北地区新石器时代玉器》。徐琳女士对故宫博物院藏的东北地区的玉器进行了研究，不仅确认了一批具有红山文化玉器特征的玉器，而且确认出与兴隆洼文化、哈克文化，以及大连地区出土玉器相似的玉器，从而为研究东北地区新石器时代玉器提供了新资料，特别是进一步拓展了人们对红山文化玉器的认识。辽宁省朝阳市牛河梁红山文化研究院院长雷广臻先生的报告题目为《红山文化玉器与黄帝文化》，雷院长的报告突破了以前就玉器而谈玉器的范畴，把红山文化玉器与文献资料联系起来，使红山文化玉器的认识置于历史的大背景中，视角非常独特。

展览的展品是有限的，让有限的展品发挥出更大的作用，成为一个器物群的缩影，学术报告会无疑是一个桥梁。

五、相关产品的开发

（一）仿红山玉龙与玉鸟艺术品

配合此次展览，北京艺术博物馆委托巴林右旗博物馆制作了玉龙和玉鸟。为了避免流入社会之后混淆视听，选用了巴林石作为材料。巴林石硬度低，颜色丰富，因而成品并非千篇一律，而是色彩斑斓。

玉龙和玉鸟的原型出土于赤峰市巴林右旗那斯台遗址，仿品一比一制作，并用颇富人文气息的礼盒盛装。与之相配的还有两段文字，它们概括了所做仿器之创作原型的内涵与意义：其一，龙是红山文化玉器群中最重要的表现题材，它的起源与猪、熊或鹿之类的动物有关，是模拟动物形象基础上的抽象变形。玦形龙的身体蜷曲如环，而首部表现生动细腻，夸张的双耳，圆睁的双目，微噘的嘴巴，威严中透露出一丝憨态。一个具象的兽面与一个简约的环形进行的创造性组合，塑造出一种全新的艺术形象，成为中华民族龙文化诞生的一个源头。其二，鸟是红山文化玉器群中常见的题材，多取材于鹰、鸮之类的猛禽。信手而成的尖喙，大睁的圆目，蜷曲的身体，简洁中透露着一丝睿智的翅尖表现，让人们感受到数千年前红山人琢磨玉器时的炽热情感与十足的自信。

（二）制作红山玉器主题邮册

为了丰富展览副产品的内容，北京艺术博物馆委托中国邮政文化邮局制作了名为“国之瑰宝——红山文化出土玉器珍藏”的集邮册，邮册由封面、封底和六个主页组成，包括邮票、首日封和小型章等多个品种。内容上，邮册由文字和图片共同组成，文字部分以红山文化玉器群的综述为先导，辅以玉龙、玉凤、玉人和勾云形玉器等重要玉器类型的概述，从而形成点面结合的文字布局。用于邮品的红山文化玉器近 40 件，基本上按动物题材玉器和几何造型的玉器分为两个部分，每个部分特别突出重要玉器，形成了有主有次的排列格局。总而言之，这套邮册是图片与文字相互映衬，观赏性与知识性共存的文化产品。

六、展览的媒体宣传和社会影响

（一）展览的媒体宣传

“时空穿越——红山文化出土玉器精品展”的宣传分为三个阶段：开幕式之前、开幕式和展出期间。为了让更多的人了解这个展览，展览开幕之前数天内就已经开始宣传，宣传手段包括方便、快捷和影响力广泛的微博，馆内和馆门外张贴招贴画，以及在馆内道路两旁设置道旗。

4 月 18 日开幕式之日，有 30 余家媒体前来参加，既有《人民日报》《光明日报》《北京日报》《京华日报》《北京青年报》等平面宣传媒体，又有国际广播电台、北京电视台、中国文物网、中国收藏网、国际在线、新浪收藏、凤凰网等立体媒体，其中的多数媒体于当天或次日对展览进行了及时报道。你好台湾网报道的题目为《红山文化出土玉器今日北京开展》，中国广播网报道的题目为《重要考古学文化——红山文化出土玉器展今日在北京开展》，诸如此类不一而足。北京电视台《这里是北京》节目专门录制了名为《"玉"说还休》的专题片，利用几个时段进行报道。

（二）展览的社会影响

博物馆的功能之一是通过展览弘扬传统文化，玉文化是最具中国特色的文化之一，红山玉器展恰成为宣传中国玉文化的桥梁。红山玉器展期间，参观玉器展的观众包括玉器研究者、爱好者、收藏者和普通观众，计有数万人。研究者关注的是资料，所以，他们十分高兴牛河梁出土的重要玉器能够集中展示，有些是大专院校的老师，把展厅直接当成了课堂，他们细细地看，细细地讲。收藏者也不在少数，他们有些是北京人，也有些来自辽宁、上海、内蒙古、山西等地，他们参观展览的感受各不相同，有的感叹自己手里的东西不真，有的因收藏假玉而懊恼。普通观众对红山玉器也略有耳闻，他们通过看实物，增长了不少玉器方面的知识，自言非常愉悦。展览的社会影响还可以从观众对配套图书的喜爱程度表现出来。有些观众为了能够保留对展览的长期记忆，购买了相关图书，他们说一看这本书，就会想起这个值得反复回味的展览。尽管价格不菲，但观众的购书情绪还是很高涨。

除了上述六个方面，还有一项内容也非常重要，即展览安全，包括展品的安全运输和展陈期间的安全等。为此，本馆制定了"文物安全运输方案""大禅堂展厅安防系统设计方案"和展厅值班制度等，并狠抓落实，确保红山玉器展的安全顺利进行。

红山玉器展已经闭幕，但它留给我们许多值得思考的问题：其一，展览一定要精而有特色，特别是在馆舍不大的情况，更要以精而特吸引观众；其二，展览要真正成为一种平台，需要考虑不同层面的观众的要求，使同一个展览的受众面尽可能扩大；其三，重视展陈的形式设计，形式可以对内容起到极大烘托作用。

一个展览已经结束，更多的工作还将继续，在未来的日子里，我们还将不断努力，为观众提供更多更好的精神食粮。

"天地之灵——中国社会科学院考古研究所发掘出土商与西周玉器精品展"的回顾与思考

　　展览是一个博物馆的主要功能之一。好的展览基于好的策划与创意，以及扎实的研究基础、深入浅出的表达能力和与内容相匹配的形式设计。北京艺术博物馆的展览由引进展与推出展组成，外推的展览以本馆藏品为基础，引进展主要走的是系列展的路子，但也辅以其他临时性的特色展览。中华文明之旅就是以展示古代玉器和玉文化为内容的系列展。2011 年 4 月 11 日至 6 月 12 日，北京艺术博物馆与良渚博物院合作推出了"神圣与精致——良渚文化玉器精品展"，它作为艺博推出的第一个玉器展，在吸引众多玉器研究者、爱好者和其他受观众的同时，也让我们看到了中国传统玉文化的社会影响力。由此，玉器系列展的大门徐徐而开。2012 年 4 月 18 日至 6 月 18 日，北京艺术博物馆与辽宁省文物考古研究所、赤峰市巴林右旗博物馆共同推出了"时空穿越——红山文化出土玉器精品展"，它是以展示闻名遐迩的红山文化玉器为展品，在社会上引起了广泛关注。至此，良渚文化玉器与红山文化玉器作为史前时期南北两大玉文化中心，在前后相继的两年里，在北京艺术博物馆搭建的展览平台上，完成了它们与首都观众的亲密对话。

　　2013 年 4 月 26 日至 2013 年 7 月 20 日，中国社会科学院考古研究所和北京艺术博物馆合作推出了"天地之灵——中国社会科学院考古研究所发掘出土商与西周玉器精品展"。这个展览把观众的视线拉到历史时期，作为历史时期之始的商与西周时期，其玉器在继承史前玉器的同时，也在功能与造型方面发生着变化。在系列展的最初创意中，我们是想把商与西周玉器分别展示的，一个偶然的机缘，我们看到了这个把商与西周玉器组合在一起的展览，看到了两个时代玉器同台亮相的优势，于是，我们接受了这个展览，并努力把它打造得符合玉器系列的要求。

　　中华文明之旅玉器系列展实际上是以展览为核心的系统工程，除了玉器作为展品陈列于展厅，我们还通过学术报告会对这个展览的学术含量进行了提升，通过媒体宣传扩大展览在普通受众中的影响，通过文化创意产品实现古代玉器展与现代创造力的对接……下面就这个展览涉及的几个方面做一个总结和回顾。

一、展览内容与形式

（一）展览内容

任何一个展览都是由内容与形式两个主要部分构成的，内容是支撑展品的框架和揭示展品内涵的文字，形式是使内容更好表达出来的辅助手段。二者的有机结合，才能构建出一个内涵丰富、赏心悦目的展览。

"天地之灵"展览是由社科院考古所策划的，大纲也是他们编写的。在展览的切入点上，他们关注的是考古发现成果，也在一定程度上照顾到了玉器文化的时代特征。大纲除前言和结语外，由四个部分组成：第一章为"相伴巾帼——妇好墓出土玉器"，包括三个单元，分别是以玉载礼、兵戈相见、精致如斯，展示的是商代晚期妇好墓出土玉器；第二章为"贵族灵物——张家坡西周墓出土玉器"，包括两个单元，分别是张家坡第一等级墓出土玉器、张家坡其他等级墓出土玉器，展示的是贯穿整个西周时期的张家坡墓地出土玉器；第三章为"方国华章——前掌大墓地出土玉器"，包括三个单元，分别是方国之礼、方国之兵和方国美饰，展示的是山东滕州前掌大墓地出土的商代晚期至西周时期的玉器；第四章为"精雕细琢"，展示的是商与西周时期的玉器加工工艺。

北京艺术博物馆是把这个展览作为玉器系列展的组成部分引进的，因此，我们更希望这个展览的内容具有强烈的玉器特色，能够在一定程度上反映商与西周玉器的时代风格和文化内涵。据此，我们对展览大纲做了一些调整，包括前言和结语的内容调整，以及第一、二和四章架构的调整。

前言部分的调整基于这样的考虑：前言要交代一下商与西周玉器的发现史，点明妇好墓与张家坡西周墓地出土玉器的特点与学术地位，同时，也要与史前玉器联系起来，概括出商与西周玉器对史前玉器的继承与发展。结语的调整则是想以点带面的做一个提升，通过妇好墓、张家坡和前掌大墓地出土玉器对商与西周玉器的特征进行概括和总结。

第一、二和四章的调整是希望展览架构再细化和更接近展览主题的要求。由此，第一章调整为四个单元，分别是玉之祭礼、玉之仪仗、玉之装饰和玉之艺术，原来大纲中的"精致如斯"大体对应着"玉之装饰和玉之艺术"，这样，以玉器功能为主线的展览线索更为明确，单元之间的划分标准更为统一；第二章的变化很大，以墓葬等级区分展品的展览结构调整为以玉器体现出来的时代特点为纲，三个单元分别是礼兵遗韵、饰玉繁多和葬玉特色，它们紧紧围绕张家坡墓地出土玉器所反映出来的总体特征，在关注玉器功能的同时，也照顾到了不同功能的玉器在整个玉器群中的相对地位；第四章的调整实际上是对原来大纲内容的一个整合，把其丰富的资料梳理为两个单元：线的魅力和多样技法，目的希望展览文字更为明了，观众能够很快抓住要点，对商与西周玉器的工艺有一个直观而概括的认识。

用心的观众会发现，这个展览的内容设计是匠心独具，它不仅展示商与西周这个不同时代的玉器，还通过前掌大墓地出土玉器将两个时代有机地结合起来。此外，它既展示以妇好墓和张家坡墓地出土玉器为代表的京畿之地玉器，也展示以前掌大墓出土玉器为代表的方国玉器。前三章的划分既可串联起来观看，也可对比起来研究，因此，内容堪称丰富。

（二）展览的形式设计

内容决定形式，形式烘托内容。好的形式一定是建立在对内容的准确领悟基础之上的。"天地之灵"这个展览的陈列地点位于北京艺术博物馆的西侧展厅，由南北两个小展厅构成，这个展厅的特点有几个不能变：其一，展厅内的空间大小和形状是固定的，无法改变；其二，展柜内的空间是固定的，展柜的位置基本也无法改变；其三，在南北小展厅内，作为主体展柜的长展柜是三个一组沿西墙摆放，组与组之间预留了部题板的位置。长展柜对面是起辅助作用的单体柜。这种格局是固定的，基本上不可能有太大改变。总之，这个展厅在内部空间划分与布局上的不可改变性给展览的形式设计带来了一定的局限性。展览的形式设计只能在既定的空间内有所选择，也有所舍弃。

"天地之灵"展的形式设计有这样几个特点：第一，根据展览大纲各组成部分的轻重关系来分配展览空间。"天地之灵"的展览大纲由四个部分组成，原大纲的四个部分依次是：第一章"相伴巾帼——妇好墓出土玉器"、第二章"贵族灵物——张家坡西周墓出土玉器"、第三章"方国华章——前掌大墓地出土玉器"

和第四章"精雕细琢",其中第一章和第二章是展示的重点,第三章和第四章在整个展览中的分量略次一些。如果按大纲的架构顺序来展示,第一章与第二章会安排在南侧或北侧展厅内,无论从展品的数量和这两部分在整个展览中的地位来看,它们安排在一个空间内都是不合适的。因此,受展示空间的局限,第二章与第三章调换了展示顺序。南北两侧的展厅内分别展示两个部分:一个主要部分,一个较次要的部分。这样的空间划分既符合展品的数量要求,也与展览本身具有的节奏感相适应。

第二,关注色彩对展览气氛的营造与烘托。中国古代玉器,特别是汉代以前的玉器更多地体现着一种意识形态,因此,其所要求的展示气氛更倾向冷静、深邃,带着一些神秘感。"天地之灵"展的色调以蓝色为主,部题板为蓝绿色,清爽脱俗。展柜内背板为藏蓝色,庄重沉稳,很符合商代玉器的审美趣味与西周玉器承载的礼制内涵。第三,通过展托把体量小的玉件组合起来的展示。"天地之灵"展览的展品尺寸都不大小,设计者对每件展品都进行了细致的思考,按照展览的顺序把它们进行了整合,通过斜坡式布托将若干玉器组合在一起展出,同时配以高低错落的方形小展托,使每个长柜之的展品既组合展示的展品,又有突出展示的展品,避免了视觉上的疲劳感。第四,重视展厅内灯光的运用,调整小射灯,运用聚集的灯光效果。灯光的运用既要利于观众观看展品,也要利于玉质感的体现和纹饰地清晰展示。"天地之灵"的灯光设想是想把聚集于展品,展品之外的其他部分暗下来,从而使观众的视线全部集中于展示。但展柜的射灯所提供的光源亮度达不到玉器展示的要求,因此,也适当地补充了一些展柜顶灯的光源。

二、学术报告会与配套图书的出版

(一)学术报告会

学术报告会是对一个展览的学术提升。换言之,学术报告会的举办使展览在满足普通观众视觉享受与知识需求的同时,也成为专业研究人员进行学术交流活动的平台。在这个平台之上,业界人士集中精力关注和探讨展览涉及的研究领域,有利于相关领域研究水平的提高与研究内容的拓展。

配合"天地之灵"展览,社会科学院考古所和北京艺术博物馆共同策划了学术报告会。会议于2013年6月2日举行,共邀请了杨建芳、黄翠梅、邓淑苹、朱乃诚和杨晶五位玉器专家就商与西周玉器的研究从不同侧面阐述了自己的见解。

杨建芳先生是香港康乐署顾问、香港中文大学资深教授，他报告的题目是《丰富典型内涵深奥——参观中国社科院考古所发掘出土商与西周玉器展札记》。在报告中，杨先生提出了几点认识：展品能较为全面地反映晚商—西周玉文化的内涵；殷墟四期（商末—周初）文化玉器风格与妇好墓玉器不同，应单独成为一期；晚商—西周玉器中屡见造型怪异的象生玉器，是研究中国古代神话传说乃至民族历史的珍贵文物；玉工的掏膛技术较高，使用片切割和线切割技术开料，以锐利的石片直接刻出纹饰；周人崇龙尊凤，甚至将凤的地位抬得更高，因而在西周玉器中出现了凤上龙下的图像；组玉佩和缀玉面幕体现了周人建国后各种制度确立之一斑；玉鹿是商周玉雕分期的一个标尺；石家河文化系统的玉鹰首笄和玉神人面延续的时间很长，下限可能至春秋晚期。

黄梅翠女士是台南艺术大学文博学院院长、教授，她报告的题目是《周代的玉璜组佩与梯形牌联珠串饰》，她认为在东周以前的各种串饰中，尤以先后盛行于公元前第四至第三千纪中叶长江流域的玉璜项（胸）饰以及西周时期的多璜组佩和梯形牌联珠串饰最令人瞩目。黄女士运用大量考古资料对这两种佩饰进行了比较全面的时空梳理和形制排比，分析了它们的渊源、流变、组合规律、使用方式、设计理念和产生原因等。

邓淑苹是台北故宫博物院研究员，她报告的题目是《从"天地之灵玉器展"谈公元前第二千纪的华夏大地》，她认为"今日认知并非远古实情"，并对"华夏大地"和"第二千纪"的概念进行了界定。她提出了四个小课题供人们思考与研究：神祖面纹、"鸟立高柱"母题、商代的"胚胎式玉雕"，以及良渚文化和齐家文化盛行的璧琮组配玉礼制被周族的圭璧组配取代的原因，前三个小课题都与时间跨度很大的纹饰母题有关。

朱乃诚先生是中国社会科学院考古研究所信息中心主任、研究员，他的报告题目是《企立鹰玉笄首的年代、形制演变和文化传统——从妇好墓出土的鹰笄谈起》。这个报告运用考古学方法对企立鹰玉笄首的首次制作年代、发展演变与文化属性进行了讨论，认为企立鹰玉笄首是公元前2000年前后产生的一种具有时代与地域特征的玉器，它的研究可能对探索公元前2000年前后的历史与文化，尤其是探索夏形成时期的玉器，是很有意义的。企立鹰玉笄首的出现，以及发展演变，直至消失，仅仅经历了100多年的短暂时间，并且在公元前1960年之后的玉雕作品中已不见踪迹。但其开创的挺胸、收腹、双翅收合的企立鹰艺术造型却没有中断，影响了中国古代文化数千年。

杨晶女士是北京故宫博物院研究员，她报告的题目是《刚毅与柔美的写照——说说妇好墓出土玉兵器与玉饰品》，她的报告对妇好墓出土的玉兵器与玉饰品进行了概述，可以使观众对此墓出土的两类重要玉器有一个总体上的认识。

报告会期间，容纳百余人的报告厅座无虚席。与会者主要是来自北京和外地博物馆、考古研究所等单位的玉器专家和研究人员，以及北京市文物局青年论坛的成员和北京大学、北京人民大学、北京民族大学的研究生、大学生。他们除了认真聆听报告者的观点外，还积极提问，与报告者进行交流，使报告会形成了一个很好的互动平台，达到了以展览推动玉器研究的目的。

（二）配套图书的出版

展览是有期限的，但配套的图书可以把短暂的展览凝固成永恒。配合"天地之灵"展览，我馆在社科院考古所的大力支持下编辑了与展览同名的图书。图书的内容与形式设计保持了"时空穿越——红山文化出土玉器精品展"的特点，由赏析篇、论述篇和文献篇三个部分组成。赏析篇以玉器图片为主，辅以较为详细的说明文字，既可以满足一般观众的欣赏需求，也可以满足专业研究人员的资料需求。这个部分的最大特点是一些重要玉器发表了多角度图片，避免了只知器物正面不知器物反面或侧面的资料局限性。论述篇共有五篇文章，其中陈志达在殷墟工作多年，对殷墟玉器十分熟悉，他写了一篇《殷墟玉器略说》；张长寿是张家坡墓地的发掘者，亲历了张家坡墓地的玉器出土，并出版过《张家坡出土玉器》一书，此次撰文《张家坡墓地出土的西周玉器》，对与本次展览有关的玉器进行了论述。这两篇文章与展品结合紧密，对读者更为深入地了解展品和相关信息有很大帮助。文献篇汇集了商与西周玉器的出土资料与研究资料，目的是为研究者提供一个方便的检索途径，也利于吸引研究者关注商与西周玉器的研究和提升这两个时期玉器的研究。

三、展览宣传、社会影响与创意产品

（一）展览宣传与社会影响

宣传是展览引起社会关注的一个重要手段，也是扩大展览的社会影响的重要途径。"天地之灵"展览开幕式时，北京艺术博物馆邀请了13家媒体参加，有《中国文化报》《鉴宝》《北京社区报》《北京青年报》《中国艺术报》《新京报》、中国新闻社、《光明日报》、北京电视台等11家媒体到场，人民网、《新京报》、大公网、中国社会科学在线、中国文物信息网、中国文物网等10家媒体对本次展览的开幕进行了报道。展览期间，有2家电视媒体对展览进行了宣传：5月20日21点，数字电视书画频道（北京173台）《美术新闻》栏目首播《"天地之灵——商周玉器精品展"在北京艺术博物馆展出》新闻，之后，每两小时重播一次，直至5月21日19点结束；与此同时，书画频道网站（www.shtv.net.cn）同步直播。6月30日18：55，北京电视台这里是北京栏目首播《玉看商周》节目，7月1日上午10：05和下午13：35两次重播。除了电视媒体，展览期间还有若干网络媒体对展览进行跟踪报道，吸引了很多观众前来观看展览。

经统计，"天地之灵"在展出期间，共接待观众9082人次，开放日日均接待观众120人次。观众的构成包括这样几个部分：古代玉器的研究者、博物馆与考古界的专业人员、北京高校文博或考古专业的教师与学生、玉器爱好者和普通观众。不同的观众群体在观看展品时的反应是不同的。"天地之灵"学术报告会安排了半天用于与会人员参观展览，他们边看边讨论，他们观看的过程就是一个学术思想碰撞的过程，也是我们向业界专家学者近距离学习的过程。博物馆与考古界的专业人员也是一个重要的观众群体，他们也许不以古玉研究为专业方向，但这个展览的展品无疑会拓宽他们对商与西周文化的认知。北京高校的一些师生在参观这个展览时，显然把展厅当成了课堂，老师边看边讲，学生边看边记，真正做到了眼到、耳到、手到。玉器爱好者以北京居民为主，但也有一些人从河北、山西等地赶来，在展厅里呆上半天，借助强光手电，仔细观看他们心仪的玉器。

展览期间设置了留言簿，共有94条留言，其中超过80条评价展览很好或描述参观感受。例如，一位观众写道："万寿寺是北京古寺之一，没想到艺术博物馆在此能经常展出与之相称的古代考古精品，甚是欣喜，望越办越好。"

还有的观众写道："这些艺术品虽小，但很是精巧。特别是玉串饰让我大惊，很是美丽。谢谢北京艺术博物馆给我们展现了这么独特的艺术品""非常赞的展览，值得来第二次欣赏""中华民族之路，就是玉石之路，玉文化承载着中华的文明史""中国玉文化源远流长，此次展览得以鉴赏商周玉文化，受益匪浅"。观众的留言说出了他们观看展览后的感受与心声，也成为我们今后努力办好展览的强劲动力。

（二）创意产品

展览展出的是古代文物，如何古为今用，也是展览需要关注的一个方面。创意产品的开发便是古代文化与现代观念结合的体现。"天地之灵"展配套产品有两种，一种是笔记本套盒，另一种是文化邮票。

作为套盒主体的笔记本，选用了黑色皮质封面，印有北京艺术博物馆的标志符号。封二是山东滕州前掌大墓地出土的回首玉鹿，风格灵动，加上水墨画般的背景，充满着神秘色彩。笔记内设彩页10页，展示的是10件颇具特点的玉器，包括殷墟妇好墓出土的玉龙、玉虎、玉鸟、玉鹅和玉象，张家坡墓地出土的玉串饰、玉组佩、玉龙、玉鸟和玉人，它们都是展品中的精品。

文化邮票是兼具观赏价值和收藏价值的一种创意产品。"天地之灵"文化邮票由首页、尾页和主页组成，首页借用的基本是展览的前言，交代了商与西周玉器的历史地位、发现与研究现状。尾页是小知识，介绍了妇好墓、张家坡墓地和前掌大墓地出土玉器的概况。主页由15张邮票组成，上面展示着15件玉器，包括玉鹅、玉鹤、玉虎、玉龙、玉鹿、玉鸟、玉虎头怪鸟、玉鸟刻刀、玉象、玉熊和玉串饰等，不仅造型美观，而且内涵丰富。

四、关于展览的思考

不同的展览既可寻到共性，也呈现出各自的个性。对于共性的探索有助于找寻规律性的东西，而关注个性有利于我们处理同一类型的展览。"天地之灵"在展览准备与实施过程中，有这样几点是值得思考的。

第一，部分设计方案在实施过程中临时调整。

装展是把形式设计转变成真实的一个过程。这个过程，既可以反映出形式设计的最终水平，也可以对形式设计的不足加以弥补和完善。恰当安排装展的时间很重要，因为时间过早，会造成展厅空置的时间过长，过晚，会失去弥补不足的时间。"天地之灵"展览的制作时间安排得比较合适，为调整形式设计中的个别问题准备了时间。

"天地之灵"展览的框架由四个部分组成，受展厅空间的限制，第二部分和第四部分处理起来要比其他两个部分难度大些。在原初的设计方案中，这两个部分使用透明贴纸表现每个单元的文字内容，它们贴在单体柜上，每个单体柜内不再使用背板。但这个方案在实施以后，我们发现了问题。这样的处理方式使第二部分和第四部分显得分量太弱，与第一部分和第三部分的厚重感相去太远；而且，这两部分在色彩上无法与其他两部分相协调，展览的整体感较差。所以，形式设计需要做一些临时性的调整，第二部分和第四部分也使用与其他两个部分相同的单元板和装饰板，以达到整体上的材质、色彩，以及分量感的和谐统一。

第二，学术报告会带来的思考。

学术报告会作为提升展览的一种手段，是展览这一系统工程的重要组成部分。学术报告会的质量在很大程度上与报告内容有关。报告内容需要围绕展览内容进行精心设计。理论上，报告内容有点有面最好，这样既便于听众宏观把握，也便于大家对个案的理解。此外，报告会非常欢迎以新的视角或研究方法探讨与展品相关的问题和内容。

不过，也有报告会的嘉宾提出应该让更多的人参与其中，而不是被动地听讲。我们在具体操作报告会的过程中，也发现了这个问题。如何让更多的嘉宾参与到会议之中，如何让更多的观点或思想发生碰撞，确实是我们需要关注的一个问题。或许，研讨会或座谈会的形式更好一些，它在满足更多嘉宾表达看法方面具有更多优势。

再好的展览也有落幕的时候，但展览本身会成为一个美好的回忆，展览的配套图书和产品会成为永恒。如今，进入北京艺术博物馆西侧展厅，我们已寻不到"天地之灵"展览的影子，但翻开"天地之灵"一书，我们仍可以在书中欣赏一件件各具特点的展品，仍可以在书中回味学者们的独到见解，仍可以在影音资料中回到学术报告会的现场，这也许就是展览延伸的力量！

[原载《北京艺术博物馆论丛（第3辑）》，北京燕山出版社，2014年]

考古与博物馆展览三题

　　黄亚平老师嘱我多次，希望我写一篇考古与艺术或考古与展览的文章，原因是这几年来，北京艺术博物馆所做的展览大都与国家或地方的考古机构存在合作关系，展品以考古发掘为主，而我大学读的是考古专业，似可充当理解考古与展览关系的桥梁。对此，我也考虑过，脑海里也有许多想法，但好像又无从说起。想来想去，就谈一谈考古与博物馆展览之间的区别与联系吧，权当自己这几年来所做的以考古发掘品为展示对象的工作的一个体会，也是对自己大学期间所学专业的一种纪念和回顾吧！

一

　　对许多人来说，考古就是挖坟掘墓。其实，发掘只是获取地下文物的一种手段。考古学是以古代遗存作为研究对象的一门学科，是历史学的一个分支，其最终目的还历史以本来面目。大体说来，考古工作由两部分构成，一部分在野外，主要采取发掘的方式达到获取文物的目的；另一部分在室内，就是对发掘获得的资料进行整理与研究。

　　发掘是实践地层学的过程。在这个过程中，要为建立文物的相对年代和绝对年代奠定基础，要对遗存的出土现状以文字、线图和图片的形式做好记录，以便更好地在室内完成资料的整理和研究。

　　地下遗存是由早到晚堆积的，一般而言，早的在下，晚的在上，但因为自然力地搬移或人为地扰乱，早期与晚期遗存的堆积状态也可能发生颠倒。发掘的过程正好与遗存的堆积过程相反，先发掘晚的，再发掘早的，早的与晚的不可以混淆，否则所发掘的文物就失去了年代意义。正是这种源于地质学的地层学方法的运用，为考古学建立起文物的时间框架奠定了基础。没有这个科学的过程，地下文物的相对年代框架将无存谈起。

　　考古发掘的对象有包含文物的地层（即文化层）、墓葬、居住址等。以墓葬为例，墓葬开口于不同时期的地层之下，理论上直接开口于晚期地层之下的墓葬年代晚于直接开口于早期地层之下的墓葬年代，但不同墓葬之间相对早晚关系的确定还要结合墓葬内出土的文物。墓葬除了与地层有关系，墓葬之间还有叠压和打破关系，一般而言，晚期墓葬叠压或打破早期墓葬，叠压和打破关系是确立墓葬之间相对年代的一个很好依据，但也要结合出土文物做出最终的判断。

考古学中相对年代的确定最终建立起的是包括文物在内的各种遗存的时间坐标，往大里说，可以是不同考古学文化之间的相对早晚，可以是不同朝代之间的早晚关系；往小里说，可以是同一个考古学文化内部的再分期，可以是同一个朝代内部的早晚区别。当我们站在博物馆展柜前面，说这件器物是某个时代的或某个时代早期或晚期的时候，可能没有意识到考古学在确立相对年代框架方面的出色贡献。相对年代框架确立以后，很多文物可以纳入其中，同一类文物在不同时期的发展变化特征才可以总结出来，同一种器物在若干年里的不同变化才可以归纳出来。

除了建立相对年代框架，考古学还积极地确立绝对年代框架，比如利用 ^{14}C 技术测定史前考古学文化的年代，利用墓葬等出土的有纪年的文物作为标准器确定其他一些相近文物的年代等。当我们可以说红山文化玉器距今多少年、良渚玉器距今多少年，当我们可以讲这件玉器是商代的，那件玉器是西周的时候，可能没有意识到，考古学在建立文物的绝对年代方面功不可没。

考古发掘除了为建立年代关系打下基础外，还非常关注出土文物的位置和组合关系。发掘过程中，出土文物的位置要加以绘图和拍照，因为它们会对我们判断文物的功能有很好的帮助。比如，红山文化的圆形大孔玉器可以称为玉镯是因为它们出土于墓主人的腕部，有些不称为镯而称为环是因为他们出土于墓主人腹部，是佩环。对于出土文物的组合关系的关注有诸多意义，一方面可以把具有相同或相近组合关系的遗存归入同一考古学文化，另一方面也具有社会意义，比如可以把出土文物的组合分成为若干组，不同的组代表不同的等级，由此可以探讨社会阶层的划分，以及不同阶层享有的物质甚至是精神文化。

考古发掘完成后，就进入资料整理与研究阶段。资料整理时的主要方法是类型学，通过分析、排比，将一群看似杂乱的发现梳理出来，既还原它们发现时的原貌，也通过分型定式确立分期，使考古遗存的时空框架最终确立起来。总的来讲，考古学研究更倾向于对遗存进行总体上的把握，更关注于探讨遗存所反映的历史信息，而对某一种材质的文物的进行形而上的研究要欠缺一些，这一方面的工作似乎留给了博物馆。

二

展览是考古与博物馆联姻的一种方式。考古带给博物馆的是无可置疑的标准器，特别是那些有明确纪年或伴出有明确纪年文物的出土文物，其价值更值得重视。设若把标准器放在横坐标上，年代放在纵坐标上，就可以建立起一个不同时期标准器的定位体系。这个体系的建立非常重要，因为它体现出不同时期都有哪些代表性的文物，这些文物的时代特征如何，反之，也可以根据这些时代特征把没有出土单位的传世品纳入体系。这个体系的双向性使它既可以成为鉴定文物时代与真伪的标尺，也可以让它自身具有很强的包容性。从某种程度上说，以考古出土文物为展品的展览就是把这样的体系形象化地展示了给社会，虽然展览的主旨不在于此，但标准器的作用含蓄地表达其中，有心的观众自然能够悟到这一点。

2012年，北京艺术博物馆与辽宁省文物考古研究所、内蒙古自治区巴林右旗博物馆共同推出了"时空穿越——红山文化出土玉器精品展"，这个展览对鉴定红山玉器有很大的指导意义，对红山玉器收藏者自检自己的藏品也有很大的帮助。红山玉器的收藏一直是社会的一个热点，也是一个难点。究其原因，在很大程度上是因为很多收藏者没有机会近距离欣赏无可置疑的红山文化出土玉器，而是依靠着所谓的传世品来判断红山玉器的特征，这样以讹传讹的收藏，自然会导致假红山玉器的泛滥和红山玉器真品的埋没。事实上，学术界对红山文化玉器不乏研究，无论是用料、造型、纹饰、工艺的总结，还是文化意义的探讨，都存着深入地剖析，虽然有些观点尚未达成共识，但宏观的认识并不存在本质的分歧。一方面是学术界搞着自己的学术研究，另一方面是包括收藏者在内的社会大众对红山玉器的认识，彼此之间保持着距离，大家似乎各行其道，各自在自己选择的路上前行。在这种背景之下，"时空穿越"展就显得恰逢其时。它以考古发掘出土的红山玉器为展示对象，努力通过更为通俗的方式向社会传达学术界的一些观点，为大众近距离地观察和欣赏红山玉器标准器提供了契机，大家对红山玉器用料的特征、造型与纹饰、加工工艺等特点都可以获得直观的感受。从这个意义上说，"时空穿越"展览是一个标准器构建的桥梁，联结着学术界与社会大众，很好地实现了学术成果向社会转化的功能。

向社会展示标准器是以考古出土文物为展品的展览的作用之一，但不是其最终目的。对于一个时期或一个地域内文化的展示才是其最终追求的目标。如何更好地展示文化而不是器物，在很大程度取决于对被展示对象研究的深入程度，以及展览大纲设计者对学术研究现状的把握能力。2011 年，北京艺术博物馆与良渚博物院共同推出了"神圣与精致——良渚文化出土玉器精品展"，其内容设计就是坚实地建立在考古学界学术研究成果之上的，换言之，它努力体现考古学对良渚文化玉器社会功能的认识，同时也兼顾到良渚玉器作为玉器研究的特殊性。这一点在"神圣与精致"的序言中可以看得很清楚，其写道："2005 年，'良渚文化文物精品展'在国家博物馆展出，良渚文化玉器的奇特造型和精致纹饰让人们感叹不已。5 年之后，我们再次把目光投向充满恒久魅力的良渚文化玉器，以学者们近年来的学术成果为依托，用新的视角解读展示这个逝去文明的玉特征。"这段话表明一个时隔不久再次在同一城市出现的展览，其之所以具有鲜活的生命力，与考古学界新的学术成果密不可分。正是有了新的学术观点，我们才能够以新的视角看待良渚文化玉器，才能在做展览的时候对展品进行全部或局部的重新组合与阐释。"神圣与精致"的展览内容设计为六个单元，分别是玉出高坛、神秘纹饰、以玉载礼、乾坤有别、精工细琢和源远流长，这样的展览框架完全是基于考古学界对良渚玉器的研究成果。比如，第一单元"玉出高坛"，之所以能够这样定名，是因为考古学界通过反山、瑶山等遗址的人工建造性质、土色以及墓葬的排列与出土遗物等综合特征确认这些遗址是祭坛，而非普通的墓地，所以，我们可以直接称之为坛；第二单元"神秘纹饰"，主要向观众展示良渚玉器上的神人兽面纹，以及龙首纹、鸟纹，关于这些纹饰寓意的说明源于考古学界的不同的学术观点；"以玉载礼"和"乾坤有别"两个单元意在说明良渚文化玉器的社会功能，对于玉器社会功能的判定，考古学者基于墓葬出土文物的细致分析以及对文献资料的引用，譬如，某些类型的玉器仅出土于少数随葬品丰富的墓葬，某些类型的玉器仅出土于女性墓葬或男性墓葬等。这些研究成果为我们理解这些玉器所扮演的社会角色提供了依据。玉器的展示如果从玉料、造型、纹饰等方面入手，属于形而下的一种展示。但玉器作为包含着丰富的人文内涵的器物，有必要把它们所承载的意识形态的内容展示出来，而要做到这一点，需要积极地吸收包括考古学在内的学术界的众多研究成果。

三

博物馆的展览依靠考古研究成果，但在运用的时候也需要适当地变通，以满足观众的欣赏需求、认知需求和展览主题的需要。这种变通，有时表现为展览文字的表达方式。在"神圣与精致"和"时空穿越"这两个展览中，都安排了表现玉器文化渊源的单元，其借鉴了考古学研究中重视文化的源与流的探索。但在运用相关研究成果时，我们又试图跳出过于专业化的倾向，使所要表达的内容简单易懂。"神圣与精致"把这样的单元命名为"源远流长"，通过若干有代表性的玉器，让观众明白良渚文化玉器与马家浜文化、崧泽文化玉器的继承关系，以及对商代玉器的影响，但展览文字内容的设计通俗易懂，完全没有考古学专业术语给人的艰涩感。"时空穿越"则把相关内容命名为"玉器传统，继承创新"，单元的说明文字也走了一条简明并高度概括之路："人们在旧石器时代晚期终于从打制石器的劳作中识别出了美玉。之后，以玉制作装饰品美化生活成为玉器发展史上最早的起步，至新石器时代晚期，玉器之花在中国大地上终于灿烂开放。红山文化玉器秉承了兴隆洼文化的装饰用玉传统，并与吉林、黑龙江地区的用玉文化相互交流与影响，在独特的地理环境和社会意识形态中形成了自己的个性，成为新石器时代晚期中国北方最具影响力的玉文化，并传承久远"。这段话意在说明这样几个点：玉器出现的最早时间、最早的玉器类型、玉文化的第一个发展高峰、红山文化玉器的来源、周围文化对它的影响及其历史地位。但这段话没有照搬考古学的专业术语，而是通过变通，试图以观众更易于接受的表达方式传达出严谨的学术观点。

除了对展览文字变通外，有时也要对考古学界固有的研究思路进行变通。考古学对墓地的研究，通过会根据随葬品的特征把墓葬分为若干等级，不同等级的墓葬一般代表着不同的社会阶层，这样的研究思路符合考古学研究的最终目的。2013年，北京艺术博物馆与中国社科院考古研究所共同推出了"天地之灵——中国社会科学院考古研究所发掘出土商与西周玉器精品展"，这个展览的内容设计分为四个部分，前三个部分分别展示商代晚期妇好墓出土玉器、张家坡西周墓地出土玉器和山东前掌大墓地出土的晚商至西周玉器，充分体现了考古学对玉器的研究成果。其中，第一部分和第三部分以玉器功能作为分类标准，第二个部分却以墓葬等级作为划分展陈单元的依据，这样的架构源于《张家坡西周墓地出土玉器》的研究思路。这本书把出土玉器的墓葬分成四个等级，每个等级的墓葬出土玉器又按功能进行了分类，读者既可以了解玉器的一般特征，也可以把握不同等级的墓葬在用料和构成类别方面的差异，从而为我们进一步探索玉器群与社会阶层之间的关系奠定了基础。但是，把这样的研究思路完全移植于展览大纲并不合适。一方面，它与展览大纲的整体风格不太一致；另一方面，观众也不容易理解。为此，展览大纲做了一定的调整，张家坡西周墓地出土玉器的展示分成了礼兵遗韵、饰玉繁多和葬玉特色三个单元，它们试图揭示这一墓地出土玉器的总体特征，同时也关照到了玉器的功能。这种展示思路上的变通，不仅非常符合展览的主题，也使展览大纲的线索一以贯之，十分流畅。

总之，考古为博物馆举办展览提供了无可置疑的展品，考古研究成果为深入阐释展品的内涵打下了基础。展览是考古研究成果向社会转化的桥梁，展览在依托考古学成果的同时，也需要积极地融入自身的特点，有所选择，有所变通，以实现展览服务于社会大众的目标。

[原载《北京艺术博物馆论丛（第3辑）》，北京燕山出版社，2014年]

三个展览，三种维度

　　在北京市文物局策划的 2014 年展览季中，北京艺术博物馆推出了三个展览，即"气度与风范——明代藩王墓出土玉器展""神工意匠——徽州古建筑雕刻艺术展"和"守望红旗渠，辉煌中国梦"。这三个展览集中在八九月份呈现给观众，是北京艺术博物馆精心烹制的视觉大餐。这三个展览，尽管都以农耕文明为背景，但内容各有千秋，从古代礼器、王族饰物，到传统建筑构件，再到记录社会主义农村建设的摄影作品，可谓风格迥异。从这三个展览可以看出，北京艺术博物馆不仅专注于传统文化和传统精神世界的载体——古代文物的研究与展示，也对属于现代主义的摄影，赋予一种与时俱进的追求。另外，通过展览季的三个展览，本馆也对如何发挥以古代建筑为展示空间的展览有了新的解读与追求。

一

　　"气度与风范——明代藩王墓出土玉器展"是本馆策划的中华文明之旅——中国古代玉文化系列展的第五个展览。这个展览是在江西省博物馆策划的"金枝玉叶——明代藩王墓出土玉器精品展"的基础上进一步完善起来的。承蒙江西省博物馆同行的开放与包容态度，让我们有了进一步发挥的余地。在对待引进展的态度上，我们更希望加入自己的思想，而不是一味地拿来主义。这种再加工，一方面可以在展览中融入更多更新的学术观点，另一方面也可以促使业务人员的主动思考，从而在业务上获得提升。

　　"金枝玉叶——明代江西藩王墓出土器精品展"分为七部分：圭见礼仪、玉带尊贵、玉佩玎珰、珠玉琳琅、玉具风情、金光灿烂和金玉良缘。为了使展览更符合玉器系列的要求，我们去掉了以金器为展品的"金光灿烂"部分，将"气度与风范——明代藩王墓出土玉器展"分成了六个部分：圭见礼仪、玉带尊贵、组佩玎珰、饰玉多样、古意风情、金玉生辉。在这六部分中，变化较大的是"玉带尊贵"和"古意风情"。"玉带尊贵"按玉带有无纹饰分为两组，一组是素面玉带板，另一组是饰纹玉带板，素面玉带旨在展示玉带板的组合形式，而饰纹玉带板旨在展示玉带板的装饰纹样与装饰工艺，通过这两组内容，使玉带板的研究成果能够比较全面地体现出来。"古意风情"的策划目的有两个，一是展示明代仿古玉的特征，另一个方面是对一些画意玉器进行重点展示，突出明代玉器多样性的特点。由于明代江西藩王墓出土玉器品种上的局限性，我们在"古意风情"中加入一些馆藏品，丰富了明代仿古玉的展品，也实现了引进展与馆藏品优势结合的目的。

除了对展览内容架构的调整以外，我们对前言和单元文字也进行了补充。文字方面的调整，我们着力于把一个明代玉器的专题展放在明代玉器史甚至是中国古代玉器史的大背景之下，努力简洁地概述所要表达主题的渊源，努力展示一个专题展对一个时代玉器发展的折射。要做到这一点，需要对中国古代玉器史有一个总体的把握，需要对明代玉器在中国古代玉器史上地位有清晰的了解，这个展览进一步说明，展览内容的好与不好与展览大纲执笔者的文化底蕴和学术积淀有很大关系。积累得深厚，文字自然如涓涓细流，流畅而不滞涩，浅显却不乏味，深蕴但不难懂。展览大纲的编写亦如唱戏一样，没有台下十年功的操练，就无法驾轻就熟。

"气度与风范——明代藩王墓出土玉器展"的展览地点同去年一样，放在了西侧展厅，即万寿寺中路的西侧配展内。展陈空间狭长，展柜不可变化。要想使连续几个年度在此展出的玉器展有些形式上的新意，并不是一件很容易的事。针对观众们提出的灯光亮度不够问题，这个玉器展把灯具的改造看成了头等大事。展柜里的灯具与展柜是一体，受当时技术条件和资金条件的局限，展柜顶部中间为日光灯，周围使用发出黄光的光纤射灯，再加上展柜外的黄色灯带，展厅内的光源稍显驳杂。而且，由于要进行散热保护，光纤射灯会间隔一段时间后自动关闭。此次展览灯光改造的重点便是将发黄光的光纤射灯改为发白光的 LED 灯，更换后的射灯不仅亮度会大大提高，而且也不再出现时亮时灭的情况了。为了营造有些神秘的背景环境，此次展览关闭了旧有的灯光，外部仅使用照亮部题板的淡淡的黄色光源。

色彩的变化也是本馆玉器展追求的一个方向。从某种意义上，无法分割的空间、固定的展柜成为我们古代玉器展形式创新的瓶颈。我们只能在用对颜色上下功夫。"气度与风范——明代藩王墓出土玉器展"有配套图书,图书采用了紫色调。为了使同一展览的各个独立的组成部分构成一个有机的整体。展览也运用了同样的色调。紫色,富贵而神秘,与藩王墓的出土玉器也比较契合。

多年的玉器展陈经历以及参观其他博物馆获得的视觉感受表明,透明或不透明的亚克力在展示古代玉器方面有一些局限性,其光滑细腻的质感并不太适合托起具有类似感觉的玉器,相反,以布包展托更适合衬托玉器的质感。寻找到一种规律是一件有意义的事,但同时也是困扰人的一件事,因为如何突破规律将成为努力的难点。

困难总是有的,但克服困难之后,快乐将随之而降。漫步于展厅内,看着如星星般明亮的小射灯,内心充满了欢乐。

二

与小巧玲珑的古代玉器相比,"神工意匠——徽州古建筑雕刻艺术展"的展品显得大而重。这样一个展览的选择对于古建筑展厅是一种挑战。就展出意义而言,这个展览是没有任何瑕疵的。一方面,徽州古建筑雕件代表着一种独特的建筑文化,而北京艺术博物馆坐落的万寿寺也以明清古建筑为自己的展品之一,二者在古建筑领域里的关联性,使我们举办这样的展览成为可能。另一方面,徽州古建筑雕件在履行其建筑功能的同时,也包含着审美要素和丰富的人文内涵,是中国传统文化的一种独特表达,因此,以宣传传统文化为己任的博物馆也适宜做这样的展览。

"神工意匠——徽州古建筑雕刻艺术展"的内容架构比较简单,以材质而论,分为木雕、砖雕和石雕三个部分。木雕构件包括梁柁、撑拱、雀替、窗扇、栏杆等。它们以圆雕、高浮雕、镂雕的雕刻手法表现出丰富的题材:花鸟、人物、瑞兽、鱼虫等,不仅形象生动,而且充满吉祥寓意和教育意义。砖雕多用来装饰门楼、门罩,门楼和门罩的装饰题材广泛,山水、人物、园景、花鸟小品,异彩纷呈。很多砖雕是系列组雕,宛若连环画一样,不仅雕刻精美,而且有趣味性。砖雕中的小品也精美绝伦,内容不仅有传说故事、山水园景,还有反映世俗生活的场景。徽州石雕题材受材质所限,不及木雕和砖雕丰富,主要为动植物形象、博古纹样和书法。由于石质材料耐久,适合用于建筑的外部装饰,多用在建筑物的基座、柱础、横梁、栏板、漏窗等构件上，实用与美观兼得。徽州石雕以浮雕和圆雕技法最为常见，浮雕以浅层透雕与平面雕为主，圆雕整合趋势明显，刀法融精致于古朴大方。这些建筑构件于普通观众来说比较生疏，所以在辅助展板中以图文并茂的形式加以解释和说明。每部分加了一些关于建筑构件的说明，以帮助观众理解建筑构件的使用位置。

与其他展览的展品说明牌不同的是，这个展览的说明除了展品名称与时代外，还增加了对展品本身的文字描述，包括雕刻手法、表现题材和人文内涵等内容，使观众能够对单件展品有一个比较清晰的认识。除此以外，为了进一步丰富展览的背景知识，我们还配套制作了展览宣传片，片中介绍了徽州古建筑作为一种地域文化形成的原因、特色，以及雕件的制作流程，起到了辅助展品应当具备的拓展展览内涵的作用。

本文一再提到，以古建筑为展厅的博物馆在展陈形式突破上存在着较大的难度。我们不能像对待现代化展厅那样更能随意地分割与组合空间及灯光。因而，针对具体展览，如何营造展览所需的氛围，一直是困扰着我们的一个难题。展览氛围的营造需要造型、灯光的配合，而"神工意匠——徽州古建筑雕刻艺术展"所在展厅是固定的通柜，造型只能在通柜上下工夫。在与展陈公司沟通的过程中，我们希望他们能够营造一种灰瓦白墙的徽州古建筑氛围，这种氛围将有利我们对这些建筑构件在建筑本体上的还原与艺术感受。据此，

与其他展览的展品相比，"神工意匠——徽州古建筑雕刻艺术展"的展品不仅体量大，而且欠规则，因而对展陈形式的要求比较高。一方面，需要以合适的、美观的方式对展品加以固定，另一方面，也需要关注展品之间的呼应，保证整体的效果。

三

与前两个展览不同，"守望红旗渠，辉煌中国梦"是一个图片展，它通过历史与现实的衔接，向观众传达出红旗渠所代表的那种精神力量。作为一个具有政治宣传意义的展览，它试图以真实感人的画面、富有感染力的语言和极具时代感的影像资料，达到感动观众、唤起观众共鸣的目的。

红旗渠是河南林县人民创造的人间奇迹，用周恩来总理的话说：新中国有两

项伟大工程，一个是南京长江大桥，一个是红旗渠。林县人民举一县之力建造了红旗渠，凭借的是追求梦想的勇气，艰苦奋斗的精神，团结协作的力量。

一定要有展览大纲，以展览大纲统率所有图片，而不单纯办成一个图片展，是这个展览尚未起步时的定位。"守望红旗渠，辉煌中国梦"通过图片这一载体，讲述关于梦想的故事，而这个故事不只是关于一段历史的记忆，更是一段历史所具有的持久生命力的一种再现。展览大纲构成一个展览的框架，透露出展览策划者的展陈思路，是将分散的展品整合成一个有机整体的重要载体，也是引导观众观赏与理解展品的重要途径。

"守望红旗渠，辉煌中国梦"展览大纲的出发点与落脚点是梦想，它遵循有梦想—追梦想—实现梦想—继续梦想这一线索，将100余幅图片分成六个部分展示，即旱魔肆虐，世代梦想；规划远景，勇追梦想；愚公移山，践行梦想；艰苦奋斗，成就梦想；平凡伟大，铭记梦想；壮美林州，续航梦想。把梦想作为展览主题，可以跳脱出把展览做成红旗渠修建史的窠臼，使展览内容具有更为广泛的指导意义。一个国家、一个民族要有梦想，要勇于追求梦想；一个城市、一个村庄要有梦想，要敢于践行梦想；一个机构、一个社区要有梦想，要不断为梦想而求索；一个人也要有梦想，规划人生，不断进取。如此，红旗渠精神历久弥新的价值得到充分阐释。

"守望红旗渠，辉煌中国梦"的单元说明文字颇费斟酌。作为统领每个单元展品的文字，其风格会随着展览内容和展示目的变化而变化，而不是一成不变的。文物类的展览，单元说明文字更倾向于叙述性或说明性，但也有带着一定感情色彩的案例，读来更容易引起观众的共鸣。这个展览的单元说明文字采用了比较抒情性的风格，撰写者在多次密切接触红旗渠之后，对红旗渠精神有了更深刻的了解，因而字里行间融入了自己的感情色彩，以期达到感动观众的目的。举例来讲，第三部分"愚公移山，践行梦想"这样写道："梦想带给人激情与力量。践行梦想的过程，意味着付出艰辛、凝聚智慧、永不言悔。逶迤千里的红旗渠，见证了建设者们10年的艰辛。在苦难面前不哀怨不退缩，缺少粮食，便以野菜充饥；没有房屋，便露宿山崖；资金不足，自力更生想办法，不等不靠不要，用劳动者特有的智慧知难而进。面对亘古的太行山脉，他们逢山凿洞，遇壑架桥，凌空绝壁，涉水运输……一锤一钎的开凿，一石一砖的砌垒，一点一滴地累积，一寸一尺地前进，春夏秋冬锲而不舍，为铸就自己的梦想前仆后继！"抒情性的语言，在这段文字中得到了最深刻的体现。

"守望红旗渠，辉煌中国梦"是在我们对以往艰苦岁月、拼搏奋进事迹的回首和眷顾，也是对今天越来越沉溺于物质消费、享乐主义的一种社会现象的反思。展览不是为了唤起大家对那个年代的向往，而是想告诉大家，当我们越来越依赖技术、物质维持我们的生活时候，不要忘了人类所蕴藏的与生俱来的潜质，那就是奋斗的雄心与壮志！我们可以在极其艰苦的环境里产生穷则思变的梦想，并且为之努力，那么在今天更为舒适的环境中，我们为何不保持一种积极的精神面貌，争取一份更高的人生境界？

2014 即将过去，这个展览季的几个展览也陆续落幕。新的一年将要结束。博物馆是传播文化的领地，尽管对传统文化有一种仓储的功能，但作为操作博物馆展览的人，绝不是固守一种旧有的程式，循环往复、不求变革、故步自封，展览文化本身就是一个需要想象力、不断打破风格，以期把展览做得更加有效。在"气度与风范——明代藩王墓出土玉器展""神工意匠——徽州古建筑雕刻艺术展"和"守望红旗渠，辉煌中国梦"这三个展览的操作中，我们积累了一定新的经验，获得了一些新的体会，为此，我们感到欣慰。

[原载《北京艺术博物馆论丛（第 4 辑）》，北京燕山出版社，2015 年]

伍　散记随笔

除了严肃的研究，用一种轻松的语言去记述与古代玉器相关的人或事，也是值得倾注精力的。它所带来的，除了精神的愉悦感，就是让时间变得清晰可触。我们无法完全依靠大脑的记忆。我们希望经历的日子在很久很久以后还能够那么鲜活，并能够去感染别人，共享这种快乐。

"散记随笔"就是把古玉展览与研究过程中感受的快乐分享给大家的心声。

红山玉器杂谈

一

　　玉料是古代玉器断代与辨伪的依据之一。史前时期的玉器所用玉料呈现明显的地域性，而在历史时期，即便和田玉成为用玉的主流，不同时期的和田玉在视觉上还是存在差别。

　　红山玉器以闪石玉为主要玉材，颜色丰富，质地也粗细有别。

　　有一类质地比较粗，颜色斑驳，但基本色调为绿色，让人想起良渚文化制作玉璧的玉料。这种料光泽感较弱，往往制成体量较大的斜口筒形器，三星他拉的玉龙和鲁迅博物馆收藏的玉龙大体也可以归入此类玉料，不过颜色更深一些。

　　还有一类料质地细腻，这种料在颜色上并不唯一。记得听人讲过，红山玉器是绿中泛黄的调子，事实上，绿中泛黄只是其中的一种情况，并不能代表全部。比如，有的颜色嫩黄嫩黄的，如春天柳树上新开的柳花，油脂感较强，看上去非常漂亮，有一件很小的斜边筒形器是用这种料做的，此外还有鼓形镯；有的颜色为青色，杂质很少，透明度较高，一些圆角方形的璧就是用这种料制成的；有的颜色为淡淡的青色，很透很透的，局部往往带着黑色的石墨星，这种料至今可以看到，很可能不属于闪石玉，而是蛇纹石，许多圆形的镯或环由这种料制成，很有些时尚感。

　　此外，还有以白色玉料制作的红山玉器。在以前人们的认识中，这类玉料有时会被当做鸡骨白，比如，辽宁建平采集的那件玉猪龙，曾被认为是完全受沁了，有的玉镯或环也是用白色玉料制成的。

　　红山玉器中还能见到绿松石的料。这种料从来没有成为用玉的主流，却时隐时现于史前与历史时期。良渚文化玉器中也有绿松石的料，江浙一带不产绿松石，绿松石产在中原一带，因此，绿松石的出现体现史前玉料的远途交流或贸易，颇具研究价值。红山玉器中的绿松石器我见过六件，一为鸟，做成翅膀半张的猫头鹰形象，两件为写意的鱼，两件为半圆形饰件，还有一件为梯形的饰件。有些绿松石器正面为蓝绿色，背面保留着黑色的皮子。

红山文化玉器多数未受沁，曾看人写过文章，说是有铁锈色沁，事实上，那是玉皮子，色很鲜艳。鸡骨白也偶有见到，比如，肉部很细的镯子，局部甚至呈现出腐朽的痕迹。红山人在用玉时，有意识避开铁锈色的皮子，像玉人的制作，正面玉色纯净，皮色留在了头顶和背部。有一件红山玉器的仿品，用的是透闪石与蛇纹石共生的料，白色的透闪石如花斑一样分布在脸上，显然有违红山人的用玉规律。

二

圆雕的玉猪龙容易辨识，它以上竖的大耳和鼻部的褶皱为突出特征，正视时，会明显感到有些吓人。但对于平面化的玉猪龙，人们却认识不足，或者说是存在争议。比如所谓的玉丫形器，整体若丫字，上部琢成两耳外凸，面部阴线刻出圆目，目下扁平的大嘴露出一丝凶猛，活脱脱一个猪龙的面部扁平化造型。还有一件所谓的双鸮玉佩，上竖的大耳与横 8 字形眼睛暗示了它与玉猪龙的联系，是另一形式的平面化猪龙。通常所说的兽面形玉牌饰也应属于此类。

斜边筒形器的创作原型又有新的说法。凌家滩玉器中的龟壳给了学者们新的灵感，认为它是据龟的形象发展而来的，但总觉得有那么点牵强。看到过一件制作斜边筒形器的玉坯件，将其与巴林右旗出土的玉蚕对比，除了体量大小有别和未刻划出细部特征外，整体形状上没有什么两样，或许，斜边筒形器的制作是受到了玉蚕的影响，再据具体的功能需要，钻孔后线锯出大孔。

原以为红山文化玉器中没有璜，后来发现只不过是数量少而已。所见到的一件用质地比较粗的玉料制作而成，颜色上为绿白相杂的斑点，这种料在今天的岫岩仍可见到，璜呈扁条形，形制比较老旧，是人们初以玉制装饰品时就制作的形制，佩戴时，璜的两端系绳之类的软性物质，内凹的弧形正面贴着脖颈放置，像个项圈。

第一次听说红山文化玉器中有蝙蝠，在辽宁省博物馆的库房里也看到类似的一件东西，辽宁考古所新出土的玉器亦有类似的东西。仔细看过这三件玉器，觉得还应叫玉鸟，因工艺较粗些，与寻常所见的精致玉鸟有所区别。

三

　　红山文化出土玉器展在满足人们欣赏欲望的同时，也成为人们表达自己观点的舞台。在大多数时候，人们是理性的，可以平静地接受认识上的分歧，但也有些时候，人们会走向偏激，用对与错去衡量观点上的不同，特别是具有浓重的主观色彩的解释。

　　红山玉器最大的分歧是某些玉器的定名与创作原型。玉龙的原型是猪还是熊，是很多人争论的一个问题。猪与熊的判定，直观的感受是一个方面，但还要结合这种玉器的文化大背景。当我们从萨满教的背景看待这类玉器的时候，绝对得不出原型为猪的结论。女神庙熊的泥塑和祭祀遗址熊的骨骼，以及更早时期对于熊的崇拜，都让我们有理由相信玉龙源于熊的形象。勾云形玉器也是多年以来争论不休的一种玉器，它的定名本身就带着一些人的观点，即它象征着升腾的云气，器体中部卷勾状镂空就是云气上升时的样子，也有人说早期的文字中云就是这样写的。我一直对此说颇为怀疑。我们为什么偏偏去关注镂空部位表现出来的意象，而不是关注实体部分的鸟首状卷勾呢？判定一件器物的原型的出发点在哪里呢？想来应该是这类玉器早期的形态。如此，牛河梁遗址第二地点 21 号墓出土的勾云形玉器就显得十分重要，它代表了年代更早，造型更为简单的勾云形玉器。值得注意的是，它的中部没有镂空成卷勾，而是镂空成圆形孔洞之状。它让人想象雄性玉鳖腹部的凹坑，想起阜新胡头沟出土的玉龟壳，龟壳的腹部也成圆形孔洞之状。红山文化玉器最典型的特征是动物题材为大宗，抽象也好，写实也好，都表现出强烈的地方色彩，突然跳出一个以云为样本的玉器，放在红山玉器群中总显得那么不合群。也许我们想得太复杂了。圆雕与平面雕共存的表现手法，也可以支持勾云形玉器源于动物造型的说法，更何况，它与带齿兽面形玉器在造型与出土位置具有非常密切的联系。

　　几乎没有人怀疑带齿兽面形玉器的原型为动物，只是人们在到底是什么动物方面争论不休。与勾云形玉器一样，它的定名具有强烈的主观色彩，即认为主体部分是一个兽面，有着尖利的牙齿。一双眼睛，两对翅膀一样的弯勾，都比较容易理解，也比较容易获得共识，麻烦的是那些并齿，是牙齿还是利爪呢？想来更可能是后者吧，为了中轴对称，采用了奇数的数量。还有那些叫璧的玉器，又有璧形器之类的说法，原因是它们中的多数跟我们通常所说的璧不大一样。比如良渚文化的玉璧是那种标准的圆形，中间带一个圆孔，边缘不钻穿孔。红山玉器中的所谓璧方不方，圆不圆，边缘还常常钻出穿孔，不叫它璧，可它又与璧的造型有那么点联系，怎么解释这种联系呢。它们虽然不是正圆，但倾向于圆，中间也有一个孔。谁又能说它们能完全脱离干系？更何况，红山玉器中也有正圆形的玉璧，边缘并不带孔。

有个服装学院的老师来看，说玉人穿着短款的衣服，真是新鲜。还有一位大家来看，说玉人手臂上戴着玉镯，更觉得新鲜。我怎么没发现？再看，他们所说的衣服的边缘与玉镯处确实有一道阴刻线。玉人面部的五官轮廓是用阴刻线区分出来的，同理，这两处阴线也不过是区分身体不同部位的阴线而已。就像只关注于红山玉器的一个点，而忽略了整个玉器群的特征一样，这样的认识也忽略玉人整体表达上的技术特点，因而得出的结论也失于偏颇。

红山玉展的过程中，遇到各种各样的人，也听到了各种各样的声音。慢慢地发现了人们的不同。想来，观点上的分歧很正常，有分歧才有争论，有争论才有可能离真理更近一些。但不正常的是在坚持自己观点的同时，断然否定别人的观点，并将不同于自己的主观观点归于错误之类。如果说这是一块闪石玉，你说成了蛇纹石，那是错了，因为玉料的问题有十分明确的技术指标。但如果是一件玉器的创作原型你说是鸟，我说是兽，你有你的佐证，我有我的佐证，这样的分歧再贴上对与错的标签，就是学术气量的问题了。没有这点儿包容之心，平等的学术讨论也就无从谈起。从本质上讲，学界应该诞生学者，而不是创造明星，明星有时会把笔直的路弄弯，就像那个叫皇帝新装的故事，小孩子的话即便是真的，也没有人相信，皇帝宁愿光着屁股满街走，而且走得还挺高兴。

良渚玉器杂谈

2011 年 3 月 28 日去良渚博物院交接良渚文化玉器，整整一个下午都在与这些玉器进行着亲密接触，心里洋溢着感动与感叹，在距今 5300 ～ 4300 年的过去，那些没有任何发达技术的人们用尽了怎样的力气才制作出这样精致的器物！

一

良渚文化玉器普遍受沁，大部分受沁严重，变成了所谓的鸡骨白，但一般情况下，沁色并不均匀，白色不仅有深浅变化，而且还经常夹杂着不同色调的黄色。一件玉琮尤为特别，器壁留下了斑驳的红色，有人说是血沁，但更可能是此琮在出土后被盘磨过，汗液的浸入会使之变红，这件玉琮系采集品而非生坑玉也说明了这一点。还有一些玉器，比如玉梳背，沁蚀不入肌理，而是存于表面，透光去看，可以看到湖绿色的玉肉，感觉玉料本身的透明度比较高，试想最初的它们，曾有着漂亮的绿色，嵌在梳子背部，在太阳下应该很是惹眼。由于受沁，很多玉器都或多或少存在裂隙，或边缘有磕崩现象，很少有特别完整无瑕的东西。如果把完全受沁的玉器放在掌心，会感觉到它轻飘飘的，不压手，这是因为受沁使它们失却了水分，减轻了分量。

良渚文化玉器上的纹饰作法有阴线刻、浅浮雕、透雕等，它们往往结合起来使用。阴刻线的线条极细，细若发丝，放大镜下可以看到它们是一段一段接起来的，不时会有歧出的现象，线条的宽窄也会有所差别，线条之间距离很小，彼此挨得很近。但凸起的弦纹与阴刻线的感觉很不相同，线条刚劲有力，一气呵成。有些浅浮雕很有特点，它不是纹样的整体凸起，而是通过打磨纹样边缘附近的地子和边缘的内侧面来达到目的的，比如，兽目，就是打磨掉兽目边缘的地子，使兽目边缘呈现出凸起的轮廓，再打磨兽目边缘以内的部分，使其像 U 字一样洼下去。也有一些浅浮雕是局部图案的整体凸起，比如，兽的鼻子，呈横向的圆角椭圆形，微微向上凸起，其边缘与地子呈缓坡状。透雕工艺显然采用了桯钻与线锯切割相结合的技法，就是先钻一孔，然后用线锯带动解玉砂向不同的方向拉切，形成一些放射状痕迹。管钻用得很普遍，一些较大的穿孔，比如玉璧，用管钻完成，一般孔壁上会留有台阶状痕迹；玉琮的穿孔往往对钻而成，错位是常见的现象。片状玉器上有时会看到抛物线痕迹，那是线切割留下的迹象。良渚玉器的抛光很好，大多带弱玻璃光泽，手摸上去，非常光滑，就像是上好的瓷砖铺过的路面。

二

　　关于玉器的分类方法，学界曾经热烈讨论过，最终没有讨论出个结果，但是，能够去反思这个问题本身就是进步。一种分类方法是按功能分类，比如把玉器分为礼器、装饰品、陈设器、饮食器等，这种方法的局限性在于有些玉器的具体功能不太容易确定；另一种方法是按造型特征分类，比如把玉器分成直方系、圆曲系、肖生系，这种方法比较客观，但更适合于早期玉器；还有一种方法是把功能分类与形制分类结合起来，操作性更强，但难免有些玉器会存在交叉现象。

　　若从横向比较研究的角度考虑，良渚文化玉器更适合于造型特征分类。如此，我们可以把良渚文化玉器分成三类，即直方系、圆曲系、肖生系。直方系玉器包括中晚期的玉琮、玉梳背、玉锥形器（少数）等；圆曲系玉器包括早期的玉琮、玉璧、玉镯、玉三叉形器、玉锥形器（多数）玉璜、玉半圆形饰、玉牌饰等；肖生系玉器包括玉鸟、玉龟、玉蛙、玉鱼等。从各类包括的器类看，以圆曲系为主，但从玉器在良渚文化中所占的分量来讲，直方系也是十分重要的一类玉器，因为它所包含的玉琮和玉梳背均为良渚文化重器，不仅具有鲜明的文化属性，而且在当时的社会中扮演着重要角色。因此，良渚文化玉器主要由直方系和圆曲系玉器组成，肖生器不占重要比重。这一点与比之略早的红山文化玉器恰恰相反，红山文化玉器中肖生器占了很大比重，其次是圆曲系玉器，直方系玉器极少，红山文化的人似乎十分排斥棱角与线条，体现了与良渚人不同的审美观。

　　直方系玉器最突出的特点是造型上的棱角感，方方正正，线条十分明朗。圆曲系玉器由曲线组成，或为封闭的圆形，或为半个圆形，整体给人一种流动、流畅之美。方与圆均属于几何造型，其创型的原动力体现了良渚人对世界的印象，即天圆地方直观感受。他们把这种感受以玉器的形式表达出来，并融入了炽热了宗教情感。

基本上宇宙观的方圆思想在中国古代艺术作品中被广泛应用。比如，商周时期的青铜器就主要以圆形和方形为主，而且方形器更多一些；明清时期的紫砂壶器中，圆形壶大大多于方壶。

三

　　布展时，再次触摸这些玉器，又有些新的体验与收获。

　　良渚文化玉器表面有这样一些特征：其一，颜色不纯，即不是纯正的白，或纯正的黄，往往是白中夹杂着黄。触之，白的地方发涩，黄的地方则要光滑。观之，白的地方为亚光，黄的地方呈玻璃光。其二，玉器表面往往有蚯蚓纹，即一些类似蚯蚓在土中穿过的痕迹。其三，玉器表面常常会有磕缺或小磕崩。其四，器身或器物口沿往往会有纤细的裂纹。如果在古玩市场上看到一件完美无缺的良渚文化玉器，就要打问号了。

　　良渚文化玉器常常带有工艺痕迹：实心钻孔痕迹，孔呈喇叭状，口大底小，能明显看出钻孔过程中用力不均的现象，即孔往往有点倾斜，底部一侧略深于另一侧。这个特征很重要。高仿的良渚文化玉器，实心钻的穿孔很像是真的，但用力过于匀速，孔壁所达深度一致。管钻孔也有类似现象。管钻的穿孔，比如玉璧、玉璜等，即便未形成台痕，也很少为正圆，把玉器平放于桌面上，会看到穿孔略微有点偏。管钻的兽目与周围的玉色保持一致，钻入玉肉的深度较阴刻线深一点，而且显得很有力度，但细看还是会发现受力不均的现象。曾见一玉锥形器，上面装饰兽面纹，兽目管钻而成，特别规整的圆形，但圆圈目的底部色白，与周围的玉色对比鲜明，而且兽目钻得较深，受力十分均匀，显然是新品。有些锥形器的尖部十分尖锐，以手指肚触之，有刺手感。四棱形锥形器四条边做得十分爽利，丝毫不拖泥带水，可见对造型棱角感的追求，这一点与红山文化玉器截然不同。玉璜常常会中心厚于边缘，呈厚薄渐变的状态。施纹的阴刻线极浅，仅仅擦破皮层。

　　良渚文化玉器有少量玉器没有完全受沁，仔细观察沁色的特征，会发现沁与玉肉已融为一体，绿色的玉肉很有旧气感。曾见一高仿玉锥形器，沁色浮于玉料表面，玉肉新鲜。

相约二○一二年之春

——"时空穿越——红山文化出土玉器精品展"散记

4月的万寿寺，粉红的樱花娇媚绽放，秀巧的丁香花香气袭人，洁白的玉兰花虽已隐去身影，但满树的绿叶生机勃勃，这是一个大自然慷慨馈赠的季节，也是一个人与自然分外和谐的季节，更是一个适宜展出融天地之精华与精神之光辉于一身的红山文化玉器的季节。2012年4月18日，由北京艺术博物馆精心策划的"时空穿越——红山文化出土玉器展"在万寿寺大禅堂隆重开幕，美丽的红地毯托起许多人的期盼与热爱，并把多日来的艰辛延伸成喜悦与祝愿。

"时空穿越——红山文化出土玉器精品展"是2011年4月本馆举办的"神圣与精致——良渚文化玉器展"的姊妹篇。一年的光阴，把五千年前一南一北两大玉文化中心的代表性玉器连接起来，把中华文明起源的特征强调出来，把南北文化的早期差异对比出来，把精神世界的超强能动性展示出来，相信每一位用心感悟的观众都会在感叹史前时期物质文化的同时，体味到精神追求的力量。

中国的用玉文化源于对美的关注。七八千年前，用美丽的玉石装饰耳部、颈部或其他部位成为玉文化的肇端。东北地区的兴隆洼文化以玉块、玉匕形器、玉珠、玉管等装饰用玉为特色，成为红山文化中玉器文化的一个重要源头。红山文化（距今6500～5000年）在长达1500年的发展过程中，玉器发达于晚期阶段（距今5500～5000年），陡然的鼎盛一如良渚文化玉器，承载着神权与世俗权力，无声地讲述着文明之光初露之时社会结构的巨大变化。

红山文化玉器的科学确认始于20世纪70年代末80年代初辽宁阜新胡头沟和凌源三官甸子城子山遗址出土的玉器。这样的发现在产生学术价值的同时，也催生了红山玉器的收藏热潮。20世纪90年代后期，中国大陆最大的古玉交易平台瀚海拍卖公司以高昂的价格首拍红山玉器，经济效应的刺激更使红山玉器仿品大行天下。30年来，红山器的收藏队伍变得十分庞大，仿红山玉器也成为产业发展，红山玉收藏者也变得越来越执著；30年来，红山文化玉器的研究也伴随着考古发现逐步拓展其深度与广度，有些问题已达成共识，但还有许多问题仍然是百家争鸣。有趣的是，收藏的忙着收藏, 忙着办展览: 研究的忙着研究, 忙着在象牙塔里交流。他们之间形成了默契, 各自在自己的圈子里忙着, 并忙中偷闲向对面看看。

"时空穿越——红山文化出土玉器精品展"以无可置疑的出土玉器为依托, 以30年来学术界的科学研究成果为基石, 在2012年之春姗然而至。出土玉器的价值首先在于科学性, 它们不存在真伪问题, 只存在同一文化内部的早晚问题。其次, 出土玉器因其发掘单位的完整性, 可以将出土位置和不同器类的共存关系呈现出来, 由此, 我们可以推断玉器的使用功能和组合方式蕴涵的社会意义。这样, 我们不仅能够对单体的玉器做出物质层面的观察, 对玉器群做出物质层面的综合评价, 而且能够在意识形态领域深刻理解这些玉器, 理解它们被先民们赋予的社会功能, 从而也就能够理解中国8000年玉文化如冬青般始终保持生命力的渊源所在。

红山文化玉器的出土地点主要分布于辽宁西部和内蒙古自治区东南部, 辽西地区的牛河梁遗址是其中最重要的地点, 而内蒙古自治区又以巴林右旗的出土玉器为代表。"时空穿越——红山文化出土玉器精品展"的展品设计为104套（107件）, 超过红山文化出土玉器总数的三分之一, 器型较为全面, 并涉及一些孤品, 是在首都北京对红山文化出土玉器最全面的一次展示。

展览由五个部分组成, 分别从不同的侧面展示红山文化玉器。第一部分名为"闪石为主, 兼及其他", 主要是讲述红山玉器的用料。玉料问题属于古玉研究与地质学的交叉范畴, 玉料研究的最终目的是寻找原料产地, 探讨原料的运输、交易、不同原料与使用者的关系等问题。红山文化玉器的用料以闪石玉为主, 以绿中泛黄、黄中带绿的颜色为特征色, 据不同的造型又有玉料上的区别, 这部分玉料一般认为产自辽宁岫岩。此外, 玉璧、环镯类玉器的用料还涉及一些淡青色和青中泛白的玉料, 它们与吉林、黑龙江地区的同类玉器用料相似, 玉料有可能来自更远的北方。叶蛇纹石、绿松石、滑石等虽用得不多, 但也能见到。第二部分"仿生为主, 动物崇拜"与第三部分"几何造型, 抽象莫测"都是讲述红山玉器造型的, 并涉及玉器的功能。动物题材的玉器是红山玉器的代表性玉器, 与良渚玉器以几何造型为主的特点相区别。红山文化时期虽以农业为主, 但独特的森林草原环境中, 渔猎经济仍是重要的生产方式。与动物的密切接触, 以及由来已久的动物崇拜是红山玉器动物题材广泛的基础。勾云形玉器、带齿兽面形玉器和斜口筒形玉器是这两部分中最有争议的器类, 多年以来, 关于其创作原型与功能方面存在着各种各样的观点。本次展览既参考前人的成果, 又融入办展者自己的思考，从红山文化玉器产生的背景与整体特征考虑，所谓的勾云形玉器与带齿兽面形玉器都应以动物作为创作原型。在红山文化玉器分类存在分歧的情况下，办展者更侧重对红山玉器大的器类的展示，而非对分类细节的关注。第四部分"玉以通神，器以载礼"，主要目的是概括红山玉器的社会功能。红山玉器首先是通神的用具，不同造型的玉器在具体的宗教仪式中具有不同的使用方式，发挥不同的神力。其次，红山玉器又是世俗社会中区别人们身份与地位的标志物，事死如生的理念，使它们最终长眠在使用者的身旁，并成为逝者在另一个世界中区分彼此的依据。第五部分是"玉器传统，继承创新"，红山文化玉器继承了装饰用玉的传统，环、镯类玉器较为多见。一般来讲，玉环、玉镯的形状没有太大区别，肉部剖面呈三角形，出土时佩戴在手腕上的就直呼为镯，否则以环称之。玉环更可能是身上佩饰。红山文化玉器虽然继承了早期的装饰用玉传统，但装饰的部位已从早期的耳部为主发展到腕部和躯干等部位。当然，红山人仍保留有佩戴耳饰的习俗，比如绿松石制成的半圆形耳饰和鱼形耳饰。尽管展品中提到了兴隆洼文化，但事实上，红山文化玉器的发展还受到了来自吉林、黑龙江地区早期新石器文化时代用玉文化的影响，相关问题还有待于深入研究。

玉器展在遵循文物展览常规的同时，也具有自身的个性。中国古代玉器被赋予的深厚文化内涵和玉器造型的多样性、特殊性，使玉器展的展示难度比更倾向于观赏性的展品的展示难度要大。如何既表现物象，也能够表达精神，既可以赏，也引发思，成为办展者需要深入考虑的问题。如果说"时空穿越——红山文化出土玉器精品展"的第二部分与第三部分着力把物质层面与精神层面融为一体，那么，第四部分则更为强调玉器所体现的意识形态。此外，大部分容颜依旧的玉器，也可以直观地给予观众美的享受。

展览既传达着文化，也体现着合作。既沉淀着前人的执著探索，也承载着今人不懈的追求。"时空穿越——红山文化出土玉器精品展"再现了距今5000年前的玉文化，也凝聚了所有展览参与者相依相携的通力合作。过去太过遥远，博物馆则是沟通古今的桥梁。让我们倾注更多的热爱，重现昨天的灿烂文化，为观众提供更多更好的精神食粮。

谦谦君子 温其如玉

——记古玉研究学者邓淑苹先生

在古代玉器研究之路上蹒跚学步之时，我便知道台北故宫的邓淑苹先生。先生写过许多玉器方面的文章，或论述缜密，或文风隽永。多变的风格，丰富的主题，透露出邓先生深厚的研究功底和良好的文化修养。

一个偶然而幸运的机缘，我在台北故宫参观了邓先生主持的"敬天格物——中国古代玉器展"，仅前言的开头几句，我便感动不已。时光过去数载，有些动人的语句依然在耳边萦绕："玉，当您触摸它时，感到的是冰凉与坚硬；当您凝视它时，看到的是柔美与温润。世界上没有任何物质，比它更经得起岁月的洗礼，也没有任何物质，寄托了中国人如此浓厚的情感与深邃的理念。"熟悉古代玉器史的人都知道，这些语言旨在描述玉的自然属性与人文内涵，正是这两点使玉器与文化相连。秀美的文风，深入浅出的表达能力，句句透露出先生对中国古代玉文化的深刻理解与个性感悟。在大多数的展览中，人们习惯于用术语般的语言去表达这些内容，读来往往说教性太强，缺乏亲和力。我记得我精读了三遍前言，读得心潮澎湃，我急切地想去欣赏以这样的美文开头的展览。一个通史性质的大型展览，其内容设计竟宛若一曲美妙的音乐，张弛有度，舒缓得当，通过"玉之灵""玉之德""玉之华""玉之巧"等七个单元的内容，将8000年的玉文化娓娓道来。为了那个展览，我在展厅整整待了一天。我一遍又一遍读她的文字，感受她深厚的文化底蕴和求实求真的学术作风，从某种意义上说，我是在享受她的展览。

缘于参加一个玉器研讨会，我见到了邓淑苹先生。她个子不高，略略有一点儿胖，朴素但精致的着装充满着文人气质。除了腿脚略显迟缓，饱满的面庞全然不像60岁的人。她端着装了一些水果的盘子向我微笑，我也笑着请她坐在对面。她说要先吃一些水果，再吃饭，可见是一个颇懂得养生的人。她与我聊起河北定州一座汉代中山王墓出土的玉璧，说那件璧应该是早期遗留下来的东西，只是发掘报告中描述不清，不知现在藏在哪里。我答应帮她问一下，她表示感谢。我的主动帮助，完全不是出于对权威的敬畏，而是因为感动于她为人的谦和。谦谦君子，估计说的就是邓先生这样的人。交谈中，我提到非常喜欢她做的那个古代玉器展，她便说回去后给我寄一本相关图录，我说已经买了。她说那本图录最好用的是资料索引，为了这个展览，她没日没夜地看资料，这让我颇为意外。原本以为她做这样一个展览会信手拈来，却不知她私底下做了那么多功课，严谨之风可见一斑。

同乘一车的时候，又有幸见到邓先生率真的一面。她说自己之所以能保持这样年轻，全部仰仗于"嗑药"。一句话，逗得我们哈哈大笑。她却一脸认真，连连说"真的是这样"。她说自己的母亲养了好几个孩子，有的夭折了。自己出生的时候，母亲已是人到中年。她从小身体就不好，但因为老吃药，到老了反而看上去很健康。她还讲起自己年轻时的生活，要照顾母亲、婆婆和丈夫，下了班，要去一个店买上丈夫爱吃的菜，有时车子不能停在店外，就要泊车于较远的地方再走回来。"那时真像个女超人"，她这样概括年轻时的自己。是啊，真的像个超人，把学问和生活都打理得那么精致，不是一般人能做到的。

后来，不断与邓先生在电子邮箱中有所交流。每次她写信，落款都是"淑苹敬上"，我自觉非常不敢当，同时也深刻体味到她良好的个人修养。在筹办"时空穿越——红山文化出土玉器精品展"的过程中，她会问及我红山玉器展的一些情况，并给了我颇多鼓励。为了表示感谢，我给邓先生寄去一本书。她回复我一张光盘，里面刻录有她历年来的论文与小品文，按年代顺序排列下来。我看了其中的一些文章，觉得《论红山系玉器》一文很适合做统领"时空穿越——红山文化出土玉器精品展"配套图书的论文，便向邓先生说想用这篇文章。邓先生很认真地把文章和相关图片、线图发过来，并附信解释说自己的这篇文章完成于几年前，有个别新资料没有收录进来，里面的观点并不过时，但当成资料收录更好。她还向我推荐郭大顺先生写的那篇名为《红山文化玉器概述》的论文，说那是关于红山文化玉器最新最全面的概括。她还跟我谈到红山文化玉器研究的最新理论突破其实是斜口筒形器的龟壳说，我虽对此说还持一点怀疑态度，但还是非常感激她的悉心指导。因为红山文化出土玉器展配套图书的篇幅限制，最终未能收入邓先生的那篇文章，我感到很抱歉，邓先生却一再说没关系的，我想收入她写的那篇斜口筒形器的文章，她说不合适，那只是一篇在《故宫月刊》上发的小品文，不是论文。可见，在邓先生的概念中，论文与小品文有着本质的区别。与邓先生的多次交流，全然感觉不到她是一个声名远扬的人，她的那份谦和对我影响至深，让我的心随时归于宁静，无论世事如何烦扰。我经常会想起她，在遥远的地方，有这样一个为人为事的智者，用这样的一种态度生活着。

"时空穿越——红山文化出土玉器精品展"展出期间，邓先生来信说：展览肯定很精彩，有位朋友过一段时间要去北大，她也是研究玉器的，想来看看展览，不知方不方便？我告诉邓先生把我的电话告诉她的朋友，来时打电话给我，还可以彼此交流一下。有朋自远方来，不亦乐乎？我当然希望展览给更多的人带来知识，带来快乐。最终，我不仅见到了邓先生的朋友，也见到她带给我的一本玉器书《古玉新诠——史前玉器小品文集》，那是她多年来用爱玉之心凝聚的文字。而且，从书名也看出，她依然秉承着自己为学的严谨态度。

在与邓先生并不频繁的交往中，我从她身上学到很多东西。为人，当从容平和；为学，当执著淡定。人生不在于追求一个结果，而在于经营一个过程。在这个过程中，学会安静地努力，学会深深地感恩，学会找到一个可以寄托精神的方向，并心无旁骛地走下去。这样的人，于自己，会求得一份平静，于他人，或有一份启迪。有的人，可能仅若天空中飘走的云，匆匆而过，却留下永远难以忘怀的印象，他们睿智的思想如同一盏灯照亮你的内心，让你感到生命的那份灿烂。

由此，我常常会感念生活，让我遇到了一些人，他们或愿意伸出手，帮你打开一扇窗；他们或愿意给你一盏灯，让你感受生命的光亮；抑或他们仅仅与你平淡如水的交流，你却因之变得安详。想起冰心的诗句："爱在左，情在右，走在生命的两旁，随时播种，随时开花，将这一径长途，点缀得香花弥漫，使穿枝拂叶的行人，踏着荆棘，不觉痛苦，有泪可落，却不是悲凉"。可为人之师的人，如佛陀世界的妙音鸟，洒香播歌，给人带来快乐与鼓舞。